KB063240

어쩌다 숲

사람과 동물이 함께 살아가는 도시의 자연 순간들

어쩌다 숲

The
Accidental
Ecosystem

피터 S. 알레고나 지음

김지원 옮김

이케이북

이 책을 서퍼이자 강타자, 수학자, 좀비 사냥꾼이고, 어린 시절 내내 내가 도시의 야생동물에 관해서 재잘재잘 꽥꽥 아우우우 떠드는 걸 들어준 내 아들 사울에게 바친다. 이 세상에 내 둥지에서 함께 살고 싶은 상대로 너만 한 사람은 없단다.

| 차례 |

서문

    몇 년 전 어느 화창한 겨울날, 나는 짐을 챙기고 옷을 갈아 입고 자전거에 올라 직장에서 집으로 향했다. 금요일 낮이라서 주말을 좀 일찍 시작해도 될 거라 생각했기 때문이다. 인생에서 거의 10년을 잡아먹은 첫 책을 막 마무리한 참이어서 뭔가 새로운 걸 하고 싶은 마음으로 가득했다. 하지만 지금은 오후에 쉬는 것만으로도 만족스러웠다.

    집까지 가는 길은 회사에서 시작해 해변을 지나 고속도로 옆을 따라가다가 습지를 가로지르고 작은 농장 몇 개를 에두른 다음 조용한 교외를 지나 사람 많은 도심으로 이어진다. 내 사무실에서 1.6킬로미터 정도 거리에서 길은 아타스카데로

Atascadero 하천과 만난다. 아타스카데로는 발음은 근사하지만 그 장소 자체는 영 흉했다. 스페인어로 "진창" 비슷한 뜻의 이 작고 불쌍한 개울은 그 이름에 걸맞았다. 부자연스럽게 쭉 뻗은 개울은 자갈길과 평행하게 흘러서 하천이라기보다는 수로처럼 보였다. 돌발 홍수를 통제하기 위해 긴 구획을 따라 콘크리트로 가장자리를 덧대어 놓았기 때문이다. 하지만 거의 항상 하천은 아스팔트처럼 시커멓고 미지근한 물웅덩이에서 미끌미끌한 초록색 돌 위를 넘어가는 구정물 형태로 느릿하게 흐를 뿐이었다.

자전거를 타고 15분쯤 후에 하천 위쪽의 다리를 건너서 주거 지구와 골프 코스 사이의 동쪽으로 방향을 바꿨다. 그때, 100미터 앞에서 뭔가 특이한 게 길을 가로질러 달려나갔다. 작은 개만 했지만, 조그맣고 동그란 머리에 뾰족 솟은 커다란 귀, 만화처럼 과도하게 큰 엉덩이와 뒷다리, 멀리서 보면 큰 접시만큼 평평하고 커 보이는 발을 가졌다. 앞으로 다가가면서 나는 용의자의 숫자를 줄였다. 사슴? 아냐. 미국 너구리? 아냐. 스컹크? 아닌데. 코요테? 아닌 것 같아. 개인가? 그럴지도. 집고양이? 그렇다기엔 너무 크지만, 그런 식으로 움직이긴 했다.

그 생물을 보았다고 생각되는 곳에 도착했을 때 나는 자전거를 세우고 덤불 속을 바라보았다. 거기, 나한테서 5미터도 떨어지지 않은 곳에 앉아 있는 것은 보브캣이었다. 얼룩덜룩하고 윤기 흐르는 털에 밝은 초록색 눈, 트레이드마크처럼 귀에 털 한 가닥이 비죽 나온 튼튼한 성체다. 이 보브캣은 한창때였다. 나를 마주 보는 녀석은 사자만큼 커 보였지만, 나는 대부분의 보브캣 체중이 9킬로그램이 안 된다는 걸 알고 있었다. 우리는 서로를 가늠하는 유서 깊은 행동을 하는 두 마리의 포유동물이 되어 몇 초 동안 눈싸움을 벌였다.

야생에서 보브캣을 본 적은 두 번 있다. 첫 번째는 싸늘한 가을날 아침, 해가 뜬 직후에 하이시에라의 고산 지대 호숫가에서였다. 그 점박이 회색 고양이는 배경의 화강암에 완벽하게 녹아든 상태였다. 두 번째는 따뜻한 여름날 저녁에 몬터레이 위쪽의 산지 목장에서였다. 황갈색 배경에 어울리게 털이 좀더 갈색인 이 두 번째 고양이는 풀이 덮인 언덕 위에 멈춰서 어깨 너머로 나를 돌아본 다음 수풀 속으로 사라졌다.

이전에 보브캣을 만난 적이 있음에도 불구하고, 혹은 그 경험 때문인지 이 세 번째 만남은 깜짝 놀랄 일이었고 또 일종의 계시가 되었다.

나는 항상 보브캣이 전에 본 것 같은 야생 환경에 살 거라고 생각해왔기 때문에 이런 곳에서 만난 것에 깜짝 놀랐다. 그리고 이런 목격이 별로 특별한 일이 아니라는 사실을 알고 더

더욱 놀랐다. 북아메리카의 온대에서 아열대 기후 지역까지, 플로리다의 에버글레이즈부터 퀘벡의 노스우즈, 멕시코의 소노란사막에 이르기까지 보브캣은 대단히 다양한 서식지에서 번성한다. 보브캣은 사람들을 피하는 편이지만, 이들이 좋아하는 설치류와 다른 소형 포유류 등 대부분의 먹이는 그렇지 않기 때문에 보브캣도 종종 교외 지역이나 그 주위에 나타난다. 내 친구들과 동료 여러 명도 우리 동네에서 보브캣을 본적이 있다. 나는 녀석들이 거기에도 산다는 걸 마지막으로 알게 된 사람 중 하나인 모양이었다.

뭔가를 깨달은 건 그다음이었다. 나는 지난 10년 동안 멸종위기endangered 생물들을 연구하며 보냈다. 이것은 거의 정의 그대로 대부분의 사람들이 영영 보지 못할 생물들이다. 그럼에도 불구하고 어떤 관점에서는 알래스카불곰이나 벵갈호랑이처럼 크고 아름답고 무시무시한 야생동물이 여기 남부 캘리포니아 교외를 어슬렁거리는 것이다. 이후 며칠 동안 나는 도시의 야생동물들에 관해서 훨씬 많이 생각하기 시작했다. 이 책에서는 그 보브캣에게 감사를 돌려야 한다.

또한 내가 더 큰 패턴을 따랐을 뿐이었다는 걸 알게 되었다. 수십 년 동안 대부분의 과학자와 환경보호 활동가는 도시권과 거기 사는 생물들이 아니라 훨씬 외딴 지역에 사는 더 드문 종들에만 몰두했다. 야생에 관심을 가진 사람들은 도시를 인공적이고 파괴적이고 지루하다고 생각한다. 이런 곳에서는 배울 게 거의 없고, 구조하거나 양육할 만한 건 더더욱 없다는 식이다. 최근에 와서야 야생동물 보호론자들은 도시권에 관심을 갖게 되었다. 나처럼 그들도 오랜 시간이 흐른 뒤에야 살펴보기 시작한 것이다. 하지만 마침내 찾아보기 시작하자, 역시나 나처럼 그들은 발견한 것들에 경탄하게 되었다.

자전거를 타다 그 보브캣과 만난 뒤로 내가 도시의 야생생물에 관해 연구하고 있다고 사람들에게 이야기할 때마다 듣게 되는 이야기가 있다. 이 책을 쓰고 그 많은 이야기를 들으면서 내가 알게 된 것, 그런 만남에 주목하도록 만드는 것은 그게 대단히 희귀한 일이 아니라 굉장히 흔한 일이라는 사실이었다. 앞으로의 내용에서 내 목표는 우리가 어떻게 이런 상황에 오게 되었고, 미국의 모든 도시에 사는 거의 모든 시민이 이제 나름의 야생동물 이야기를 갖고 있다는 게 어떤 의미인지 해명하는 것이다.

감사의 말

대부분의 책 표지에는 한 사람의 이름이 쓰여 있지만, 실제로 책을 쓰는 데는 아이를 키우는 것처럼 마을 전체가 필요하다. 내 경우에 도시의 야생동물에 관해 책을 쓰는 데는 도시 전체 규모에 달하는 친구와 가족, 학생과 동료가 필요했다. 그들 모두에게 크고 작은 신세를 졌다.

우선 사랑과 지지를 보내준 가족에게 감사하고 싶다. 특히 내 삶에서 꾸준하게도 내 일에 흥미와 열정을 보여준 엄마 주디에게 감사드린다.

모든 면에서 가족이나 다름없는 동료 여행자들이 있던 것도 행운이다. 이들 중 몇 명은 학생이거나 동료였지만 대다수는 몇 년 동안 함께 일하고 함께 논 친한 사람들이고, 지금도 분통을 터뜨리거나 불평하거나 화를 내거나 웃거나 울거나 조언을 구하기 위해서 정기적으로 연락하는 친구들이다. 이 프로젝트에서 나는 케빈 브라운, 스콧 쿠퍼, 로버트 헤일마이어, 제시카 마터-케니언, 제니퍼 마틴, 알렉스 맥킨터프, 팀 폴슨, 그레고리 시몬, 에단 터핀, 브라이언 티렐, 리사 웨이드위츠, 밥 윌슨, 매리언 위트먼 그리고 여러 자연보호 시설의 도움을 받았다.

작업할 동안 캘리포니아대학 샌타바버라캠퍼스에 있는 영리하고 (역시나 나에게는 행운이었던) 인내심 있는 동료들이 믿음직스러운 조언을 해주었다. 제프 호엘, 패트릭 매크레이, 짐 살츠먼 등이다. 지지와 영감의 원천이 되어준 캘리포니아회색곰 연구네트워크의 멤버들, 특히 안드레아 애덤스, 사라 앤더슨, 엘리자베스 포브스, 엘리자베스 히로야스, 브루스 켄달, 몰리 무어, 알렉시스 미차질리우에게 감사한다. 여러 학부생, 그중에서도 특히 베일리 패터슨이 이 프로젝트의 다양한 측면에서 나를 도와주었다.

핵심적인 부분에서 자신들의 통찰력과 연줄, 조언을 제공해준 친구들과 동료들이라는 커다란 그룹에도 엄청나게 고마운 신세를 졌다. 여기에는 마크 배로, 던 빌러, 윌코 바든버그, 벨

라니 키슐리, 엠마 매리스, 베스 프렛-버그스트롬, 앤드루 로비쇼드, 스콧 샘슨, 루이스 워런 등이 있다. 캘리포니아대학교 데이비스캠퍼스에서 열린 "환경과 사회" 학회와 컬럼비아대학교의 "생물다양성과 그 역사" 컨퍼런스, 워싱턴대학교의 도시·자연여름연구소에 자금을 지원하거나 조직하거나 참여한 모든 사람에게도 특별한 감사를 보낸다. 사라 뉴웰이 내가 '나가는 말'에서 이야기하는 개똥지빠귀 둥지를 찾아냈다.

스무 명이 넘는 도시 야생동물 및 관련 분야 전문가들이 관대하게 자신들의 시간과 식견을 나누어주었고, 그중 다수가 나와 내 학생들을 만나주거나 나를 현장으로 데리고 가서 그들의 작업을 직접 보여주었다. 캐머런 벤슨, 제니퍼 브렌트, 팀 다우니, 케이트 필드, 댄 플로레스, 조엘 그린버그, 리자 레러, 론 매길, 세스 메이글, 존 마즈러프, 마이클 미시온, 엘렌 페헤크, 에릭 샌더슨, 폴 시스워다, 제프 시키크, 리처드 사이먼, 피터 싱어, 앤 투미, 마크 웨켈, 마리 원에게 감사를 전한다.

특별한 감사의 인사를 하고 싶은 사람들도 있다. 엉망진창이었던 초고를 다듬는 걸 도와주었던 편집자 에릭 엥글스, 이 책에 멋진 분위기를 부여하는 삽화를 그려준 잉크드웰스튜디오의 세이어와 제인, 나의 뛰어난 교열 담당자 줄리아나 프로가트, 그리고 이 프로젝트에 자신들의 전문 기술과 프로 정신,

열정적인 지지를 제공해준 캘리포니아대학교 출판사의 스테이시 아이젠스타크와 다른 직원들.

마지막으로 조사하고 이 책을 쓰는 동안 수많은 중요한 가르침을 준 서문의 보브캣과 다른 모든 동물들에게도 감사를 전한다.

지금 여기, 야생동물들이 있는 곳

이 책은 존재할 거라고는 생각도 하지 못한 생태계에 관한 이야기다.

수천 년 전 중동에서 최초의 도시들이 생겨난 이래로 플라톤Platon에서 볼테르Voltaire, 제인 제이컵스Jane Jacobs에 이르기까지 도시에 관해 연구한 위대한 사상가들 모두 한 가지 사실에 동의했다. 바로 도시는 인간을 위한 곳이라는 거다. 몇몇 강인한 야생종이 도심지에서 번성하고는 있어도 대부분은 도시가 더 커지고 복잡해지면서 밀려났다. 한때는 인간이 키우는 동물들이 대량으로 도시 길거리를 돌아다녔으나 이들도 결국에는 대부분 쫓겨나거나 통제되어 시골로 옮겨지거나 인간의 집으로 들어가게 되었다. 20세기 중반에는 세계에서 가장 발전한 도시들에 이전 어느 때보다 적은 수의 동물들이 살게 되었다. 이런 방식은 자연스럽게 여겨지기 시작했고, 이것이 지속될 거라고 믿는 것도 당연했다.[1]

그러다가 1970년쯤부터 유럽과 북아메리카, 동아시아 일부 지역과 다른 곳의 도시에 사는 사람들은 기묘하고도 새로운 흐름을 깨닫게 되었다. 수십 년 동안, 어떤 경우에는 단 한 번도 도시에서 보이지 않았던 야생동물들이 전혀 생각하지 못한 도심 환경에서 나타나기 시작한 것이다. 환경운동가들은 이런 동물들을 우연 혹은 스모그로 숨이 막히고 콘크리트에 묻힌 자연계의 마지막 날숨이라고 묘사했다. 하지만 이런 목격담은 계속되었다. 곧 새로운 도시에서 새로운 종에 대한 제보가 들어오는 간격이 채 일주일도 걸리지 않게 되었다. 2020년 즈음에는 교외의 잔디밭에서 풀을 뜯어 먹는 사슴이나 골프장 연못에 몸을 담근 악어, 도심의 공원에서 비둘기를 사냥하는 매, 이웃집 나무에서 사과를 따 먹는 곰, 붐비는 부두에서 일광욕을 하는 바다표범을 본 적 있는 사람들이라면 도시가 야생동물로 가득하다는 사실을 인정해야만 했다.

도시 내의 야생동물이 급격히 느는 동안 도시 바깥에서는 많은 동물이 사라져갔다. 1970년 이래로 전 세계 야생동물 숫자는 평균 60퍼센트가량 감소했다. 북아메리카에서는 조류의 30퍼센트가 사라졌다. 기린부터 코끼리까지 한때 안전하다고 여겨졌던 상징적인 생물종 일부도 지금은 위기에 놓였다. 엄청난 양의 자연 서식지들이 개간되거나 다른 용도로 전환되거나 경작되거나 포장되었다. 최소한 100만 종 이상의 야생동물이 멸종 위기에 처해 있다.[2]

세계의 대부분 지역에서 야생동물이 사라지고 있는 와중에 어째서 지구의 모든 생태계 중에서 가장 인공적이고 인간으로 가득한 도시에 야생동물이 늘어나는 것일까? 그리고 이 역설이 도시와 인간, 야생동물, 점점 도시화되어가는 우리 지구의 자연에 어떤 의미를 갖는 것일까?

이 책에서 나는 미국의 도시가 어떻게 야생동물로 가득 차게 되었는지에 관한 이야기를 할 것이다. 도시가 야생동물을 끌어들이기 위해 만들어지지 않았음에도 불구하고 수십 년 전에 사람들이 전혀 다른 이유로 내린 결정들 때문에 풍요로운 야생동물의 서식지, 심지어는 기묘한 야생동물들의 피신처가 되었음을 보여줄 것이다. 미국의 도시들에서 최근에 야생동물이 폭발적으로 증가한 것은 자연보호가 시작된 이래 최고의 생태적 성공담 중 하나지만, 이것은 사실상 우연히 일어났다. 겨우 지난 세대쯤부터 미국 전역의 과학자, 환경운동가,

도시설계자, 도시 지도자들이 도시가 다양한 생물 군집들이 사는 풍요로운 생태계라는 사실을 깨닫고 이해하고 연구하기 시작했다. 하지만 이 동물들을 다시 받아들이는 것은 쉬운 부분이다. 어려운 부분, 우리 앞에 놓인 진정한 과제는 이미 여기에 있는 동물들과 함께 살아가는 것이다.

———

생태학자들과 환경운동가들은 이렇게 많은 야생동물이 미국의 많은 도시로 몰려든 변화를 한참이나 이해하지 못했다. 하지만 지난 수십 년 동안 도시의 야생동물과 생태계에 대한 관심이 커지면서 두 가지 학설이 등장했다. 이 두 집단을 회의론자들과 치어리더들이라고 부르자.

회의론자들에 따르면 도시란 대체로 파괴적이다. 도시는 다양한 토착종을 인간의 옆에서 번식할 수 있는 소수의 강인한 외래종으로 바꿔놓았다. 이것들은 때로 해충 수준으로 증가하고, 세상에 별다른 기여를 하지도 못한다. 도시는 그 경계 너머까지 손을 뻗쳐 자원을 집어삼키고 자연 서식지에 쓰레기를 쏟아냈다. 이런 과정이 진행되면서 우리 지구는 점점 더 단일화되고 재미없게 변했다. 도시의 야생동물은 대중을 교육시키고 좀더 깨끗한 지역에 보호구역을 만드는 걸 지지하게 만드는 데는 유용할지 몰라도 도시와 거기 사는 대부분의 동물은 그들이 파괴한 것과 비교할 때 생태학적 가치가 대단히 작다.[3]

치어리더들은 도시가 새로운 생태계이고 거기 사는 사람들에게 중요한 서비스를 제공한다고 주장한다. 예컨대 수분受粉 활동, 폭풍우로부터의 보호, 수질 정화 등이다. 도시는 수백여 위기종과 이주 동물을 포함해 다양한 야생동물이 살아가는 거처다. 도시에서 번성하는 동물의 적응력과 회복력은 놀랄 만큼 뛰어나다. 도시 환경은 인간의 활동에 의해 점점 더 모습이 변해가는 지구의 미래를 예고하기에 우리는 이 환경을 받아들이고, 여기서 배움을 얻고, 그 초라한 영광이나마 이루도록 발전시켜야 한다.[4]

이 책은 우리가 도시의 야생동물들을 귀하게 여기고 잘 키워나가야 한다는 결론을 내린다. 설령 그들과 함께 사는 데 상당히 어려운 문제들이 있다 해도 말이다. 이 책은 회의론자들과 치어리더들 양쪽 모두에서 통찰력과 아이디어를 가져왔다. 이 책에서는 한쪽 편을 드는 대신에 이런 논쟁이 일어났을 때 어떻게 핵심을 알아내고, 이런 논쟁이 야생동물뿐만 아니라 우리에 관해서 무엇을 말하는지 이야기한다.

도시의 야생동물에 관한 책들은 '도시'와 '야생동물'이라는, 보기보다 훨씬 더 이해하기 어려운 두 단어를 정의하면서 이야기를 시작해야 한다.

도시는 지역 및 전 세계의 생태계에 일방적인 영향력을 미친다. 2020년 기준으로 도시 지역은 지구에서 얼지 않는 육지 표면의 겨우 2퍼센트뿐이었지만, 특히 아프리카와 아시아에서 많은 도시가 빠르게 발전하고 있고, 이미 세계 인구의 56퍼센트 이상이 도시 지역에 거주한다. 미국에서는 인구의 약 83퍼센트가 도시 지역에 살고, 미국에서 가장 도시화된 주인 캘리포니아에는 주민의 거의 95퍼센트가 도시 지역에 산다. 도시는 우리 지구의 육상에서 아주 작은 부분을 차지하지만, 워낙 많은 사람이 살고 있어서 대량의 자원을 소모하고 엄청난 양의 쓰레기를 만들어낸다.

하지만 도시로 규정되는 조건은 시간이 흐르며 바뀌었다. 꽤 최근인 1940년대에 미국인구조사국은 '도시'를 "2500명 이상의 주민이 사는 통합 지역의 모든 구역과 사람, 주거시설"이라고 규정했다. 1950년에 미국인구조사국은 '도시화 지역'을 이제 최소한 5만 명 이상의 인구가 살고 제곱마일(약 2.59제곱킬

로미터)당 1000명 이상이 거주하는 근접지라고 선언했다. 인구
조사국은 대도시통계지구metropolitan statistical area를 최소한 하
나의 도시화 지역과 그 주변의 군, 특정 기준에 부합하는 더
떨어진 군들을 합친 더 큰 지역으로 규정했다. 인구조사국 외
부의 연구자들은 도시를 규정하는 다른 방법을 만들어냈다.
예를 들어 위성 이미지를 이용해서 도시 지역 내의 건축지와
포장지역 대 녹지의 비율을 따지는 것이다.[5]

　야생동물에게 '도시'라는 용어는 지속을 의미한다고 생각하
면 가장 좋을 것이다. 도심에는 사람들이 어디에나 있고, 대부
분의 지면은 포장되었고, 아주 강인한 야생동물 몇 종만이 오
랫동안 머물며 산다. 면적당 사람 수가 더 적고 좀더 나무가
많은 변두리 지역은 동물에게 도시가 제공하는 풍요를 맛보면
서도 도시의 위험은 피할 수 있는 훌륭한 기회를 제공한다. 변
두리 지역, 흔히 도시-자연 접경지라고 하는 지역에서는 은신
처와 자원의 최적의 조합으로 다양한 생물종이 혜택을 얻는
다. 도시의 위성 지역은 그 부모 도시로부터 수십에서 심지어
수백 킬로미터나 떨어져 있지만, 두 지역은 긴밀하게 연결되어
있다. 예를 들어 멀리 있는 대도시에 물과 전력을 공급하기 위
해서 댐이 만들어져서 도시의 구조를 형성하고 물의 흐름을
바꾼다. 관광객을 잔뜩 끌어들이는 요세미티계곡처럼 사람들

이 도시라고 생각하지 않는 몇몇 지역 역시 쓰레기 더미부터 교통지옥에 이르기까지 일반적으로 도시와 관련된 많은 특징을 갖고 있다. 마지막으로 도시 수로가 있다. 우리는 도시를 육지와 동일어로 여기는 경향이 있지만, 뉴욕항부터 샌프란시스코만, 플로리다 에버글레이즈에 이르기까지, 도시화는 수생 서식지를 대규모로 재편했다. 이런 변화가 이족보행 유인원은 인지하기 어려울 수 있다 해도 말이다.

이 책은 조류, 포유류, 어류, 몇몇 파충류 같은 척추동물군에 초점을 두고 있다. 곤충류, 거미류, 다른 초소형 생물도 도시 생태계에서 중요한 조연 역할을 하지만, 이 이야기에서는 아주 작은 부분만을 담당한다. 지면이 한정되어 있고, 시간에 따른 그들의 개체수 변화 등 우리가 그들에 관해서 아는 것이 여전히 너무 적기 때문이다. 앞으로 이어질 내용에는 대단히 익숙한 도시 야생동물종 몇 가지에 대해서도 비교적 적게 나온다. 다람쥐는 꽤 앞에 등장하지만 까마귀, 비둘기, 쥐, 스컹크, 주머니쥐, 미국너구리는 무대 앞에 나오지 않는다. 이 드라마에서 주역은 대부분 흰머리수리, 흑곰, 바다사자 같은 동물, 즉 50년이나 100년쯤 전에는 도시 환경에서 번성할 거라고는 거의 예상하지 못했던 크고 카리스마 넘치는 동물종들이다. 현대 미국 도시 일부에서 이들의 존재는 우리에게 수십 년 전에 우리가 그들에 관해서 얼마나 아는 게 없었는지, 그리고 우리가 아직도 배워야 할 것이 얼마나 많은지를 상기시켜준다.

우리가 영원히 알 수 없을 만한 사실도 몇 가지 있다. 생태과학에서 가장 큰 아이러니 중 하나는 우리 대부분이 살고 있는 장소에 관해 우리가 아는 게 아주 적다는 점이다. 수십 년 동안 대부분의 생태학자는 도시 야생동물을 무시한 나머지 기초 자료를 모으고 늘어나는 생물종의 숫자를 추적 관찰할 기회를 놓쳤다. 하지만 지난 한 세대 동안 도시 생태계에 대한 우리의 지식은 급속하게 늘었다. 그러나 과학자들이 너무 늦게 시작했기 때문에 통계학적으로 만족스러운 답을 얻을 수 있는 데이터가 없는 과거에 관한 수많은 질문이 생겼다. 이 상황에 몇 가지 예외가 있는데, 가장 뚜렷한 예는 조류다. 한 세기가 넘도록 추종자 무리가 도시에서 새들을 따라다녔기 때문이다. 하지만 조류는 특별한 사례다. 이 책은 시간에 따른 변화를 한데 엮기 위해 인터뷰 및 현장 관측과 역사적·과학적 기록을 조합했다.

사람들과 도시의 야생동물에 관해 이야기해보면 한 가지 사실을 분명하게 알게 된다. 이런 동물들을 만난 사람들은, 요즘에는 도시에 사는 사람들 거의 전부라고 할 수 있는데, 다들 언제나 이 경험에 어떤 의미를 부여한다. 도시의 야생동물을 위험한 질병 매개체, 범죄조직, 검은 피부의 이주민, 불쾌한 사기꾼, 충실한 하인, 좋은 이웃, 정직한 시민, 회복력의 상징, 희망의 원천으로 보는 상투적인 묘사들은 언제나 그들이 묘사하려는 동물 자체보다 그런 표현을 하는 사람에 관해 더 많은 이야기를 해준다.

토착종 대 외래종의 예를 생각해보자. 외래종은 서식지 파괴에 이어 전 세계적인 생물다양성 상실의 두 번째 요인이다. 토착종과 외래종을 구분하는 것은 가끔은 이해하기 쉽다. 특히 새롭게 들어온 생물종의 경우에 더 그렇다. 하지만 도시에서 이런 구분법은 종종 실패한다. 북아메리카에서 가장 오래된 도시 생태계가 겨우 수백 년 전에 시작되었으니까 도시를 새로운 생태계라 하면, 몇몇 생물종이 거기 사는 데 적응이 되었다 하더라도 명확한 생태학적 혹은 진화학적 면에서는 어떤 생물종도 도시의 토착종이 아니다. 도시는 토착종이 있는 지역에 존재하고, 이들은 발달된 지역을 그냥 지나쳐 가거나 거기 정착할 수도 있다. 도시에는 새로 들어온 동물들도 있다. 이 중 몇몇은 문제를 일으키지만, 또 다른 종들은 무해하거나 심지어는 유익한 역할을 맡기도 한다. 오로지 조상의 출신지만을 바탕으로 여기에 속한 동물과 속하지 않은 동물 사이에 분명한 선을 긋는 것은 외국인 혐오라는 망령을 떠올리게 만든다. 이것은 부적절하고, 도시의 야생동물을 연구하는 목적 중 하나가 생물 보존을 위한 더 젊고 다양한 거주 지역을 만들기 위한 것인 만큼 현명하지 못한 일이다.[6]

미국 도시의 야생동물 이야기는 지역마다 다른 방식으로 전개되지만 공통된 주제 한 가지는 모든 지역에 승자와 패자가 있다는 것이다. 도시가 어떤 동물들에게는 보호구역이지만, 어떤 동물들에게는 덫이다. 이 책은 주로 승자에게 초점을 맞출 것이다. 이들은 도시 환경에서 번성할 수 있도록 만들어주는 생식력이나 유연함, 대담함 같은 특성을 가진 그런 생물종이다. 하지만 이 책에 나오는 모든 생물종보다 훨씬 많은 생물종이 우리의 도시에서 줄어들거나 사라졌다. 도시 서식지에서 분투하는 생물을 보호할 임무를 맡은 관리자들은 생물 보존에서 가장 힘든 일을 하는 셈이다. 야생동물과 공존한다는 것은 대부분의 사람이 좋아하는 카리스마 넘치는 생물종을 추앙하는 것일 뿐만 아니라 대부분의 사람들이 별로 좋아하지 않는 평범한 생물종을 상대하고, 힘들게 사는 생물종에는 그들에게 필요한 공간과 자원을 줘야 한다는 뜻이다.

이 모든 생물을 염두에 두고 더 나은 결정을 더 많이 내릴 때가 되었다. 한발 앞선 사람들과 지역들은 이미 그렇게 하고 있고, 남은 사람들도 거기에 동참해야 한다. 앞으로 할 이야기에서 나오겠지만, 야생동물에 영향을 미치는 문제는 사람들에게도 영향을 미치고, 한 도시에서 내린 결정이 다른 도시와 지역, 심지어는 한참 떨어진 자연보호구역과 야생 지역에서 일어나는 일에도 영향을 준다. 우리가 오늘 선택한 것들이 앞으로 수 세대 동안 야생동물에게 영향을 미치고 도시와 그 너머 생태계의 미래를 만들어갈 것이다.

1 핫스팟

돌아온 혹등고래

생태학자들은 자연보호구역을 사랑한다. 여기는 사람들은 방문객이고, 야생동물들이 자유롭게 돌아다니고, 생태계가 최소한 겉으로는 비교적 온전해 보이는 곳이다. 하지만 인간이 자연계의 거의 모든 측면을 변화시키는 시대에 그런 장소들은 일반적인 것이 아니라 점점 더 예외가 되어가고 있다. 21세기에 야생동물을 이해하는 또 다른 방법을 찾기 위해 멀리 떨어진 산악지대나 외진 황야를 찾아갈 필요는 없다. 대신에 스태튼섬 공짜 왕복선을 타고 25분짜리 유람을 해보라.

왕복선은 로어맨해튼의 화이트홀터미널에서 남쪽으로 출발해 우리 지구에서 가장 번화한 도시 안의 물길을 지나간다. 북쪽으로는 파이낸셜 디스트릭트의 마천루들이 서 있고, 무시무시한 원월드트레이드센터라는 거대한 기둥이 보인다. 서쪽으로는 자유의 여신상과 엘리스아일랜드가 있다. 동쪽으로는 일부 인공섬인 거버너아일랜드와 그 너머로 뉴욕항, 그리고 뉴저지의 커다란 레드후크 선박터미널이 자리하고 있다.

하지만 브루클린 그린우드 묘지의 푸른 언덕이나 베라자노-내로스교를 지나 로어베이와 대서양 쪽을 좀더 자세히 살펴보면 한때 거대했던 생태계의 흔적을 찾을 수 있을 것이다. 더욱 자세히 보면, 부옇고 파란 물속에서 오랫동안 사라졌다가 최근에 돌아온 혹등고래와 잔점박이물범을 찾거나, 머리 위 하늘에서 맴도는 갈매기, 제비갈매기, 물수리를 올려다보면 그 일부가 돌아온 것을 조금이나마 알아챌 수도 있다.

유럽인들이 도착하기 전에 뉴욕시티 지역은 생명으로 가득했다. 생태학자이자 작가인 에릭 샌더슨Eric Sanderson에 따르면 맨해튼섬에만 약 55개의 각기 다른 생물군집이 있었던 것으로 추정된다. 이것은 같은 크기의 일반적인 산호초나 우림보다 많은 숫자다. 섬의 초원, 습지, 연못, 개울, 숲, 해안에 600개에서 1000개 사이의 식물종이 있었고, 350개에서 650개 사이의 척추동물종이 살았다.[1]

초기 방문자들과 정착자들은 뉴욕의 야생동물에 경탄했다.

다비츠 피터르스 더프리스David Pieterz de Vries는 1633년경에 쓴 글에서 "여우는 풍부하고, 늑대와 미국살쾡이, 다람쥐(칠흑 같은 검은색과 회색 날다람쥐)가 수두룩하고, 비버도 아주 많고, 밍크, 수달, 족제비, 곰, 수많은 종류의 털 있는 동물들이 존재한다"고 기술했다. 다른 사람들은 새와 개구리가 하도 시끄럽게 지저귀고 울어대서 "자기 목소리조차 안 들릴 정도"라고 불평했다. 하지만 이런 소음은 그저 불편한 일일 뿐이었다. 17세기의 정치인이자 사업가였던 대니얼 덴턴Daniel Denton에 따르면 뉴욕의 풍요로운 땅과 온화한 기후 덕분에 "사람과 짐승 양쪽 모두의 건강"이 보장되었다.[2]

식민지 시대 뉴욕과 현재의 미국이 야생 자연을 모방한 옐로스톤국립공원을 비교해보자. 의회는 그 풍경과 야생동물을 보호하고 뉴욕과 달리 다른 경제적 가능성이 별로 없는 그 지역에 관광객들을 끌어들이기 위해 1872년 옐로스톤을 세계 최초의 국립공원으로 지정했다. 옐로스톤국립공원은 현재 국제연합생물권보전지역United Nations Biosphere Reserve이자 세계유산World Heritage Site이다. 연간 400만 명 이상의 방문객을 끌어들이는(맨해튼과 브루클린에 사는 모든 사람을 합친 것과 대략 비슷하다) 옐로스톤은 미국에서 가장 크고 신비로운 야생 지대 중 하나다. 또한 미국 본토에서 울버린, 회색곰, 스라소니부터 큰 뿔야생양, 흰바위산양, 엘크, 말코손바닥사슴, 가지뿔영양, 들소에 이르기까지 모든 토착 동식물들이 존재하는 몇 안 되는 장소 중 하나다.

옐로스톤은 생태학자들의 천국일지도 모른다. 1970년 이래로 국립공원에서 수행된 연구를 바탕으로 출간된 동료 평가 논문 전체의 3분의 1 이상이 이곳에서 실험한 것이었다. 하지만 실제로 여기서 사는 생물 대부분에게는 사는 게 그리 쉽지 않다.[3] 혹독한 겨울, 짧은 성장 시기, 돌투성이에다 산성이고 영양분이 부족한 토양 때문에 옐로스톤국립공원은 살기 힘든 곳이기도 하다. 뉴욕시티 지역의 과거 풍요롭고 온화하고 주위가 막힌 안전한 육상 및 물길과 비교하면 특히 더 그러하다. 19세기 이전에 옐로스톤에 있는 거의 모든 대형 야생동물은 더 물이 많고 온화하고 비옥하고 자원이 풍부한 지역에 살았다. 이런 지역에서 이 동물들은 종종 숫자가 훨씬 많았고, 필요한 것을 구하기 위한 활동 범위가 훨씬 좁아도 괜찮았다. 이들 대부분은 오늘날 옐로스톤이 이상적인 서식지이기 때문이 아니라 인간이 그곳을 보호하고, 달리 갈 곳이 없기 때문에 거기 살고 있다. 옐로스톤은 엄청난 자연적 가치를 지닌 지역이지만, 자연적으로 생물다양성이 생겼기 때문이 아니라 인간이 그곳을 보호하기로 했기 때문에 중요한 것이다.

숫자가 모든 것을 말한다. 유럽인들이 들어오기 전에는 겨우 약 60제곱킬로미터 넓이의 섬인 맨해튼에 현재 약 9000제곱 킬로미터의 땅에 걸쳐 산과 계곡, 숲, 초원이 골고루 존재하는 드넓은 옐로스톤국립공원에 사는 생물종과 거의 같은 숫자의 생물들이 살았다. 이는 옛날의 맨해튼에 오늘날의 옐로스톤보다 면적당 150배 많은 식물과 동물종이 있었다는 뜻이다. 유럽인 정착자들이 북아메리카의 야생생물을 긁어모아 부자가 되는 대신에 이 생물들을 구하려고 했다면, 와이오밍 북서부에 커다란 도시를 만들고 허드슨강 입구에 국립공원을 세웠어야 했다.

뉴욕에 이렇게 많은 생명이 살았던 데는 여러 이유가 있다. 250만 년 동안 빙하가 절벽을 깎아내고 언덕을 둥글리고 땅을 갈고 기반암을 다듬고 다양한 풍경을 만들었다. 미국 동부 연안과 뉴잉글랜드의 경계에 위치한 이 지역은 북부와 남부의 생물종이 중첩되고 뒤섞이는 생물학적인 교차로였다. 또한 짠물이 민물과 만나고 육지가 바다와 만나는 장소로, 대조적인 서식지들을 걸치고 있다. 애디론댁산맥에서 흘러내린 양분이 풍부한 물이 넓은 강어귀로 흘러가서 조수와 함께 순환하며 식물을 생장시키고 동물의 먹이가 되며 개펄과 습지, 해변에 퇴적물을 공급했다.[4]

인간도 중요한 역할을 했다. 수천 년 동안 레나페족과 그들의 선조들은 이 지역에서 수렵과 채집을 하고 고기를 잡았다. 그들은 자원을 채취하고 주거지를 찾기 위해 계절에 따라 이동하면서 덤불을 없애기 위해 불을 지르고, 식물의 성장을 촉진하고, 야생동물들의 서식지를 만들면서 이 땅의 모습을 형성하고 관리했다. 고고학자들은 전에는 해안의 레나페족이 내륙에 살던 그들의 친척 알곤킨족처럼 호박과 옥수수 같은 주요 작물에 의존했을 거라고 생각했지만, 좀더 최근 연구에 따르면 후에 뉴욕시티가 된 지역에는 천연자원이 대단히 풍부해서 부유한 원주민들에게는 작물이 별로 필요 없었을 것으로 보인다. 텃밭이 흔하긴 했어도 거기서 난 것들은 사람들이 소비하는 열량의 20퍼센트도 채우지 못했다. 나머지는 주위 생태계에서 얻었다.[5]

1609년에 뉴욕에 도착해서 1624년에 그곳에 정착한 네덜란드인들 역시 그 지역이 아주 마음에 들었다. 선박 건조에 걸맞은 목재와 쉽게 잡을 수 있는 물고기, 덫을 놓을 털 달린 동물들, 해안 근처에서 잡을 수 있는 고래 등 근대 자본주의 경제의 연료가 될 원자재가 풍부했다. 이 정착자들은 이 지역의 중심부와 내륙 하천 접경지, 바다 쪽 항구가 자원을 모으고 원주민 및 유럽인 파트너들과 교역을 하기에 이상적인 장소가 될 거라는 걸 금세 깨달았다. 뉴욕은 곧 북아메리카와 대서양 횡단 교역의 중심지로 부상했다. 1790년 첫 번째 미국 인구조사가 시행되었을 무렵에 이곳은 미국에서 가장 인구가 많은 도시였다.

———

뉴욕이 예외로 여겨질 수도 있지만(뉴욕 사람들은 당연히 그렇게 생각한다), 뉴욕의 생태학적 풍요로움은 딱히 특이한 일이 아니다. 미국에서 가장 큰 도시들 다수가 사람들에게 발견되기 전까지 뉴욕은 그 주변 지역에 비해 놀랄 만큼 생물학적으로 다양하고 생산적인 지역에 위치하고 있었다. 또한 그곳은 야생동물로 가득했다.

생태학적인 풍요로움과 도시의 성장이 중첩되는 이런 패턴은 여러 가지 요인으로 설명할 수 있다. 몇몇 도시들은 식량과 물, 다른 자원들을 입수하기에 아주 좋은 곳에 위치한 원주민 마을 자리에서 탄생했다. 예를 들어 캘리포니아에서는 1769년부터 스페인어권 신부, 군인, 관리들이 해안선과 근처 계곡에 여러 개의 선교 시설을 세웠다. 이 식민지 전초기지들은 원주민 마을 옆에 만들어져서 그 온화한 날씨, 다양한 어류와 사냉감, 참나무 같은 주요 먹이식물, 이런 건조한 지역에서는 드물게도 1년 내내 흐르는 민물이라는 그 지역의 이점을 활용할 수 있었다. 1821년 멕시코가 독립을 이룬 후 오래된 선교 시설 주위로 조그만 남부식 마을들이 형성되었고, 이것이 나중에 농촌 마을로 자라나서 결국 도시가 되었다. 캘리포니아에서 가장 큰 도시 네 개, 즉 로스앤젤레스와 샌디에이고, 샌프란시스코, 새너제이는 전부 이런 원주민 마을, 선교 시설, 남부식 마을에서 시작되었다.

로스앤젤레스는 생태학적 역사가 잘 기록되어 있기 때문에 특별히 이야기할 가치가 있다. 신부들이 샌게이브리얼과 샌퍼낸도에 선교 시설을 지었을 때만 해도 한 세기 후에 겨우 24킬로미터 떨어진 곳에서 농부들과 석유 노동자들, 결국에는 고생물학자들이 지난 5만 년의 역사를 아우르는 세계에서 가장 큰 화석 매장지 중 하나를 발견할 거라고는 상상도 하지 못했다. 남부 캘리포니아에서 20세기 초 석유 호황을 일으킨 바로 그 매장지에 형성된 라브레아 "타르연못Tar Pits"에서는 300만 개 이상의 화석이 산출되었고, 그중에는 약 200여 개의 척추동물종 유해도 포함되어 있었다. 매장물 목록에는 컬럼비아매머드, 짧은얼굴곰 같은 멸종한 거대동물과 스컹크, 코요테처럼 현재까지 남아 있는 끈질긴 동물이 올라 있다. 이 동물들이 거기에 있던 데는 이유가 있다. 로스앤젤레스 분지는 온화한 기후와 놀랄 만큼 많은 야생동물이 살 수 있는 다양한 서식지를 제공한다. 마지막 빙하기가 끝날 무렵, 분지의 거대동물 대부분이 사라진 이후에도 이곳은 아메리카의 세렝게티로 남았다. 로스앤젤레스는 뉴욕처럼 생물다양성의 요람이었다.

미국의 도시들은 원주민 마을이 작거나 없다 해도, 정착자들에게 풍부한 천연자원을 쉽게 제공할 수 있는 지역에서 발달하곤 했다. 어떤 도시들은 이런 자원 바로 위에서 발달했고, 또 다른 도시들은 공급지 역할을 할 수 있을 정도로 가까운 곳에서 탄생했다. 어떤 도시들은 주민들이 넓은 영역에서 자원을 모으거나 가공할 수 있는 전략적 위치에 만들어졌다. 몬트리올과 세인트루이스는 모피 거래소로 시작되었고, 덴버는 근처 로키산맥에서 광물을 채취하기 위한 수송지 겸 물자 보급지 역할을 했다. 시카고는 서부의 목재와 소고기, 곡물 판매금을 긁어모아 19세기 미국 최대의 신흥 도시가 되었다.[6]

미국의 많은 대도시가 물자 수송을 위해 물에 가까운 지역에서 발달했다. 천연자원을 모아도 이것을 시장으로 가져갈 수 있는 수단이 없다면 도움이 되지 않는다. 이 나라의 가장 오래되고 큰 대도시 대부분이 해안가에서 자랐고, 미국 전체 인구의 절반 이상이 여전히 바다에서 80킬로미터 안쪽에서 살고 있다. 집을 짓기에 좋은 고지대와 운송에 적당한 바다가 있는 안전한 강어귀가 도시 자리로 딱 알맞았다. 해안가에 위치하지 않은 도시들은 대체로 배가 다닐 수 있는 내륙 수로를 통해 바다와 연결되어 있다. 피츠버그와 미니애폴리스가 그 확실한 예다.[7]

해안선과 강어귀는 도시를 짓는 데만 선호되는 장소가 아니다. 야생동물들도 대거 이곳으로 몰려드는 경향이 있다. 작은 지역 내에 다양한 서식지가 있어서 먹이가 많고 회유어와 해양 포유류, 조류에게 중요한 길이 되어주는 하구와 삼각지가 특히 그렇다. 새크라멘토와 뉴올리언스 같은 도시들은 현재 이런 물가 지역을 아주 많이 점유하고 있다.

정착지의 위치를 결정할 때 확실한 음용수 공급원은 많은 경우 결정적인 요소가 된다. 미국에서 다섯 번째로 크고 두 번째로 건조한 대도시인 피닉스를 보자. 2000년쯤 전에 호호캄족이 솔트강을 따라 수로와 농장을 만들고 번성한 마을을 이루었다. 후에 원주민들은 이 기간시설 대부분의 용도를 전환해서 나름대로 활기찬 사회를 만들었다. 이 계곡에 관한 1867년 기록을 보면, 이곳은 "1년 내내 반짝이는 하천이 흐르고, 물가에는 미루나무와 버드나무가 서 있다. 땅은 고르고 관개에 적합하다. 선사시대 종족의 증거가 사방에서 눈에 띈다."

한해살이풀들이 고지대에 카펫처럼 덮여서 "가축들에게 가장 훌륭한 사료"가 된다. 이 물과 먹이가 다양한 야생동물들을 불러들였다. 수백 종의 철새, 비버 같은 수생동물, 엘크와 영양 같은 초식동물, 그리고 물론 이들을 사냥하는 늑대, 퓨마, 재규어 등이다. 현재 사막 도시 피닉스는 한때 풀이 무성하고 관개가 잘되었던 이 땅 위로 넓게 펼쳐져 있다.[8]

다른 도시들은 종종 곤란하리만큼 물이 넘치는 지역에서 발달했다. 마이애미는 넓은 습지와 숲, 미국 본토에서 유일한 산호초를 접하는 축복을 받았지만, 사면에서 물이 덮쳐오는 저주 또한 받았다. 동쪽으로는 대서양이고 서쪽으로는 에버글레이즈, 하늘에서는 비가 잦은 아열대 기후 때문에 미국에서 두 번째로 비가 많이 오는 대도시가 되었고, 땅밑으로는 해수면이 올라가면 짠물이 가득 차는 다공성 석회석이 있다. 휴스턴은 1900년 허리케인 갤버스턴으로 해안가의 개발지가 내륙으로 옮겨간 이후에 주요 대도시로 성장했다. 수십 년 동안 생각 없는 건설이 이어져 마이애미는 이제 미국에서 네 번째로 크지만 연속된 홍수에 취약한 도시가 되었고, 이는 2017년 허리케인 하비로 분명하게 증명되었다. 습지가 저수지로, 그 후 물을 채운 저수 구역으로 바뀌면서 수천 마리의 뱀과 악어, 미국너구리, 다른 동물들이 교외 주거 지역으로 밀려나 휴스

턴 사람들에게 최소한 며칠 동안은 그들이 여전히 늪지대에 살고 있다는 것을 상기시켰다.[9]

　현재 위치가 생태학적으로 별로 좋은 이유가 없어 보이는 많은 도시가 종종 기묘하게 생물이 다양한 지역에 위치한 경우가 있다. 라스베이거스는 콜로라도강의 어마어마한 물과 거기서 나오는 전력, 미국 정부가 제공한 값싼 사막 땅 덕분에 존재한다. 몇몇 장소는 대자연과 완전히 반대되는 플라스틱 덩어리를 상징하긴 하지만, 그래도 라스베이거스는 미국의 다른 대도시들과 다르게 놀라운 자연사를 갖고 있다. 그 이름부터 스페인어로 한때 계곡 바닥을 뒤덮었던 무성한 목초지를 뜻하는 라스베이거스의 기후는 피닉스보다 더 건조하다. 하지만 개발되기 전에 라스베이거스 계곡은 근처의 스프링산맥 덕분에 모하비사막에서 가장 민물이 풍부한 곳이었다. 라스베이거스가 위치한 클라크카운티에는 18개의 생물군집과 233개 이상의 보호종 및 관심대상종이 있고, 그중에는 다른 지역에는 존재하지 않는 것들도 있어서 이곳을 생물학적 다양성의 번쩍번쩍한 요람으로 만든다.[10]

　이 모든 것들을 합치면 놀라운 패턴이 생긴다. 미국에서 대도시들은 생물다양성이 자연적으로 아주 높은 지역에 지나치리만큼 몰려 있다. 2020년을 기준으로 미국에서 가장 큰 도시

50개 중 14개가 "아주 높은" 생물다양성을 가진 지역을 점유하고 있었다. 이런 지역들이 미국 토지에서 2퍼센트도 안 되는 넓이임에도 불구하고 말이다. 이 지역들은 그 지역 동물들의 거처일 뿐만 아니라 여행하는 동물들의 쉼터이기도 하다. 많은 철새가 특정한 경로를 따라 이동하는데, 이 경로는 산맥과 평행하거나 강 계곡이나 해안선을 따라간다. 미국에서 가장 큰 도시 50개 중에서 최소한 40개가 좁은 띠 모양인 북아메리카의 주요 철새 이동 경로 일곱 개 안에 위치한다. 예를 들어 260종 이상의 철새들이 맨해튼을 지나가는 덕에 센트럴파크는 의외로 훌륭한 조류 관찰지가 되었다.[11]

이런 패턴은 미국을 넘어 세계적으로 나타난다. 어떤 지역은 다른 곳들보다 좀 덜하기도 하지만 말이다. 전 세계적으로 대도시는 자국의 전체 생물다양성에서 그 면적에 비해 지나치게 큰 몫을 차지한다. 도시 생태계가 가장 상세하게 연구된 대륙인 유럽에서 도시는 그 면적이 국토의 30퍼센트 이상을 넘어가는 일이 드물지만, 각국의 생물종 중 최소한 50퍼센트를 보유하고 있다. 이런 패턴은 대부분의 열대지방 국가에서는 지켜지지 않지만, 그런 지역들에서도 생물다양성과 도시화가 중첩되는 놀라운 사례를 찾을 수 있다. 중앙 멕시코와 브라질의 대서양 연안의 숲 같은 곳들이다.[12]

학자들은 이런 현상을 한참 걸려서야 받아들이기 시작했다. 20년 전까지 대부분의 생태학자는 세계의 옐로스톤 같은 곳들에서 연구하기를 좋아하고 도시는 무시했다. 사회학자들은 미래의 도시 지역을 텅 빈 백지로 묘사했다. 경제학자들은 이런 지역들을 원자재나 전략적 교역소로만 바라보았다. 인류학자들은 미래 도시의 토착 문화를 그 생태계보다 더 중요하게 강조했다. 마치 두 개가 관계가 없는 것처럼 말이다. 그리고 역사학자들은 그 도시가 번성하거나 몰락하게 된 원인으로 독특한 특성과 우연한 사건들만큼이나 몇몇 도시의 기묘한 위치를 강조했다. 그들은 지리는 운명적으로 정해진 게 아니라고 서슴없이 주장했다.

하지만 지리는 중요하다. 안전한 해안선, 배가 다닐 수 있는 강, 마실 수 있는 민물, 다양한 서식지, 그리고 원자재 같은 특성은 종종 생물다양성과 생산성이 높은 지역에서 발견된다. 이런 특징은 다수의 야생동물이 살아가게 만들어주었고, 토착 문화가 번성하는 자원의 기반을 공급해주었으며, 유럽인들을 끌어들여 정착지를 만들게 했다. 이런 정착지 중 몇 개는 큰 도시로 자라났다.

도시 지역은 원래 야생동물이 매우 많았지만, 그 상태로 유지되지는 않았다. 도시는 발전하면서 토지와 물의 형태에 복잡한 영향을 미친다. 도시는 성장 과정에서 생물종들을 불러들이고 다른 동물들을 끌어들일 새 서식지를 만들어서 그 지역의 생물다양성을 높인다. 하지만 유용한 동물들을 대량으로 잡고, 불필요한 것들을 죽이고, 가까운 미래와 먼 미래 모두에서 생태계 전체를 파괴하거나 재편해서 토착종들에게 해를 입힌다. 이런 형태의 생태학적 손상은 17세기와 18세기부터 시작된 미국의 도시 생활 초기부터 특징적으로 나타났고, 19세기에 산업화와 세계화를 거치고 도시 인구가 성장하면서 더욱 가속화되었다. 수십 년 전에 정착자들을 끌어들인 비옥한 생태계는 금이 가고 망가졌다. 이런 과정은 여러 지역에서 각기 다른 시기에 일어났으나 19세기 후반기에는 한때 대륙에서 가장 생물학적으로 다양하고 생산적이었던 수많은 미국 도시 및 그 주변에서 토착 야생생물 상당수가 사라졌다.

북아메리카의 인구밀도가 높은 지역에서 야생생물들이 사라진 것은 유럽에서 수 세기 전에 시작된 더 거대한 과정의 일부였다. 중세 말쯤에 사냥꾼들은 유럽 대다수의 지역에서 야생 사냥감들을 대폭 감소시켰고, 그래서 부유한 토지 소유주들은 사유 보호구역을 만들어 이를 위반하는 사람들을 엄하게 처벌하는 강압적인 칙령을 내렸다. 사슴과 오로크스(큰 야생 소의 일종) 같은 식육종 및 비버와 여우 같은 모피를 가진 포유동물이 많은 곳에서 사라졌다. 삼림 벌채는 삼림지대 생물종들의 서식지를 파괴했고, 포식자 통제 활동으로 시골 지역에서 늑대, 울버린, 곰, 스라소니, 자칼이 사라졌다.

수생동물 역시 끔찍한 절멸을 겪었다. 서기 1000년 이전에 유럽에서 소비하는 대부분의 생선은 민물 하천이나 연안 바다에서 찾을 수 있는 토착종 강꼬치고기, 농어, 송어 같은 것들이었다. 이후 수 세기 동안 북유럽인, 영국인, 스코틀랜드인, 네덜란드인이 북대서양 멀리까지 나와서 대구, 고등어, 청어를 대량으로 쓸어갔다. 단백질이 풍부한 이 식용 물고기들은 소금에 절이거나 말리면 쉽게 보존이 되기 때문에 경제를 바꾸고, 먼 지역까지 연결시키고, 인구 증가의 밑거름이 되고, 이로 인해 식량 수요를 더 증가시키는 반복 순환을 낳았다. 19세기 중반쯤에는 북대서양의 큰 어장 대부분이 붕괴되었다. 사냥꾼들이 해양 포유동물과 바닷새의 알과 가죽, 지방, 고기를 구하면서 이들의 숫자 역시 곤두박질쳤다.[13]

1600년대에는 북아메리카 해안에 유럽인들의 맹공격이 시작되었다. 가공 과정을 견딜 만큼 튼튼하고도 유연한 비버의 고급 털가죽이 프랑스, 영국, 네덜란드의 덫 사냥꾼들과 상인들을 끌어들이고, 다양한 원주민 일꾼들에게 돈을 대고, 경제의 세계화에 불을 지피고, 새로운 정치적 동맹을 맺게 만들었다. 곧 덫 사냥꾼들은 다른 종류의 털가죽을 시장에 가져오기 시작했다. 여우, 미국너구리, 밍크, 피셔(담비의 일종), 사슴, 결국에는 들소와 태평양해달에까지 이르렀다. 모피 교역으로 어떤 생물종도 멸종되지는 않았으나 경쟁자들을 무너뜨리고 도시 시장에 물건을 공급하려고 서두른 사냥꾼과 상인들이 북아메리카의 광범위한 지역에서 이 동물들을 없애고 말았다.

남은 야생동물들은 규모가 줄어들고 점점 악화되어가는 생태계에 갇혔음을 깨달았다. 덫 사냥꾼들의 뒤를 이어 벌목꾼과 농부들이 나타나서 나무를 베고 끌고 조각을 냈으며, 작물과 가축을 위해서 초원을 개간했다. 경제적 발전에 위협이 된다고 여겨지는 야생동물들은 블랙리스트에 오르고 쫓겨나서 그들의 활동 범위에서 가장 머나먼 구석에 숨었다. 북동부 숲들은 이런 압박을 대규모로 받은 최초의 생태계였다. 1600년부터 1900년 사이 뉴잉글랜드의 산림 피복(산림으로 덮인 토지의 면적)은 토지 면적의 90퍼센트 이상에서 60퍼센트 미만으로 떨어졌다. 노출된 환경에서 번성하는 일부 종은 득을 봤지

만, 숲에서 사는 데 적응한 생물종의 숫자는 급격히 줄었다.[14]

호수와 하천은 숲보다 더 심한 타격을 입었다. 벌목과 농경 탓에 한때 맑았던 물은 흙탕물이 되었고, 유기물이 유출되어 조류가 대규모로 증식했으며, 댐이 회유어의 이동을 막았다. 가죽 산업 등으로 양분과 금속, 화학물질이 하천으로 유입되었다. 처리되지 않은 하수가 마음대로 흘러갔다. 습지는 마르고 강어귀는 넘쳤다. 해양 오염으로 해양 생물들은 질식했고, 어부들은 건강한 물고기 떼를 찾아 더 멀리까지 나가게 되었으며, 지역 주민들은 오염된 물에서 나온 음식을 먹기를 꺼렸다.

바다에서도 상황은 그다지 좋지 않았다. 연어 같은 회유어 종이 많은 지역에서 사라졌다. 19세기 말, 보스턴, 뉴욕, 시애틀, 샌프란시스코 주위의 바다에 한때 넘쳐나던 해양 포유류들이 전부 사라졌다. 대서양 쇠고래와 바다코끼리, 북방코끼리바다물범, 해달이 전 지역에서 없어졌다. 남방긴수염고래, 캘리포니아바다사자, 회색물범, 그리고 여러 물개 종들이 활동 영역 전체에 살고 있으나 그 숫자는 굉장히 줄었다. 이런 대규모 파괴 활동 대다수는 도시 지역 바깥에서 일어났지만, 먹기 위한 물고기부터 가로등을 켜기 위한 고래기름에 이르기까지 해양 생물의 수요는 도시에서 크게 늘어났다.

19세기 말에 미국에서 야생동물 수십 종의 숫자는 식민지 이전에 비해서 격감했고, 어떤 종들은 최저치에 이르렀다. 이런 종 다수가 결국 뉴욕 같은 도시로 돌아왔지만, 오랜 시간이 지나 사육동물들이 도시의 자연을 지배하게 된 뒤에야 그렇게 되었다.

2 도시의 마당농장

황소의 탈출

21세기 뉴욕 한가운데서 19세기에서 튀어나온 것 같은 장면이 벌어졌다. 2017년 10월 17일 막 정오가 될 무렵에 브루클린 선셋공원 16번가와 4번로 모퉁이에 있는 도축장에서 덥수룩한 짙은 갈색 털에 황갈색 귀가 늘어진 어린 황소 한 마리가 탈출한 것이다. 자신의 운명을 받아들이고 싶지 않았던 황소는 우리를 부수고 도망쳐서 동쪽으로 달려 웅장한 고급 맨션, 화려한 커피숍, 지나치게 비싼 비건 빵집이 즐비한 상류층 거주지 파크슬로프로 들어섰다. 녀석은 곧 도시 한가운데 있는 약 2제곱킬로미터의 초록 공간인 프로스펙트공원을 찾아냈다. 이후 세 시간 동안 황소는 브루클린을 마음껏 돌아다녔다.[1]

짓밟히는 사고나 걷어차이는 사람, 자동차 사고 등 일어날 수도 있던 온갖 안 좋은 일들을 고려할 때 이 사건은 별다른 문제없이 끝났다. 엄마가 아이를 데리고 황소 앞에서 피하다가 어린아이의 눈에 멍이 든 걸 제외하면 어떤 부상자도 보고되지 않았다. 헬리콥터에서 찍은 흑백 영상에서는 황소가 농구장을 가로질러 가는 모습이 보였다. 몇 분 후 녀석은 야구장에서 멈춰서 사슬 울타리를 통해 휴대전화를 든 유인원 무리를 쳐다보았다. 어떤 동네 주민은 이 사건이 "아주 웃기고 놀라웠다"고 말했다. 또 다른 주민은 자신이 "엄청난 문화충격을 받았다"고 이야기했다. 그 동네에서 40년 동안 거주한 세 번째 주민은 거기서 단 한 번도 소를 본 적이 없었다고 선언했다. "너구리라면 봤죠. 하지만 소라니, 한 번도 못 봤어요."[2]

이것은 최근에 황소가 뉴욕 거리를 돌아다닌 첫 번째 사건은 아니다. 그 1년 전에 또 다른 황소가 뛰쳐나와서 잠시 퀸스를 구경했다. 당국이 녀석을 붙잡을 무렵에는 재기발랄한 주민들이 녀석에게 프랭크라는 이름을 붙이고 녀석을 풀어달라고 외쳤다. 유명한 동물보호 운동가인 코미디언 존 스튜어트 Jon Stewart와 부인 트레이시Tracey가 개입해서 근처 동물병원에서 검사를 한 다음 녀석을 북부의 목축 보호구역으로 보냈다. 요즘 뉴욕시티의 몇 안 남은 도축장에서 탈출한 소들은 거의

*속보 | 브루클린에서 황소가 탈주

도축대 위로 다시 돌아가지 않는다.[3]

오늘날 미국의 대도시 길거리에서 황소를 보면 사람들이 전부 주목하지만, 항상 그랬던 것은 아니다. 18세기와 19세기에 미국 도시에는 야생동물이 거의 없었으나 동물은 아주 많았다. 도시 거주자들에게도 식탁에 올릴 달걀과 우유, 고기, 비누를 만들 라드, 신발과 재킷, 벨트, 안장을 만들 가죽이 필요했고, 그런 물품들을 직접 실어 날라야 했다. 슈퍼마켓과 공장식 농장의 시대 이전에 가축은 도시 내에서, 가끔은 한집에서 살고 먹고 일하고 도축되고 먹혔다. 교회, 공장, 가게 주위에 외양간과 마구간, 목초지가 섞여 있었다. 미국 도시에서 인구가 증가하는 것과 함께 가축도 증가했기 때문에 대부분의 도시 거주자들은 음식과 전력, 원자재, 비료, 운송, 그리고 점점 커져가는 역할인 애정을 주는 상대로 다양한 동물들과 매일 헛간에서 얼굴을 마주했다. 이 가축들 대부분이 도시에서 밀려난 후에야 야생동물들이 돌아올 기회를 얻을 수 있게 된다.[4]

———

1800년에는 미국인의 겨우 6퍼센트, 혹은 32만 4000명 정도의 사람들만이 도시에 살았다. 이는 오늘날 켄터키 렉싱턴이나 캘리포니아 스톡턴에 사는 사람 수 정도다. 이처럼 띄엄 띄엄 위치한 소도시들은 작고 좁고 지저분하고 나무도 없었다. 놀랄 일도 아니지만, 미국에서 가장 영향력 있는 사상가 몇 명은 자국의 자라나는 도심지들에 관해서 비판적으로 글을 썼다. 예를 들어 토머스 제퍼슨Thomas Jefferson은 농경사회의 미덕을 찬양하는 것과 그가 사랑하는 농부들이 물건을 파는 도시를 경멸하는 데서 전혀 모순을 느끼지 않았다. 1787년, 제퍼슨은 "위대한 도시의 도당들이 순수한 정부를 지지하는 데 큰 힘을 보탰다. 염증이 인체의 힘에 도움이 되는 식으로"라고 비웃었다. 몇 달 후에 제임스 매디슨James Madison에게 편지를 쓰면서 그는 더 과격하게 말했다. "우리가 유럽처럼 큰 도시에서 빽빽하게 끼어 살게 되면, 유럽처럼 타락해서 그들이 하듯이 서로를 잡아먹게 될 걸세."[5]

서로를 잡아먹든 말든, 제퍼슨은 당시 별로 걱정할 필요가 없었다. 남북전쟁 때가 되어서야 북동부와 중서부에서 제조업 붐이 일어나며 미국이 정말로 도시화되기 시작했기 때문이다. 1900년경에는 미국인의 거의 40퍼센트가 도시에서 살았고, 도시 인구는 25년마다 두 배로 증가했다. 어떤 도시들은 더 빨리 성장했다. 뉴욕시티의 인구는 1700년의 5000명에서 1900년에는 350만 명으로 700배 늘어서 런던에 이어 세계에서 두

번째로 큰 도시가 되었다. 1840년에서 1900년 사이에 시카고
는 '대초원의 진구렁'이라고 불리는 인구 4500명의 개척촌에서
170만 명이 사는 대도시로 커졌다. 1847년까지만 해도 샌프란
시스코는 샌프란시스코도 아니었다. 멕시코의 북서부 외딴 변
경을 따라 올라간 바람 부는 반도에 자리한 황폐한 선교 시설
이자 허드슨베이 회사의 쓰지 않는 모피 교역소 예르바부에나
Yerba Buena였다. 1900년경 이곳의 인구는 34만 2000명에 달했
다. 이는 한 세기 전에 미국 도시들 전체에 사는 인구를 다 합
친 것보다 많은 수였다.

19세기의 도시 환경에서 주력 생물종을 하나 골라야 한다
면, 고민할 것도 없이 말(馬)이다. 1775년 혁명적인 증기기관의
특허를 낸 제임스 와트James Watt는 강한 짐말이 낼 수 있는
힘의 양인 분당 3만 3000피트파운드와 동일한 일의 단위로
마력horsepower이라는 용어를 만들었다. 와트의 시대에 말은
살아 있는 기계로, 증기기관과 수차, 다른 기계적 장치들과 함
께 작업장과 공장에서 일했다. 말은 또한 돈이 있는 사람들에
게는 핵심 교통수단이었다. 도시가 커지면서 수레, 마차철도,
페리 등 수많은 마차가 멀리 있는 구역을 연결하고 교외의 성
장을 촉진하고, 계급과 인종, 언어, 민족으로 동네를 나누며 도
시 생활의 추세를 가속화했다.[6]

돼지도 19세기의 도시에 흔했다. 역사학자 캐서린 맥뉴어 Catherine McNeur에 따르면 이 통통한 짐승에 대한 견해는 사회에서 그 사람의 지위를 반영했다. 엘리트층은 돼지를 걸어 다니는 수채통, 질병의 매개체, 낙후성의 상징으로 보곤 했다. 하지만 가난한 사람들과 이민자들에게 돼지는 그저 상징 이상이었다. 돼지는 다용도 공장이자 쓰레기통, 재활용품통이었다. 사람들이 쓰레기 수집가라는 그들의 일자리를 빼앗아가기 한참 전부터 녀석들은 길거리에서 쓰레기를 치우고 있었다. 1812년 미영전쟁이나 그 이후 공황기처럼 힘든 시절에 돼지 소유주들은 돼지를 잡아서 먹고, 남은 부위는 도시의 지저분한 외곽에 있는 처리 공장에 팔 수 있었다. 그야말로 돼지저금통이었다.[7]

소는 사람들이 살아온 것만큼 오래 도시에서 살았다. 중세와 근대 초기에 유럽의 도시에는 젖소가 풀을 먹을 수 있는 공동 초지가 있었다. 이런 전통은 남북전쟁 이후까지 미국의 도시들에서도 계속되었다. 1870년과 1900년 사이에 수십 개의 도시가 공개적인 방목을 금지하는 법령을 통과시켰으나 소는 20세기에 들어설 때까지 도시의 외양간과 마당에 남았다. 시애틀에서는 1900년까지도 도심지 가정 4분의 1이 소를 소유하고 있었다.[8]

개는 19세기 미국 사회에서 오늘날과는 다른 역할을 했다. 1800년 이전에 가정집에서 키우는 대부분의 개는 사역견이었다. 개는 사냥꾼, 양치기, 썰매 끌기, 경비, 해충 구제 역할을 했다. 하지만 이런 것은 그 총 숫자에서 아주 작은 비중일 뿐이었다. 대부분의 개는 밖에 살고 명확한 주인이 없었다. 개뿐만 아니라 갈 곳 없는 사람들에게도 쓰는 경멸의 말인 "떠돌이 tramp"로 불리는 들개들은 돼지, 염소, 쥐, 인간과 함께 살아가며 음식을 구걸하거나 쓰레기통을 뒤지면서 미국의 도시들을 돌아다녔다. 어떤 개들은 주인이 있다는 의미인 목줄을 했지만, 대부분의 반려동물도 바깥에서 자면서 깨어 있을 때면 마음대로 여기저기 돌아다니곤 했다.[9]

이 도시 동물원에서 살아가는 동물들의 수는 놀라울 정도였다. 1820년경 뉴욕시티에는 최소한 2만 마리의 돼지와 13만 마리의 말이 있었다. 개와 고양이, 닭, 염소, 칠면조, 거위의 숫자를 추산하는 것은 좀더 어렵지만, 그 시대 기록으로 보아 동물들은 사방에 있었을 것이다. 그리고 이들을 키우기 위한 기반시설도 마찬가지였다. 1867년 샌본 보험사가 작성한 보스턴 지도에는 마구간이 367개 나온다. 이 목조 건축물의 4분의 3이 1층 높이 이상으로 이루어져서 19세기 도시에서 휘청거리는 가축 주차장 노릇을 했다.[10]

도시 동물들은 식량을 거의 끝없이 먹어치웠다. 말은 해마다 3톤의 건초와 62부셸(약 1700킬로그램)의 귀리를 먹었다. 소한 마리는 일반적인 마을 공유지에서 최소한 2에이커(약 8000 제곱미터)의 땅을 필요로 했다. 지역 법령으로 소들을 외양간과 마당에 가둔 이후로는 소 한 마리당 최소한 하루에 30파운드(약 13킬로그램)의 건초를 먹여야 했다. 돼지와 개들은 종종 자기 먹이를 알아서 찾아 먹었지만, 음식을 훔치기도 하고 나눠달라고 구걸하기도 했다.

들어간 것은 나와야 한다. 무거운 짐말은 매년 7톤가량의 배설물을 배출했다. 변이 길거리에 쌓이고, 배수구가 막히고, 파리 떼가 꼬이고, 거대한 "길거리 쓰레기" 더미가 되어 더운 날에는 바싹 굳고, 겨울에는 얼고, 비가 오면 흘러내렸다. 하지만 이 배설물은 귀중한 가치가 있었다. 도시의 정원사들은 오래전부터 그것을 비료로 가져갔다. 1800년경 도시는 배설물을 모으고, 질에 따라 분류해서 파는 회사들과 독점 계약을 맺었다. 1842년 맨해튼에서는 30센트로 14부셸(약 380킬로그램)짜리 한 수레의 배설물을 살 수 있었다. 1860년경 롱아일랜드 철도회사는 매년 근처의 농장들로 이런 수레 10만 개 이상의 양을 실어 날랐다.[11]

배설물처럼 동물들의 사체도 위험하지만 가치가 있었다.

1850년경 뉴욕의 도축업자들은 일주일에 양 5000마리, 소 2500마리, 송아지 1200마리, 돼지 1200마리를 도축했다. 도시 동물들은 또한 학대와 무시, 노출, 탈진, 질병, 노화, 상처 등으로 목숨을 잃었다. 이는 혼잡한 19세기 길거리에서 아주 흔했다. 사용되지 않는 부위는 거의 없었다. 정제 시설에서는 뼈와 지방, 내장을 녹여서 비누와 수지를 만들었다. 공장에서는 뼈로 칫솔과 단추를 만들었다. 건축업자들은 말 털로 회반죽을 점착시켰다. 그리고 제당 공장에서는 피와 뼈를 사용해서 설탕을 정제했다. 가장 지저분한 동물 처리 시설 중 하나인 무두질 공장에서는 화학약품과 배설물을 사용해서 가죽의 보존 처리를 했다.[12]

동물에 대한 도시의 가장 흔한 불평은 악취였다. 19세기 도시는 악취로 가득했다. 1858년 런던 대악취와 1880년 파리 대악취 때처럼 가끔 악취는 파멸적 수준까지 올라갔다. 1880년대와 1890년대 세균론이라는 업적 이전까지 미국인들은 악취를 미아스마miasma, 즉 "나쁜 공기"와 연관 지었다. 이것은 그들이 썩어가는 유기물로부터 인체로 질병을 나른다고 믿었던 물질이다. 콜레라, 황열병, 장티푸스, 기타 끔찍한 질병으로 고난을 겪은 대도시에서 역한 냄새는 치명적인 위협으로 여겨졌다. 영국의 저명한 위생학자 에드윈 채드윅Edwin Chadwick은 1846

년 접먹은 군중에게 "모든 냄새는 질병이다"라고 발표했다.[13]

더운 날 고인 물만큼 악취를 풍기는 곳도 별로 없다. 뉴욕시티에서는 유독한 화학물질과 유기 폐기물 혼합물이 정화되지 않은 채 연못과 강, 만으로 흘러가서 조수에 따라 이리저리 오갔다. 1862년, 봄에 비가 내렸는데도 여섯 달 치 폐기물을 시카고강으로 쓸어내리지 못하는 바람에 도시 주민들은 "하수구 바로 옆에 쌓인 8만 마리 이상의 뚱뚱한 소와 40만 마리의 돼지 피와 내장"과 싸워야 했다. 물은 이 악마의 수프에서 적지만 중요한 재료였다. 수천 명의 주민이 "끔찍하고 독한 악취"에 불평하는 진정서에 서명했고, 〈트리뷴〉은 오염 산업을 "인류에 대한 범죄이자 질병의 제조자"라고 명명했다.[14]

도시 주민은 동물들이 직접적으로 질병을 옮길 수 있다는 걸 이해하고 있었다. 정확히 어떻게 그러는지는 모른다 해도 말이다. 오늘날 우리는 가축들이 인간과 수십 가지 질병을 공유한다는 걸 안다. 이 중 다수의 병이 19세기에는 이름조차 없었으나 사람 많고 비위생적인 상태에서는 쉽게 퍼졌다.

도시 지역에서 가축에 대해 너무나 많은 위협과 분노가 쌓인 나머지 동물들을 어디에서 기르고, 어떻게 사용하고, 누가 가질 수 있는지를 놓고 결국 분쟁이 일어났다. 계급에 따라서 편이 갈렸다. 생계와 식량을 동물들에 의존하는 가난한 노동

계층 사람들은 동물들을 고집하는 반면에 부유한 권력자들은 현대 도시에는 수만 마리의 사역동물이 필요하지도 않고 그럴 공간도 없다고 주장했다.

가축에 관한 논쟁은 사회적 계급에 관한 더 큰 불안감을 반영했다. 개혁가들은 도시 동물들을 반대하는 운동을 벌이면서 도시화, 산업화, 이민에 관한 우려를 표했다. 그들은 돕고 싶다고 말했고, 자신들이 그러고 있다고 믿었다. 하지만 그들의 해결책은 종종 이미 상처받은 사람들에게 더 상처를 주었고, 진보적 개혁은 민족에 대한 고정관념을 형성하고 희생양을 만듦으로써 탄압적인 면모를 띠게 되었다. 이 동물들에게는 법적 조치가 취해졌고, 이들에게 가해진 국가 폭력과 이들을 성가신 존재로 여기는 시선, 소모품 취급하는 행위는 누가 도시에 속했고 누가 그렇지 않은지를 명확하게 보여주었다.[15]

사역동물들은 미국의 도시에서 여러 이유로 사라졌다. 말은 중대하고 어디에나 존재했으나 차츰 이들이 현대 도시의 요구사항들을 해결하는 적절한 방책이 아니라는 사실이 분명해졌다. 말은 너무 겁이 많고 위험하고 상처와 질병에 취약한 데다 화재 대응 같은 긴급 상황에는 신뢰할 수가 없었다. 증기기관, 자동차, 열차 등 전기와 화석연료로 작동하는 기계가 말이 했던 많은 일을 대체했다. 1930년 미국 말협회Horse Association

는 엔진으로 가는 자동차와 트럭이 사용되면서 미국에서 말의 숫자가 77퍼센트 줄었다고 보고했다. 이런 기계가 없었으면 650만 마리가 있었을 것으로 추정되지만 당시는 150만 마리였다.[16]

말과 달리 도시에서 돼지의 자리에 관한 논쟁은 시끄럽고 감정적이고, 가끔은 폭력이 동반되었다. 1820년대에 뉴욕시티가 처음으로 자유롭게 돌아다니는 돼지 대신 인간 청소부를 도입하려고 하자 돼지 소유주들은 맞서 싸웠다. 돼지 반대파는 1832년과 1849년 콜레라 확산 때 더욱 강하게 자신들의 주장을 밀어붙였다. 이런 갈등은 1859년 "양돈장 전쟁" 때 폭발해서 9000마리의 돼지가 도살되고, 3000개의 돼지우리와 100개의 보일러가 부서졌다. 1866년 도시는 돼지 방목을 금지했으나 일부 주민은 1890년대까지 이 법에 계속 저항하며 시민불복종 운동을 벌이거나 돼지를 몰래 키웠다.[17]

소는 대부분의 도시에서 돼지보다 오래 남았지만, 이민자들과 연결되어 있어서 표적이 되기도 했다. 8.5제곱킬로미터 이상을 태우고, 건물 1만 7500채가 부서지고, 최소한 300명 이상이 사망한 1871년 시카고 대화재 이후 신문은 도시의 니어웨스트사이드에 사는 캐서린 오리어리Catherine O'Leary가 소유한 소가 건초로 가득한 외양간에서 등유 랜턴을 발로 차면서 화재가 시작되었다고 주장했다. 조사를 통해서 오리어리는 이 사건에 혐의가 없음이 밝혀졌다. 공무원들이 건물 안전 법규를 지키도록 만들지 못해서 도시의 조잡한 목조 건축물 수천 채가 불에 탄 것이다. 오리어리를 비난하는 주요한 기사를 쓴 기자 중 한 명은 후에 자신과 동료들이 그 이야기를 만들어냈다고 인정했다. 하지만 아일랜드인에 대한 편견이라는 연료 덕분에 이 도시 전설은 계속해서 꺼지지 않았다. 소들은 도심지에서 점점 더 위험한 존재로 여겨졌다. 하지만 무겁고 잘 상하고 대체 불가능한 액체 상품인 우유를 공급하기 때문에 미국의 도시에서 1920년대까지 상당수가 유지되었다. 그러다가 냉장 열차와 마차로 우유 배달이 싸고 안전하고 편리하게 바뀌면서 사라졌다.

개는 이야기가 좀 다르다. 당시 사실상 가장 무시무시한 병이었던 광견병에 대한 두려움으로 반려견에 목줄을 채우고 입마개를 하는 법이 빠르게 통과되었고, 들개에 대한 폭력적인 근절 운동도 벌어졌다. 예를 들어 1848년 광견병 소동에 대응해서 필라델피아, 보스턴, 뉴욕, 그 외 도시들은 "개와의 전쟁"을 벌였다. 이것은 사실 명사수, 현상금 사냥꾼, 자경단, 몽둥이를 휘두르는 아이들까지 동원된 개 학살극이었다. 하지만 돼지와 달리 개들은 사냥꾼과 전문 사육자부터 사업가와 정치인에 이르기까지 다양하고 강력한 지지자들이 있었다. 그래서 시간이 흐르며 개에 관한 논쟁은 개가 도시에 살아도 되느냐에서 어떤 식으로 살게 하느냐로 바뀌었다. 다른 대부분의 가축이 도시 풍경에서 사라질 때도 개들은 살아남았다.[18]

1900년대 초 미국 도시에서는 개로 산다는 것의 의미가 바뀌었다. 초기 교외 거주자들은 반려견을 중성화시키고, 밤과 겨울에 집안에 들이고, 특별한 음식을 먹이고, 수의사에게 데려가고, 교배를 시키고, 반려견 모임을 만들고, 목줄을 채워 산책하고, 훈련시키고, 함께 자고, 심지어는 반려견 묘지에 시체를 묻고 그들이 귀중한 가족의 일원임을 알리는 묘비명을 썼다. 개들은 도덕적 붕괴와 무질서의 상징이었던 근본 없는 떠돌이에서 핵가족의 대표로 변신했다. 개는 점점 더 다루기 힘든 성인이 아니라 아동의 현대적 개념이 탄생한 빅토리아 시대의 조숙한 아이들처럼 바뀌었다.[19]

시민단체들이 이런 변화의 방향을 이끌었다. 1866년에 뉴욕에 미국동물학대방지협회American Society for the Prevention of Cruelty to Animals(ASPCA)가 설립되었다. 협회는 전前 노예제 폐지론자, 여성 클럽, 금주협회, 교회 모임의 관심을 얻었다. 이런 모임 회원 다수가 동물뿐만 아니라 동물을 학대하는 남자와 소년들의 도덕성이 떨어지는 상황을 우려하기 때문이었다.

1874년, ASPCA와 제휴한 협회가 당시 미국에 존재하던 37개 주 중에서 25개 주에 설립되었고, 그중 많은 수가 떠돌이 짐승을 보호하고, 범죄를 조사하고, 소환장을 발부하고, 심지어는 체포를 할 수 있는 법적 권한을 갖고 있었다.[20]

수십 년이 걸렸지만, 빅토리아 시대식 도시 마당농장은 결국 사라졌다. 남북전쟁 이후에 참전용사들은 전장에서 쌓은 의학, 건강, 행정 등과 관련된 실용적인 기술과 경험을 고향으로 갖고 돌아왔다. 이 중 일부는 1866년에 설립된 뉴욕시티 도심 보건위원회 같은 주립 및 시립 기관에서 일자리를 얻어 공중보건법을 만들고 집행했다. 전문가들은 곧 미국 도시 전역으로 퍼져서 "악취 지도"를 만들고, 위험한 시설들을 기록하고, 청소해야 하는 지역들을 점찍었다. 초반에는 이런 기관 대부분에 별로 힘이 없었지만, 청결과 그것이 대변하는 질서의식이 시민들에게 일종의 종교가 되면서 권위가 커지게 되었다. 1920년경에는 한때 "우주의 똥덩어리"라고 불리던 뉴욕까지 모범적인 위생 도시가 되었다.[21]

이후 수십 년 동안은 미국 역사에서 아주 특별했다. 1920년에는 처음으로 미국인 전체의 절반 이상이 도시에 살았다. 그러나 도시에 사람은 더욱 늘어났지만 야생동물이든 가축이든 동물의 숫자는 이전이나 이후 그 어느 때보다도 적었다. 이런 도시에 동물이 거의 없는 시대는 대부분의 미국인들이 도시를 어떻게 생각하는지, 최소한 도시가 어때야 한다고 생각하는지를 보여준다. 그들은 사람들을 위해 설계되고 사람들이 거주하는 깨끗하고 현대적인 공간을 도시라고 생각했던 것이다. 하지만 미국인들이 도시를 동물이 거의 없는 공간이라고 생각하기 시작했다 해도 변화는 진행 중이었고, 결국에는 수많은 야생동물이 돌아오는 결과를 낳게 된다.

3 자연 보살피기

다람쥐가 사는 공원

1856년 7월 4일, 〈뉴욕 데일리 타임스〉는 맨해튼 도심에 있는 시티홀공원 근처에 "색다른 방문객"이 나타났다는 기사를 실었다. 목격자들에 따르면 이 기묘한 생물은 우리에서 탈출해 아파트 문틈을 비집고 나와 계단으로 네 개 층을 내려와서, 브로드웨이를 가로질러 공원으로 뛰어든 다음 가까운 나무 위로 올라가서 수많은 구경꾼의 관심을 사로잡고, 뉴욕에서 가장 사람 많은 동네 중 한 곳에서 소동을 일으켰다. 문제의 악당은 통통한 동부회색다람쥐였다.[1]

독립기념일에 자유를 찾아 달려나온 다람쥐는 수많은 관심을 끌었다. 지금은 좀 이상하게 여겨질지 몰라도 1856년 맨해튼에는 야생 다람쥐가 거의 없었기 때문이다. 아직 마당농장에 동물이 수만 마리가 있었으나 비둘기와 쥐, 갈매기를 제외하면 야생동물은 거의 살지 않았다. 이후 수십 년 동안 도시학자, 계획자, 설계사들이 미국 도시의 현대화를 돕게 된다. 그들의 목표는 도시를 더 깨끗하고 푸르고 사람들의 건강에 더 좋게 만드는 것이었으나 그 과정에서 동부회색다람쥐를 포함해 몇몇 야생동물이 돌아올 수 있는 환경이 조성되었다.

동부회색다람쥐는 오늘날에는 많은 곳에서 굉장히 흔해서 대부분의 미국 도시에서 녀석들이 없는 걸 상상하기가 어렵다. 동부와 중서부 삼림에 자생하는 동부회색다람쥐는 튼튼하고 생식력이 강하고 수명이 길고 잡식이고 사람들 주위에서 태평하기로 유명하다. 녀석들은 또한 수십 종의 포식자들의 먹이가 되고 수백 개의 견과와 씨앗을 따서 녀석들이 집으로 여기는 숲을 가꾸는 핵심 생물종이기도 하다. 동부회색다람쥐는 큰 영향을 미치는 조그만 동물이다.

동부회색다람쥐는 유럽인들이 들어오기 전에는 북아메리카 동부에 널리 퍼져 있었으나 17세기와 18세기에 그 숫자가 급격히 줄었다. 삼림 벌채로 서식지가 망가지고, 식량이나 털 때문에, 그리고 사람들이 녀석들을 농장과 정원에 해를 입히는 동물로 여겨 수천만 마리가 사냥을 당했다. 18세기 말 녀석들은 희귀한 애완동물로 사육될 만큼 드물었다. 1772년, 벤저민 프랭클린Benjamin Franklin은 야생에서 이 중대한 미국 생물종이 사라진 것이 슬퍼서 대서양 횡단 여행에서 살아남았으나 결국 잉글리시하운드의 이빨 앞에서 목숨을 잃은 애완동물 멍고에 관한 추도사를 쓰기까지 했다. 동부회색다람쥐는 수십 년 동안 인기 있는 애완동물로 남았고, 그래서 1856년 맨해튼 도심의 아파트에서 그 한 마리가 뭘 하고 있었는지가 설명된다.[2]

동부회색다람쥐는 1840년대에 필라델피아와 보스턴 같은 도시에 다시 나타났다. 역사학자 에티엔 벤슨Etienne Benson에 따르면 이 도시의 주민들은 다람쥐를 그들의 새로운 공원과 광장을 "아름답고 더 활기차게 만든다"고 소개했다. 하지만 대부분의 초기 이주는 실패했다. 이 도시들은 여전히 공원이 너무 적고 대체로 나무 위에서 사는 이 동물이 독자 생존이 가능한 숫자를 유지할 만큼 나무가 많지 않기 때문이었다.[3]

다람쥐와 함께 사는 지혜가 별로 없던 사람들은 동부회색다람쥐가 사회에 어떤 기여를 하는지, 녀석들을 어떻게 대해야 할지 논쟁했다. 반대파는 녀석들을 해로운 동물로 여겼다. 찬성파는 이 매력적이고 부지런한 작은 동물을 가까이 둠으로써 사람들이 모든 신의 창조물을 더 상냥하고 온화하고 자비롭게 대하도록 만들 수 있다고 주장했다. 동식물 연구가 버논 베일리Vernon Bailey는 동부회색다람쥐가 "아마도 우리에게 가장 잘 알려지고 가장 사랑받는 토착 야생동물일 것이다. 녀석들은 그리 난폭하지 않고, 굉장히 영리하고, 우리의 환대와 우정을 받아들이고 고마워한다"는 결론을 내렸다. 베일리가 볼 때, 훌륭한 도시 동물이 되기 위해서 똑똑하고 우호적이고 비교적 얌전해야 했다.[4]

1900년대 초에 동부회색다람쥐가 돌아오기 시작했다. 미국의 농경 중심지가 중서부로 이동하면서 북동부 전역에서 버려진 농장을 숲이 다시 점령했다. 다람쥐들이 그 지방 시골 지역으로 돌아올 수 있었고, 주택 밀집도가 낮아지고 나무 심기 운동이 도입되면서 나무가 우거진 새로운 교외 서식지를 창출했다. 사람들은 동부회색다람쥐들을 오래전에 그들이 사라졌던 지역으로 다시 들여왔고, 전에는 녀석들이 전혀 살지 않았던 먼 지역으로 옮겼다. 동부회색다람쥐는 곧 서부 해안에서 샌프란시스코부터 로스앤젤레스에 이르기까지, 해외로는 영국, 이탈리아, 남아프리카, 심지어는 아조레스, 카나리아, 버뮤다, 하와이 같은 외진 섬들에서도 나타나게 되었다.

동부회색다람쥐가 미국 도시에서 번성할 수 있던 환경은 한 세기 이상에 걸쳐 자리 잡았다. 1860년경부터 도시 학자, 설계사, 계획가들이 미국의 도시들을 변화시킬 뿐만 아니라 미국인들에게 현대적인 도시가 어때야 하는지를 가르치기 위해 나서기 시작했다. 그들은 수십 년 동안 다양한 아이디어를 내놓았지만, 몇 가지는 언제나 공통적이었다. 생태학적 은유를 받아들였고, 식물을 도구로 사용했고, 전반적으로 동물이 없는 도시 환경을 상상했다.

19세기 말과 20세기 초의 선도적인 도시학자, 설계사, 계획가들은 이런저런 방식으로 빅토리아 시대의 도시에서 부당하다고 여겨진 것들에 대응했다. 범죄, 불결함, 빈곤, 질병, 불안정함, 끔찍한 혼잡함, 숨 막히는 악취 같은 것들이다. 그들은 인간을 위해 도시를 깨끗하고, 통제되고, 질서정연한 공간으로 재구성하고자 했다. 그렇게 하면서 그들은 사회의 구조적 변화가 가야 할 방향을 잡는 것을 돕고 또 대응했다. 그 방향은 인구수, 이주, 기술, 산업화, 소비화, 교외화 등이었다.

이런 변화 각각은 나름의 문제와 가능성을 가져왔다. 마르크스주의자들에게 빅토리아 시대 도시 문제의 근원은 산업혁

명과 함께 등장한 노동과 자본의 재편에 있었다. 커져가는 공무원 집단에게 도시 문제는 자금과 시민 역량의 부족 같은 관료적 문제들에서 발생했다. 좀더 낭만적인 비판자들에게 문제는 도시 그 자체였다. 시골 생활은 도덕성과 가족의 유대, 전통적인 성역할, 육체의 건강을 함양하는 반면에 도시 생활은 가끔 그 반대에 가깝다고 그들은 주장했다.[5]

이런 문제들에 대한 해결책 한 가지는 사람들을 도시 밖으로 내보내는 것이다. 20세기 처음 수십 년 동안 말, 그다음에는 전차를 통해서 대중교통이 확대됨에 따라 대부분 시골 지역에서 자란 도시 거주자들이 더 쉽게 외곽의 시골에 갈 수 있게 되었다. 또한 초기 교외 지역에 베드타운이 등장하는 밑바탕이 되었다. 하지만 이것은 주로 부유한 사람들의 경우였다. 대부분의 도시인에게는 시골로 이사를 하기는커녕 방문할 만한 돈도 없었기 때문에 도시계획가들은 시골을 도시로 가져올 방법을 생각하기 시작했다.[6]

도시를 바꾸는 운동의 선구자는 프레더릭 로 옴스테드 Frederick Law Olmsted였다. 1822년 코네티컷에서 태어난 옴스테드는 미국 역사상 가장 유명한 조경사였다. 그는 대단히 많은 작업을 했고, 미국에서 가장 사랑받는 공원 여러 개를 설계했다. 옴스테드는 공원이 도시에서 여러 가지 기능을 한다고 믿었다. 깨끗한 공기와 운동 공간을 제공해서 대중의 건강을 향상시키고, 도시 거주자들에게 자연의 신비를 떠올리게 했다. 또한 방문자들에게 민주적 시민권의 가치를 가르쳤고, 즐거운 기분을 선사했다. 자산 가치를 높였고, 끓어 넘칠 수 있는 사회적 갈등을 배출할 기회를 제공했다.[7]

옴스테드의 시선이 공원과 건물처럼 별개의 프로젝트에 고정되어 있다면, 에버니저 하워드Ebenezer Howard는 도시 전체에 대한 더 넓은 시야를 보여주었다. 하워드는 영국에서 미국으로 넘어온 후에 글을 쓰고 설계를 하다가 네브래스카에서 농부 일에 실패했다. 1890년대 무정부주의 운동에 감화된 그는 "정원 도시garden city"라고 명명한 복잡한 설계도를 만들었다. 동심원과 방사형 선으로 이루어진 하워드의 스케치에는 중앙 공원, 도심, 농장으로 나뉘고 빠른 교통체계로 연결된 외곽의 마을들이 포함되어 있었다. 그의 설계도는 물질적인 도면의 형태를 하고 있었지만 그의 목표는 사람들을 자연과, 서로와, 그들 자신과 재연결시키는 것이었다. 정원 도시는 사람들이 자신들의 개인적 자유를 행사할 수 있으면서 한편으로는 자발적이고 독립적인 공동체에 참여할 수 있는 곳이었다.[8]

20세기 동안 어떤 도시 사상가들은 자연을 바탕으로 하는 설계에서 생태학적 은유로 넘어갔다. 1925년 사회학자 로버트

파크Robert Park는 도시가 생태계처럼 성장과 쇠퇴의 "생활 주기"를 보인다고 주장했다. 파크에게 도시계획가는 도시 자원을 보살피고 자연이 제 할 일을 할 수 있게 해주는 임무를 맡은 자연보호 운동가였다. 열띤 사회비판가인 제인 제이컵스도 이에 동의했다. 1960년대부터 제이컵스는 도시가 순수하고 간단하게 인간을 위한 것이라고 주장했다. 하지만 2001년 그녀의 평생의 업적을 회고하는 인터뷰에서 그녀는 도시를 "그 지역의 모든 동식물의 총합계인 생물량biomass이라는 면으로 본다. 여기에 관련된 물질인 에너지는 그 사회에서 수출품으로서 그냥 빠져나가지 않는다. 우림에서 특정 유기체와 다양한 식물, 동물의 폐기물이 그곳에 있는 다른 생물들에게 이용되는 것처럼, 그 군집 내에서 계속해서 사용된다"라고 말했다.[9]

제이컵스와 동시대인인 스코틀랜드 출신 조경가 이언 맥하그Ian McHarg에 따르면, 도시계획가는 영리한 은유를 사용해야 할 뿐만 아니라 실제 생태계의 물리적 제약 내에서 작업해야만 한다. 《자연과 어우러지는 설계Design with Nature》(1969)에서 맥하그는 주변 환경을 기록하고, 그 위험과 자원을 평가하고, 그다음에 초록 도시를 설계하기 위해서 생태학적 원칙을 따르는 자신의 꼼꼼한 과정을 독자들에게 보여준다. 맥하그는 "폴리곤 중첩polygon overlay" 방식을 개발했다. 이것은 레이어를 중첩해서 부분적 데이터 세트를 정리하는 방법으로, 오늘날 학자들과 도시계획가들이 환경을 지도화하는 지리정보체계의 기반이다. 그의 작업은 환경영향분석부터 생태계 복원에 이르기까지 많은 분야에 족적을 남겼다.[10]

옴스테드, 하워드, 파크, 제이컵스, 맥하그는 미국의 도시 계획 첫 100년 동안 산출된 다양하고 뛰어난 아이디어들과 접근법들의 몇 가지 예를 제시한다. 하지만 이 분야에서 가장 추앙받은 사람들에게는 모두 사실상 한 가지 공통점이 있다. 그들 모두 동물은 빼놓았다는 것이다. 이 사상가들은 동물의 생태학적 역할을 잘 알고 있었다. 예를 들어 옴스테드는 조류와 설치류가 황폐해진 숲을 되살리는 걸 도울 수 있다는 걸 잘 알았다. 하지만 도시가 활기차고 다양하고 역동적인 야생동물의 서식지라는 생각은 도시계획 및 설계 분야에서 이 주요 인물들 모두의 머리에 떠오르지 않았다.

돌이켜보면 그럴 만도 하다. 19세기와 20세기 초의 미국 도시들에 야생동물들은 거의 없었다. 그래서 이 시기에 활동한 도시 사상가들은 자신들의 이론이나 설계에 야생동물을 포함시켜야 할 이유를 거의 찾지 못했다. 그리고 아무도 그렇게 많은 야생동물이 도시 지역으로 돌아올 거라고 예상하지 못했기 때문에 그들과 함께 살기 위한 과제와 기회를 고려해서 설계할 필요도 없었다. 직접 찾아봐도 좋지만, 1960년 이전에 미국의 도시계획 목록에서 야생동물에 관한 것은 아무것도 찾지 못할 것이다.

————

　초기의 도시계획가들이 발전시킨 아이디어들은 우선 현장에서 시행되고 당연하게도 공원에 적용되었다. 남북전쟁 이전에 독립기념일 다람쥐 사건의 배경이었던 시티홀공원 같은 공공 자연 공간은 아주 드물었다. 대부분의 도시에서 가장 큰 자연 공간은 소들을 방목하는 마을 공용 공간이었다. 묘지도 있었지만 대부분의 묘지는 시간이 지날수록 점점 더 무덤이 빼곡하게 들어차는 손바닥만 한 땅이 되었다. 이것이 최초의 넓고 목가적인 묘지로 인해 바뀌었다. 1831년 매사추세츠원예협회는 보스턴 교외인 케임브리지와 워터타운에 마운트어번 묘지를 만들었다. 그 뒤로 수년 동안 마운트어번의 174에이커(약 0.7제곱킬로미터)의 완만하고 나무가 우거진 구역은 넓은 묘지일 뿐만 아니라 공원, 역사적 랜드마크, 실험적 정원, 훌륭한 수목원이 되었다.

　최초의 현대적 도시 공원은 몇십 년 후에 나타났다. 1858년 옴스테드와 그의 파트너 칼버트 보Calvert Vaux는 후에 센트럴파크 설계 대회에서 우승을 차지했다. 두 사람이 처음에 공원 예정지를 돌아보았을 때 거기에는 개간되지 않은 땅, 튀어나온 바위, 시커먼 늪, 깎여나간 숲, 거기에 주택, 농장, 쓰레기장, 무두질 공장, 허물어져가는 공장, 유토피아적인 작은 마을, 자유 흑인 마을인 세네카빌리지 등이 있었다. 재설계 및 재개발 이전 현장 대부분의 상태를 떠올리고서 옴스테드는 당시 엘리트들 사이에서 흔한 혐오감을 드러냈다. "공원이라는 게 그렇게 끔찍한 장소인 줄은 전혀 몰랐다. 저지대는 흘러넘친 하수와 돼지우리, 도살장, 뼈 끓이는 시설에서 나온 끈끈한 액체에 푹 잠겨 있고, 머리가 아플 정도로 악취가 풍겼다." 옴스테드와 보의 그 유명한 그린스워드 플랜Greensward Plan은 방문객에게 활기와 영감, 가르침을 줄 수 있는 목가적인 숲과 초원 풍경을 담고 있었다. 예정지의 인간 주민들은 떠나야 할 테지만 자연은, 최소한 얌전하고 동물은 거의 없는 특정 종류의 자연은 번성할 것이다.[11]

센트럴파크 같은 미래 지향적 프로젝트를 본받아서 다른 도시들도 곧 가장 유명한 회사들을 고용하고 최고의 설계를 얻기 위한 경쟁을 벌였다. 이런 프로젝트 다수가 하나의 부지를 넘어 공원 도로, 공원 계통, 심지어는 도시계획까지 집어넣었다. 수십 년 동안 이런 작업에서 가장 적극적이고 영향력 있는 지위를 차지한 옴스테드의 회사는 보스턴, 브루클린, 버펄로, 시카고, 루이스빌, 밀워키, 몬트리올의 공원들을 설계했고 스탠퍼드대학교, 캘리포니아대학교 버클리캠퍼스, 시카고대학교, 미국 국회의사당 부지의 설계 또한 담당했다.

많은 공원 계획가처럼 옴스테드도 자연을 사랑했다. 그의 회사 프로젝트 다수가 식림지, 연못, 완만한 구릉, 우아한 차광遮光 나무 등을 이용해서 진짜 초원과 서부 유럽의 시골을 모두 연상시키는 전원 풍경을 만들어냈다. 다른 프로젝트들은 미국 서부에 흔한 더 극적인 풍경이 특징이었다. 나이아가라폭포부터 워싱턴대학교 부지에 이르기까지, 그의 회사는 자연의 웅장함을 모방하거나 강조하고, 서부 개척이 전설로 사라진 시대에 이상화된 개척을 추앙했다.[12]

이 부지를 자연적으로 보이도록 만드는 옴스테드의 설계에는 엄청난 시간과 노력, 돈이 들어갔다. 그는 인간 거주자들의 흔적을 없애고, 대부분의 인공 건축물을 축출하고, 동물원, 놀이동산, 심지어는 놀이터 같은 저속한 흥미 요소들도 빼버렸다. 하지만 이것은 교묘한 속임수였다. 자연을 모방하겠다는 목적으로 옴스테드는 엄청난 양의 흙을 옮기고, 물길을 바꾸고, 오솔길을 만들고, 다리를 짓고, 수만 그루의 나무를 심었다.

나무는, 최소한 그 정도로 많은 양은 대부분의 미국 도시에서 새로운 특색이었다. 대부분의 초기 현대 도시에는 가로수가 별로 없었다. 18세기에 전문가들은 가로수를 심는다는 아이디어를 조롱했고, 주민들은 나무를 골칫거리로 여겼고, 보험 회사들은 근처에 나무가 있는 주택에 화재보험을 거부했고, 정치인들은 나무 심는 것을 쓸데없는 돈 낭비로 여겨 거부했다. 1782년, 펜실베이니아 주의회는 심지어 미국에서 가장 큰 도시였던 필라델피아에서 모든 가로수를 없애는 법안을 통과시켰다. 이 시책은 나무 옆에 있는 집을 가진 주택 소유주들에게 보험을 제공하는 보험 회사를 세우려는 내과 의사이자 교육자, 정치인, 사회개혁가인 벤저민 러시Benjamin Rush가 이끄는 시민운동에 일부 도움을 받아서 다행스럽게도 완료되지 못했다.[13]

1850년을 기해 가로수에 대한 태도가 바뀌기 시작했다. 개혁가들은 가로수가 공중 보건을 증진시키고 부동산 가치를 높인다고 주장했고, 설계사들은 새로운 도시 광장과 대로 및 공원 도로를 따라서 나무를 심으라고 시에 말했다. 1880년대에 이르자 나무는 현대 도시 생활에 없어서는 안 되는 특징이 되었고, 나무를 심는 데서 시민의 자부심이 생겨났다. 오늘날

애틀랜타에서 시애틀까지 수많은 미국 도시를 장식하고 있는 도시의 숲은 모두 이 시기에 만들어진 것이다.

이는 현대식 동물원과 자연사박물관, 식물원이 미국 전역의 도시에 생기기 시작한 것과 같은 때였다. 이런 시설을 건립한 부유한 기부자들은 이곳이 자연계에 대한 경이와 자연에 대한 책임감을 심어주기를 바랐다. 그들의 시설은 제국주의적이고 온정주의적이고 종종 인종차별적인 사상에 따라 이루어졌으나 사람들은 어쨌든 이런 곳에 몰려들었다. 하루 8시간 노동이 생기고 이어 주말이 생기면서 도시 주거자들에게는 여가 시간이 늘었고, 임금이 높아져서 쉬는 날에 쓸 수 있는 돈이 많아졌다. 하지만 그들은 한편으로는 그간 멀어졌다고 느끼는 자연과 재결합하고 싶어서, 개척 시대의 낭만에 끌려서, 그리고 거창하고 이국적인 광경에 매료되어서 그곳에 가는 것이기도 했다.

빅토리아 시대의 동물원, 식물원, 박물관은 방문객들을 교육하고 아이디어를 불어넣기 위해 만들어졌지만, 실제로는 뒤죽박죽된 메시지를 주었다. 동물원과 박물관은 한 번도 야생에서 사자나 호랑이, 심지어는 곰조차 볼 기회가 없던 고객들에게 거창한 배경과 짜릿한 경험을 선사해주었다. 하지만 이런 시설들은 또한 야생동물들이 야생의 환경에 속해 있다는 것을 강조했다. 그런데 도시에서 야생동물들은 오로지 잡혀서 좁은 우리에 갇혀 있거나 디오라마로(박물관 등에 있는 입체 모형 — 옮긴이) 박제되어 있었다.

이 무렵에 도시들은 외곽에 보호지역을 만들기 시작했다. 이런 것들 중에서 가장 유명한 것은 시카고 주위로 거대한 초록색 초승달 형태를 이루고 있는 쿡카운티와 레이크카운티 보호림 구역이다. 1913년, 숲과 녹지 지지자들이 10년 넘게 노력한 끝에 일리노이 주의회는 쿡카운티 보호림지역법안을 통과시켰다. 그 목적은 "대중의 교육과 즐거움, 오락을 위하여 이 지역 내의 동식물 및 아름다운 자연물을 보호하고, 자연림과 그 땅의 동식물 모두를 가능한 한 자연 상태와 조건에 가깝게 복원하고 보충하고 지키고 보호한다"는 것이다. 오늘날 이 카운티들은 시카고 도심이나 중서부 농장 지대에서는 거의 발견되지 않는 종류의 야생생물들로 가득한 10만 에이커(약 404제곱 킬로미터)의 보호구역을 운영하고 있다.[14]

다른 도시들은 주민에게 물을 공급하기 위해서 좀더 멀리 떨어진 지역을 획득하고 사실상 자연보호지역이 된 보호구를 만들었다. 뉴욕은 1832년에 3516명, 즉 뉴욕 인구의 50분의 1을 사망에 이르게 한 콜레라를 포함해 수차례의 콜레라 발병 이후 주 북부에 수원을 찾으러 나섰다. 의사들은 한동안 오염된 물과 콜레라 사이의 명확한 관련성을 알아내지 못했지만, 1854년 영국의 내과 의사 존 스노John Snow가 오염된 우물이 런던에 질병을 퍼뜨렸음을 보여주었다. 하지만 병을 앓는 동안 목이 타는 콜레라 환자들은 애타게 물을 찾았고, 뉴욕시티가 오염되고 고갈된 자체 수원으로는 부족할 만큼 커졌다는 오래된 믿음을 더 강하게 만들었다. 1842년 시는 북쪽으로 약 35킬로미터 떨어진 코네티컷과의 주 경계에 첫 번째 외곽 저수지를 만들었다. 1915년에는 캣스킬스에, 1950년에는 델라웨어강 유역에 다른 저수지들이 생겼다.[15]

도시들이 영구적인 민물 수원을 찾아 가끔은 수백 킬로미터씩 떨어진 호수와 하천에까지 진출하면서 나라 전체에 패턴이 나타났다. 이렇게 멀리 떨어진 유역流域의 운명은 도시에 사는 야생동물들과는 별로 관계가 없는 것처럼 보이지만, 이런 장소와 생물은 여러 면에서 연결되어 있다. 도시는 몇몇 수로가 오염되는 것을 막기 위해서 댐을 만들고, 침수시키고, 길을 바꾸고, 다른 하천을 막아가면서까지 엄격한 보호 방침을 취했다. 멀리 있는 수원을 끌어오게 되면서 많은 도시가 지역의 하천을 엉망으로 만들었다. 정작 그 지역 주민은 잔디밭과 정원에 물을 주기 위해서 수백만 리터의 물을 수입해오고 있는데도 말이다. 이런 변화는 이 환경 내의 모든 생명체에 영향을 미쳤다. 그중에는 긴 여정에서 도시의 영향을 전부 다 겪게 된 철새들도 있었다.

제2차 세계대전 무렵에 미국 전역의 도시들은 공원을 만들고, 수백만 그루의 나무를 심고, 보호림을 조성하고, 핵심 수원 주위로 보호구역을 설치했다. 이런 요소들이 합쳐져서 많은 도시 지역 내부와 주위로 일종의 녹지가 만들어졌다. 이로 인해 한 세기나 그 이상 전에 도시의 자연에서 완전히 사라졌던 동부회색다람쥐 같은 동물들이 바로 그 도시에 다시 나타나서 번성할 수 있었다. 이후 수십 년 동안 이런 변화는 이 지역에 산 적이 없는 종이나 함께 살기에는 너무 크고 튼튼한 종을 포함해 다른 동물들까지 나름대로 여기에 진출하거나 돌아와서 머무르게 만들었다. 동부회색다람쥐는 미국 도시의 중심부에 돌아온 첫 번째 야생동물 중 하나지만, 이들이 마지막은 아니었다.

4 밤비 붐

마당에서 만난 흰꼬리사슴

미국이 제2차 세계대전에 참전하고 아홉 달이 지난 1942년 8월, 월트디즈니프로덕션에서 여섯 번째 장편영화를 맨해튼 부도심에 있는 라디오시티뮤직홀에서 개봉했다. 〈백설공주와 일곱 난쟁이〉(1937), 〈피노키오〉(1940), 그리고 모더니즘 클래식 〈판타지아〉(1940)처럼 이전 상영작들의 성공을 발판으로 이 새 영화의 트레일러에서는 대담하게도 "세계 최고의 이야기꾼이 세계 최고의 사랑 이야기를 스크린으로 가져왔다"고 선언했다. 이어서 광고는 "〈밤비〉는 사랑이 웃음으로 가득할 수도 있음을 보여준다"고 말했다.

개봉 첫 성적은 실망스러웠지만, 전쟁 이후 여섯 번의 재개봉을 하면서 〈밤비〉는 그 시대에 가장 크게 흥행한 영화 중 하나가 되었다. 무려 1966년까지도 〈밤비〉는 그간 나온 영화 중 네 번째로 높은 흥행 수익을 기록한 영화로 남았다. 1989년에 디즈니가 가정용 비디오를 배급하기 시작했을 때 〈밤비〉는 1942년에 개봉한 두 번째로 유명한 영화 〈카사블랑카〉의 열 배가 넘는 수익을 올렸다.

〈밤비〉는 우스꽝스러운 생물들, 봄꽃, 첫사랑에 관한 가벼운 이야기 정도가 아니었다. 이 영화는 최첨단 애니메이션과 자연과 사회, 미국 문화에 관한 오랜 신념을 바탕으로 한 다층적 이야기를 담고 있으면서 한편으로 동물 주인공 영화와 텔레비전 드라마라는 새로운 장르의 문을 열어주는, 영화사상 가장 영향력 있는 영화 중 하나였다. 〈애니멀 플래닛〉, 〈펭귄들의 행진〉, 〈니모를 찾아서〉, '샤크위크' 프로젝트, 〈플래닛 어스〉 등이 모든 프로그램이 〈밤비〉를 기반으로, 그리고 〈밤비〉의 성공에서 얻은 자금을 바탕으로 만들어졌다.[1]

〈밤비〉는 깊이 있고, 야심과 정치적 이야기가 담긴 영화였다. 인상주의적인 그림과 자연주의적인 내용, 거기에 인간 아기를 닮아 커다란 머리에 동그란 눈으로 그려진 사랑스러운 동물 주인공들을 합쳐놓았다. 아기들에게는 부모가 필요하지만, 이번 세대에서 남자들은 해외에서 싸우고 여자들은 국내 전선에서 일했기 때문에 사회적 보수주의자들은 미국 가정이 위험한 상황이라고 우려했다. 캐릭터들을 남성 우위의 핵가족 속에 배치함으로써 디즈니는 관객들에게 전통적인 성역할과 가족 구조가 자연스러운 것이고, 그래서 전쟁에서도 살아남을 거라고 안심시켰다. 숲의 군주라는 아빠의 자리를 물려받는 밤비는 〈라이온 킹〉(1994) 같은 좀더 최근 작품에서 자주 연출되는 "생명의 순환"이라는 주제를 상징한다. 사냥 같은 잔인한 행동과 불을 지르는 것 같은 부주의한 행동을 하는 경향이 있는 인간은 이 순환의 일부분이 아니다. 누군가가 순진한 동물을 죽일 수 있다면, 그 사람이 다른 사람을 죽이거나 심지어는 전쟁을 시작할 때까지 얼마나 걸릴까? 밤비의 아빠는 영화에서 가장 기억에 남는 대사에서 이렇게 말한다. "그게 인간이지. 우린 숲속으로 깊이 들어가야 해."[2]

1942년 〈밤비〉가 처음 극장에서 개봉했을 때 디즈니가 주인공의 모델로 삼았던 흰꼬리사슴은 우리가 현재 절멸위기종 threatened species이라고 부르는 종이다. 미국 원주민은 수천 년 동안 녀석들을 잡아먹고 한편으로 불을 이용해서 녀석들이 좋아하는 숲의 공터를 만들어 개체수를 유지했다. 유럽인들이 들어오기 전에 아메리카 대륙에 흰꼬리사슴이 몇 마리나 살았는지는 아무도 모르지만, 1930년경에 녀석들의 숫자는 99퍼센트가 급감해서 3000만 마리에서 30만 마리로 줄어든 것으로 추정되었다. 밤비의 초기 스케치를 하기 위해 디즈니는 미술팀 직원 한 명을 여섯 달 동안 메인의 박스터주립공원으로 보냈다. 이걸로는 부족하다는 사실을 알고 나서 그는 모델로 삼기 위해서 두 마리의 흰꼬리사슴을 메인에서 캘리포니아까지 약 4160킬로미터를 실어왔다.[3]

하지만 〈밤비〉가 개봉할 무렵에는 흰꼬리사슴이 돌아오기 시작하는 중이었다. 흰꼬리사슴은 전에 떠나갔던 몇몇 지역에 다시 돌아왔다. 지역과 계절, 사냥꾼이 잡을 수 있는 동물의 숫자, 죽여도 되는 동물의 성별(수사슴은 비싼 몸이었지만, 암사슴은 살려주었다)에 따라 법으로 사냥을 엄격하게 규제해서 녀석들을 보호했다. 미국 동부 대부분의 지역에서 천적인 늑대, 퓨마, 곰이 박멸되어 대부분 사라진 터라 녀석들의 회복 속도는 상당히 빨랐다.[4]

흰꼬리사슴은 북아메리카에서 가장 흔한 발굽동물(유제류)이라는 지위를 빠르게 되찾았다. 1950년부터 어떤 생물학자들은 흰꼬리사슴의 숫자가 유럽인이 들어오기 이전 수준에 도달했다고, 겨우 20년 전보다 100배 증가했다고 믿었다. 곧 흰꼬리사슴은 한때 번성했던 미국 46개 주의 시골 지역뿐만 아니라 빠르게 발전하는 교외에서까지 그 모습을 찾아볼 수 있게

되었다. 하지만 대체로는 로키산맥 동쪽에 많고, 가까운 사촌인 노새사슴(검은꼬리사슴)은 로키산맥 서쪽에 더 흔하다.[5]

흰꼬리사슴만 돌아온 게 아니었다. 도시 지역으로 들어오는 야생동물의 새 물결에서 첫 번째이자 가장 눈에 띄는 멤버가 된 이들의 성공은 더 큰 이야기의 일부였다. 〈밤비〉가 개봉하고 몇십 년 안에 토끼, 스컹크, 주머니쥐, 부엉이를 포함해서 영화의 모든 캐릭터가 미국 도시 내부와 주변에서 속속 나타나기 시작했다. 몇몇은 도시 외곽 지역에서 항상 살았으나 전후 시대 동안 그 수가 더욱 늘어났다. 또 어떤 동물들은 수십 년 전에 사냥과 덫으로 인해 그 숫자가 크게 줄어든 지역으로 다시 돌아왔다. 또 다른 동물들은 사람들이 녀석들을 전에 한 번도 본 적 없던 지역에서 나타났다. 미국너구리, 여우, 코요테, 보브캣, 매, 그 밖의 더 많은 종이 곧 그 대열에 합류하게 되었다. "숲속으로 깊이 들어가야 해"라는 숲의 군주의 충고를 받아들이는 대신 이 동물들은 월트 디즈니가 피해야만 한다고 했던 바로 그 장소로 찾아온 것이다.

〈밤비〉하나가 이런 변화들을 일으킨 것은 아니었다. 하지만 영화가 18세기와 19세기의 맹공격으로부터 야생동물들이 회복하기 시작하던 바로 그때 자연에 대한 대중의 견해를 확립하는 데 도움이 되었다. 제2차 세계대전 전에 도시 거주자들은 공원을 만들고, 저수지를 확보하고, 나무를 심고, 자연보호법을 통과시키고, 사라진 생물종을 다시 들여옴으로써 이런 일이 가능해질 조건을 충족시켰다. 전쟁 이후에는 나무가 많은 교외 지역이 확장되고 이런 새로운 지역사회 주변에서 사냥이 감소했다. 이 두 가지 추가적인 연관 요인 덕분에 더 많은 종의 더 많은 야생동물이 도시를 집으로 삼을 수 있게 되었다.

——

19세기 말 미국의 도시 주변에 처음으로 "전차 교외streetcar suburbs"가 생겼다. 처음에는 말을 이용해서, 나중에는 전기로 움직이는 전차가 다니는 교외 통근 철도역을 따라 생기는 이런 주거 지역들은 공원, 상업센터, 가로수가 있는 길, 크래프트맨 양식의 주택이 특징이었다. 이런 초기 교외 지역은 늘어가는 중산층에 도시의 편리함과 시골의 조용함을 모두 제공해주었다. 초기의 사례는 시카고 근처의 오크공원이다. 시카고는 시의 첫 번째 철도역을 지은 1872년부터 교외가 성장하기 시작했다. 이후 수십 년 동안 그 유명한 건축가 프랭크 로이드 라이트Frank Lloyd Wright를 포함하여 주민은 광범위한 전차 체계, 북적거리는 시내, 수십 개의 건축학적 랜드마크를 만들었다.[6]

1920년과 1930년 사이에 교외는 미국의 중앙도시보다 두 배 더 빠르게 성장했다. 어떤 곳은 그보다 더 빠르게 확장되었다. 클리블랜드 외곽의 셰이커하이츠는 1000퍼센트 성장했고, 로스앤젤레스 근처의 베벌리힐스는 2500퍼센트나 성장했다. 하지만 1929년부터 대공황 때문에 출산율, 대출 허가, 구매력이 대폭 떨어졌다. 1928년에서 1933년 사이에는 새로운 주택 건설이 95퍼센트 폭락해서 제2차 세계대전 이후까지 이어지는 주택 부족을 낳았다.[7]

1945년 이후에는 새로운 길, 토지사용 제한법, 정부 지원 대출, 그리고 전후 베이비붐이라는 네 가지 요인이 주택 시장을 달구고 미국에서 사람이 가장 많이 사는 오래된 도시들 주위로 넓은 교외 지역을 형성시켰다. 이런 전후 교외 지역의 선구자였던 개발 업자들은 뉴욕의 레빗타운과 캘리포니아의 레이크우드 같은 부지에서 복잡한 크래프트맨 양식의 주택을 헨리 포드Henry Ford의 자동차 조립라인을 연상시키는 대량생산 방식으로 바꾸었다. 사실 이 두 산업은 협력 관계였다. 자동차는 무제한적인 이동이라는 환상에 불을 지폈고, 교외의 규격형 주택은 자유와 번영, 독립을 약속했다. 이런 꿈이 곧 손에 들어올 것처럼 보였다. 1947년, 제2차 세계대전 참전용사들은 7000달러가 채 안 되는 금액으로 새로운 레빗타운 주택을 구매할 수 있었다. 이것은 2020년 가치로는 약 8만 3000달러쯤 된다. 1951년까지 레빗앤드선스는 1만 7447채의 주택을 건설했다. 하루 평균 열두 채인 셈이다.[8]

대부분의 학자는 전후에 지어진 이와 같은 초기 교외 지역을 음울한 시각으로 바라봤다. 인류 역사상 가장 분리되고 가장 단조로운 인간 거주지가 될 거라고 생각했기 때문이다. 또한 이런 교외 지역은 남자에게는 자유를 주지만 여자들은 고립시키는 경향이 있었다. 1960년까지도 레빗타운 같은 개발지에는 주택을 구매할 때 비백인 구매자들을 제외하는 "약정"이 있었다. 몇 안 되는 나무, 획일적인 초록색 잔디밭, 온통 콘크리트와 아스팔트로 덮인 땅이 기하학적인 배치도에 꽉꽉 들어찬 이런 마을은 대부분의 생물에게 살기 힘든 곳이었다. 전후에 형성된 교외는 농지를 집어삼키고, 시골 마을들을 쫓아내고, 수로를 오염시키고, 서식지들을 포장하고, 야생동물을 학살하고, 역사적 장소를 없애고, 수없이 많은 자원을 먹어치우며, 한편으로는 주민이 자동차와 길, 화석연료에 의존하게 만들었다. 이 모든 일들이 벽돌과 모르타르를 약속하고는 대체로 플라스틱만 가져오는 공허한 소비문화의 이름 아래 벌어졌다.[9]

전후 도시 외곽 지역의 확장은 불가피한 일은 아니었다. 예를 들어 영국에서는 최소한 1980년대의 규제 완화 때까지 정부 관료들이 토지 이용 계획을 좀더 단단히 감독했고, 그래서 미국보다 훨씬 강하게 교외 확장을 억제할 수 있었다. 하지만 미국에서는 교외가 도시 형태를 규정하는 방식으로 나타났다. 2000년경 미국에서는, 세계 역사상 처음으로 모든 미국인의 절반 이상이 완전히 시골도, 완전히 도시도 아닌 주거 지역에서 살게 되었다.[10]

전후 교외는 어떤 측면으로 봐도 생태학적으로 암울했다. 하지만 대개는 말끔한 자연을 망가뜨리고 만들어진 것은 아니었다. 대다수가 농부들이 수십 년 전 근처 도시에 공급할 식량을 기르기 위해서 고르게 다듬은 평평하고 아무것도 없는 땅에 만들어졌다. 초기 교외는 뉴욕의 롱아일랜드와 시카고의 서쪽 가장자리, 다른 수십 개의 미국 도시 근처에서 농장을 대체했다.[11]

농장들이 자리를 내준 가장 명백한 사례 중 하나를 로스앤젤레스에서 볼 수 있다. 1910년부터 1955년까지 로스앤젤레스는 미국에서 가장 수익이 높은 농업 지역으로서 밀과 소부터 채소, 과일, 견과류에 이르기까지 모든 것을 생산했다. 세계에서 가장 큰 전차망이 이쪽저쪽으로 가로지르고 있어서 20세기 초 로스앤젤레스는 다른 미국 도시들과 지형은 비슷했지만, 큰 차이가 하나 있었다. 도심은 한동안 번창했지만, 로스앤젤레스 분지에는 하나의 핵심 도심이 없고 최소한 10여 개의 주요 마을이 있었다. 그 각각은 가장 가까이 있는 마을과 워낙 떨어져 있어서 걸어서는 쉽게 가기 어려웠지만, 모두 차로 금방 갈 수 있는 거리였다.[12]

자동차가 로스앤젤레스를 작은 도시와 커다란 농장들이 있는 지역에서 광범위한 교외 대군집으로 바꾸어놓았다. 1915년부터 로스앤젤레스는 주민 여덟 명당 차가 한 대씩 있었으나 미국 평균 비율은 43명당 한 대였다. 1930년경 로스앤젤레스의 주택 공급분은 90퍼센트 이상이 단독주택이었지만 뉴욕, 시카고, 보스턴의 경우에는 절반에 지나지 않았다. 로스앤젤레스 도심과 패서디나를 연결하는 미국 최초의 중앙분리 고속도로인 아로요세코파크웨이가 1940년에 개통되면서 캘리포니아의 고속도로 건설 붐이 시작되었다. 1963년, 마지막 전차가 퇴역하면서 로스앤젤레스는 전통적인 의미에서 도시라기보다는 교외 주거 지역에 더 가까워졌다. 오늘날에는 얼마 전까지만 해도 세계에서 가장 생산성이 높았던 농지 수만 에이커가 콘크리트와 아스팔트로 덮여 있다.[13]

예전 도심지로부터 바깥으로 교외가 확장되면서 좀더 자연이 남아 있는 지역을 더욱 잠식하게 되었다. 호수, 하천, 습지

같은 수생 서식지가 처음이자 가장 큰 타격을 받았다. 남부 캘리포니아에서는 개발로 그 지역 해안가 습지의 3분의 2가 변화하거나 사라졌다. 다수의 습지는 항구, 항만, 공원, 혹은 작은 지역구가 되었다. 이런 변화가 19세기에 시작되기는 했지만, 가장 야심 찬 프로젝트는 제2차 세계대전 이후에 완료되었다. 예를 들어 샌디에이고는 1940년대에 시작된 대규모의 미션베이 프로젝트를 통해 감조습지를 미국에서 가장 큰 수상공원으로 바꾸었다. 로스앤젤레스에서는 1953년에 시작된 마리나델레이 프로젝트를 통해 발로나만 어귀가 세계에서 가장 큰 소형 선박용 인공 항구가 되었다.[14]

육군 공병대와 미국 국토개발국 역시 이 습지들로 흘러 들어가던 하천들을 재설계했다. 개발로 근처 범람원까지 침범하자 공병대와 다른 기관들은 다루기 힘든 계곡과 강에 콘크리트 배수관을 설치했다. 1991년 디스토피아 영화 〈터미네이터 2: 심판의 날〉 덕분에 상징적인 존재가 된 배수관처럼 거대한 배수관들은 가까운 마을들을 홍수로부터 막아주었지만, 강가 서식지를 망가뜨리고 야생생물들을 몰아내고 녹지를 파괴하고, 흙에 스며드는 물의 양을 감소시켜 대수층을 감소시켰으며, 수십억 리터의 민물을 바다로 흘려보냈다.[15]

1970년대에, 특히 선벨트와 서부 주에서 점점 더 자연 서식지 안쪽까지 새로운 개발의 손길이 닿기 시작했다. 이런 장소들은 야생동물, 녹지, 교외 확장에 대한 갈등의 시작점이 되었다. 교외 지구가 확장됨에 따라 나무가 우거진 산비탈을 잠식하고, 공유지 근처 산으로 파고들고, 개펄과 사구처럼 이전까지는 한계 지역이었던 곳을 침범했다. 이후 수십 년 동안 도시와 자연의 접경에서 건설이 이어졌고, 그 결과 더 많은 집이 화재와 이류泥流 앞에 놓이고, 더 많은 희귀종이 위험에 처했다.[16]

하지만 수많은 서식지를 파괴하고 대단히 많은 생물종을 위협하는 바로 그 교외 개발이 의도치 않게, 예상치 못하게 어떤 생물들에게는 득이 되었다. 산업 농장은 야생생물들에게 가장 적대적인 환경 중 하나가 될 수 있고, 그쪽으로 다가간 동물들은 온갖 위험을 마주할 수 있다. 중기계부터 총, 덫, 살충제, 독미끼, 숨을 곳이 없는 것에 이르기까지 위험은 다양하다. 하지만 주거지가 농장을 대체한 지역에서 어떤 동물들은 아예 이곳으로 이주하거나 왔다 갔다 하면서 밤에는 교외 지구의 음식과 물을 즐기고 낮에는 좀더 야생 지역의 은신처에 숨었다. 1970년대에 도시와 자연의 경계는 흰꼬리사슴처럼 숫자를 회복하고 있거나 영역을 넓혀가는 다양한 종을 포함하여 진취적인 야생동물들의 모임터가 되었다.

교외의 성장은 또 다른 예상치 못한 결과를 불러왔다. 오락용 사냥이 전반적으로 감소해서 일부 야생동물종이 도시 주변에서 더더욱 숫자를 늘릴 수 있었던 것이다.

미국이 대체로 시골 국가였을 때는 많은 주민이 식량이나 생계의 일부를 사냥에 의존했다. 19세기 말쯤 나라 안의 야생동물이 급격히 줄고, 더욱 부유해지고 더욱 도시화된 사냥꾼들이 식량 때문이 아니라 스포츠로 동물을 죽이면서 생활형 사냥에 대한 엄격한 제한과 자연에서 잡은 큰 사냥감 판매를 금지하라는 요구가 나오기 시작했다. 여러 주가 이에 응답해 새로운 사냥 및 낚시에 관한 법을 만들었지만 이것은 종종 논란을 일으킨 채 제대로 시행되지도 않았다. 의회는 주 법률을 위반하고 잡은 야생동물의 이동을 법으로 금지하는 1900년 레이시법으로 이 상황을 해결하려 했다. 1911년, 미국 의회는 세계 최초의 야생동물 조약인 북태평양물개류보호조약North Pacific Fur Seal Convention을 비준했다. 개혁 시대, 뉴딜 시대, 전후 시대 동안 통과된 수십 개의 주법과 연방법들은 이것을 기반으로 만들어졌다.[17]

그 후에 등장한 북아메리카야생동물관리모형North American

Model of Wildlife Management이라고 알려진 체계에는 일곱 가지 원칙이 있다. 야생동물은 공공 자원이다. 야생동물을 이용하려면 주, 연방, 국제법을 따라야 한다. 이 법에 허용된 목적을 위해서만 야생동물을 이용할 수 있다. 자연에서 잡은 동물을 판매하는 것은 대부분 불법이다. 야생동물에 대한 합법적인 접근은 편애나 편견 없이 누구나 가능하다. 야생동물에 대한 관리는 과학을 기반으로 해야 한다. 그리고 야생동물 이용자들은 동물들의 은신처에 들어가기 위한 요금을 지불하고 사냥 및 낚시 허가증을 사는 것으로 보호기금에 돈을 보탠다.

북아메리카 모형은 50년간 성공적이었다. 1920년부터 1970년까지, "낚싯바늘과 총알"의 자연보호라는 황금시대에는 사냥과 낚시를 증진하기 위해 설계된 프로그램에 자원이 투입되었고, 많은 야생동물이 다시 증가했다. 하지만 1970년 이후에 북아메리카 모형은 무너지기 시작했다. 새로운 세대의 환경운동가들 다수는 도시와 교외 주거 지역에서 자랐고, 시골에서 사냥과 낚시를 하는 고객들을 위한 것만이 아니라 생물의 다양성을 보존하는 더 넓은 목표를 향할 것을 프로그램에 요구했다. 그들은 대부분의 포식자를 통제하는 것과 같은 전통적인 야생동물 관리 방식 몇 가지가 쓸모없고 효과적이지 않다고 생각했고, 야생보호법Wilderness Act, 해양포유류보호법

Marine Mammal Protection Act, 멸종위기종보호법Endangered Species Act(ESA) 같은 법안들을 지지했다. 북아메리카 모형의 행보에 만족하지 못한 많은 사람이 1980년대에 야생동물 관리에서 빠져나와 보존생물학conservation biology이라는 새로운 분야를 만들었다.

거의 같은 시기에 미국에서 오락형 사냥꾼들의 숫자가 줄어들기 시작했고, 그 경향은 오늘날까지 계속되고 있다. 1972년, 종합사회조사에 응한 미국 성인의 29퍼센트, 즉 전체의 3분의 1 가까이가 한때 자신이나 자신의 배우자가 사냥을 한 적이 있다고 대답했다. 2006년에 이 숫자는 17퍼센트까지 줄었다. 34년 동안 40퍼센트 이상 감소한 것이다. 1991년부터 2006년까지 일리노이와 캘리포니아에서 활동 중인 사냥꾼의 수는 절반으로 줄었고, 애리조나, 콜로라도, 켄터키, 유타, 웨스트버지니아에서는 3분의 1 이상 감소했다. 미국어류·야생동물관리국에 따르면 1991년부터 2016년 사이에 전국의 사냥꾼 숫자는 약 260만 명이 줄었다. 나라 전체에서 16세 이상의 인구는 6470만 명이 늘었는데 말이다.[18]

사냥이 이렇게 감소한 이유의 상당 부분은 교외화다. 사냥은 하이킹이나 조류 관찰, 심지어는 낚시 같은 다른 야외 활동과 비교할 때 악명 높을 정도로 뛰어들기가 어려운 취미다. 집안에 사냥하는 전통이 없는 사람들은 이런 활동을 그다지 하려 하지 않는다. 시골 지역에 산다면 집안에 사냥꾼이 있을 가능성이 더 높지만, 그 가족들이 도시로 옮겼을 때 사냥에 필요한 기술과 장비, 흥미가 종종 다음 세대로 전달되지는 못한다. 대부분의 도시와 교외 주거 지역 공공장소에서 총기를 꺼내는 것을 금지하는 법이 있기 때문에, 도시가 성장할수록 사냥은 돈과 시간이 더 많이 드는 활동이 된다. 예를 들어 매사추세츠에서는 2012년에 총격 제한으로 최소한 주의 60퍼센트가 사냥 금지 구역이 되었다. 그리고 사냥을 하는 사람이 줄어드는 지역에서는 종종 여론이 사냥에 반대하는 쪽으로 돌아선다. 사냥꾼이 아닌 사람들은 사냥을 불공평하고 비인도적이라고 생각하기 때문이다.[19]

한 세기가 넘도록 사냥은 야생동물 관리에서 가장 중요한 도구 중 하나였다. 시즌제, 무게 제한, 다른 규칙들 덕분에 감소하던 야생동물의 숫자가 늘어날 수 있었다. 숫자가 회복된 후에는 사냥과 낚시가 개체수를 적당히 지속 가능한 선으로 유지시켜줄 수 있다. 또한 이런 활동들은 다른 환경보호 활동을 위한 재원도 마련해준다. 오락용 사냥과 낚시는 그러니까 이런 취미가 널리 유행하던 때, 대부분의 야생동물 전문가들과 지지자들이 거기에 동참하고 남은 야생동물 거의 전부가 시골 지역에 살고 있던 시절에, 북아메리카야생동물관리모형의 핵심이었다.

사냥 인구의 감소는 엄청난 영향을 미쳤다. 가입하는 사냥꾼이 점점 줄면서 야생동물 관리를 위한 자금이 필요한 만큼 모이지 않았다. 자금이 부족해지자 정기적인 보수 임무가 방치되고 주요 프로젝트가 연기되거나 축소되거나 중단되었다. 이로 인해 사냥은 더욱 매력이 떨어지고, 관리자들은 핵심적인 도구를 잃었다. 흰꼬리사슴처럼 생식력 강하고 기회주의적인 종의 숫자는 통제되지 않은 채 늘어날 것이고, 서식지를 복원하거나 보존하려는 노력에서 이득을 본 종들은 상황이 악화될 것이다. 비영리단체부터 해충 구제 회사까지 사설 집단들은 나름의 동기와 계획, 사업 모델을 갖고서 더 많은 일을 맡게 될 것이고, 야생동물을 공공재로 여기는 아이디어를 위태롭게 만들 것이다.[20]

하지만 설령 사냥이 미국인들의 취미로 인기를 잃지 않았다 해도 도시 지역에서 야생동물을 관리하는 데는 별로 도움이 되지 않았을 것이다. 대부분의 도시에서 총기 발포가 법으로 금지되면서 몇몇 사람들은 활 사냥을 배웠다. 하지만 사슴 같은 동물을 화살로 쏘는 것은 종종 길고 피가 튀는 추격전으로 이어지기 때문에 징그럽고, 사람이 많은 지역에서는 위험할 수 있다. 어쩌면 사냥보다 더 큰 반발을 불러올 수도 있다. 미국 농무부는 사슴 수를 제한하기 위해서 사격 훈련 프로그램을 운영하고 있지만, 거의 똑같은 이유 때문에 별로 인기가 없다. 도시에서 덫을 놓는 것도 종종 논쟁을 불러일으킨다. 특히 사유지의 경우 규제가 대체로 명확하지 않고, 많은 사람이 이것을 잔인하다고 생각하기 때문이다. 이 모든 것이 많은 숲속 동물들의 숫자가 최저치이고, 남아 있는 야생동물 대부분은 시골에 살고, 도시가 비교적 작았던 한 세기 전에는 전혀 신경 쓸 일이 아니었다. 하지만 이 모든 것들이 전후 교외 주거 지역의 등장으로 바뀌었다.

———

1942년으로 돌아가서, 월트 디즈니는 흰꼬리사슴이, 또는 〈밤비〉에 등장하는 다른 동물들이 미국 교외 주거지의 평범한 주민이 될 거라고는 상상하지 못했다. 하지만 이후 수십 년 동안 새로운 법으로 야생동물이 보호되고, 교외가 숲이 울창한 서식지로 성장하고, 사냥 취미가 인기를 잃으면서 미국의 도시 주변에서 사슴(그리고 다른 야생동물들)의 숫자가 전례 없는 수준까지 올라갔다. 흰꼬리사슴은 더 깊은 숲속이 아닌 사람 많은 지역으로 나오면서 도시 야생동물의 새로운 시대를 예고했다.

처음에는 많은 사람이 이런 급격한 변화를 환영했지만, 여기에 해결해야 하는 문제가 딸려 있음을 곧 깨달았다. 통제되지 않은 사슴의 숫자는 서식지를 꽉꽉 채우고, 초목을 전부 먹어 치우고, 숲 생태계를 망가뜨리고, 질병을 퍼뜨리고, 수천 번의 자동차 충돌 사고를 일으킬 수 있다. 최근 몇 년 동안 사슴의 숫자는 많은 지역에서 안정되었고, 몇몇 지역에서는 심지어 감소했다. 하지만 이 동물들과 함께 사는 많은 사람은 여전히 사슴의 숫자를 회복하고 유지하려고 하다가 20세기의 야생동물 관리자들이 좋은 것들을 너무 많이 만들어냈다는 데 동의한다. 이런 우려에도 불구하고 미국 전역의 도시 거주자들은 계속해서 흰꼬리사슴 같은 종들을 자신들의 마당으로 끌어들이는 환경을 만들고 있다.[21]

5 돌아다닐 공간
캘리포니아모기잡이는 어디서 살아야 할까?

1980년대와 1990년대에 멸종위기종과 그들의 서식지 보호를 놓고 워싱턴과 오리건의 숲부터 네바다와 애리조나의 사막에 이르기까지 미국 서부 전역이 갈등으로 들끓었다. 하지만 멸종위기 생물 수십 종의 서식지이자 미국에서 가장 비싼 부동산이 자리한 남부 캘리포니아인 만큼 이 논쟁에 많은 것이 얽혀 있는 곳도 드물었다. 1991년, 남부 캘리포니아 건축업협회는 좀 이기적이지만 심각한 예측을 내놓았다. 미국 어류 · 야생동물관리국이 캘리포니아모기잡이California gnatcatcher라는 작은 새를 위기종으로 분류하면 "더 많은 갈등을 불러일으키게 될 것이고, 진행될 가망성이 전혀 없는 서식지 보호 프로그램이 만들어지고, 상당한 경제적 고난을 맞게 될 것이다. 소송은 불가피하다. 멸종위기종보호법을 약화시키려는 노력만이… 탄력을 받게 될 것이다"[1]라는 것이었다.

이 발언에 많은 남부 캘리포니아 사람들이 깜짝 놀랐다. 그들 대다수는 캘리포니아모기잡이라는 이름을 들어본 적도 없었다. 약 10센티미터가 안 되는 길이에 무게는 10그램도 나가지 않고, 큰돌고래가 끽끽 우는 것과 비슷한 울음소리를 내고, 무성한 숲 환경에 잘 섞이는 칙칙한 회색 깃털을 가진 모기잡이는 이목을 끄는 분쟁의 대상이 될 만해 보이지 않는다. 하지만 이 새를 지키려는 노력이 이 새와 이 지역(쟁쟁한 개발업자들이 가득하고 사유지를 아끼는 것으로 옛날부터 유명했던 곳)을 멸종위기종 보호의 최전선으로 밀어넣게 된다.

모기잡이 논쟁은 1970년경에 시작되어 처음 20년을 지나 오랜 세월을 거쳐 오늘날까지 이어지고 있다. 그 사이 미국의 도시들은 초기의 도시 공원이라는 유산을 바탕으로 수천 개의 새로운 녹지와 자연보호구역을 확보하게 되었다. 지지자들은 이 지역들이 교외 확장의 영향력을 줄여주고, 근처 주민 생활의 질을 유지해주고, 수원을 보호하고, 멸종위기종을 지킨다고 주장했다. 그들의 노력은 약간 문제도 있었던 것으로 밝혀졌지만, 그들의 성공 덕분에 야생동물들이 수많은 미국의 대도시 지역에서 돌아다닐 수 있는 영구적인 공간이 확보되었다.

———

모기잡이 갈등의 근원은 20세기 중반까지 거슬러 올라간다. 제2차 세계대전 이후 남부 캘리포니아의 인구가 급증해서 1950년에는 570만 명이었다가 1990년에는 1750만 명, 2010년에는 2160만 명이 되었다. 개발업자들은 빠르게 커지는 이 시장을 위해서 주택 건설 경주를 벌였다. 초기 프로젝트들은 중산층 가정을 위해서 설계된 평범한 규격형 주택이었다. 하지만 몇십 년 안에 많은 주민이 자신들의 작은 단층집과 규격형 주택이 수백만 달러의 땅 위에 있음을 알게 되었다. 1980년대에는 공원과 국유림, 군사기지를 제외한 남부 캘리포니아의 해안 거의 전역이 개발되었다. 대부분의 전후 초기 프로젝트들이 오래된 농장들을 바꿔놨지만, 건축업자들은 결국 좀더 자연이 풍부한 지역까지 밀고 들어가게 되었다. 거기에는 캘리포니아 쑥coastal sage scrub이라는 키가 작은 상록수 식물이 가득한 밭이 사람들이 가장 많이 찾는 땅 일부를 차지하고 있었다. 이 지역은 갑자기 개발 수요가 치솟았으나 그 외에는 거의 가치가 없어 보이는 땅이었다.

미국에서 가장 높은 봉우리와 가장 낮은 사막 일부, 거기에 지구상에서 가장 키가 크고, 가장 오래되고, 가장 거대한 나무들이 있는 주에서 캘리포니아쑥은 아늑한 풍경이었다. 무릎에서 머리 정도 높이에, 살짝 은빛이 도는 초록색인 이 관목은 주로 강인하고 가뭄에 강하며, 위에서 내려다보면 간지러운 모직 담요처럼 바닥을 덮고 있는 모습이다. 다양한 희귀종의 안식처인 캘리포니아쑥은 봄이면 노란색, 파란색, 보라색, 오렌지색으로 화려하게 피어난다. 하지만 쑥속의 가장 흔한 다년생 식물인 세이지브러시, 메밀, 브리틀부시(엔첼리아파리노사*Encelia farinosa*), 코요테브러시(바카리스필룰라리스*Baccharis pilularis*), 서양톱풀, 루피너스, 그리고 여러 다육식물은 한 해의 대부분 기간에 수많은 사람을 이 햇살 가득한 지역으로 끌어들이는 바닷바람과 새파란 하늘 앞에서 고개를 숙이고 거의 휴면 상태에 있는 것처럼 보인다.

활동 영역이 멕시코 바하까지 이르는 캘리포니아모기잡이는 자생지인 캘리포니아쑥 밭에도 아마 딱히 지나치게 많이 존재한 적은 없었을 것이다. 1898년에 훗날 캘리포니아대학교 버클리캠퍼스의 척추동물학박물관의 초대 관장이 되는 젊은 조지프 그리넬Joseph Grinnell은 모기잡이를 "몇몇 한정된 지역의 흔한 주민"이라고 묘사했다. 유명한 1944년 저서《캘리포니아 조류의 분포The Distribution of the Birds of California》에서 그리넬과 그의 후임 박물관장인 앨든 밀러Alden Miller는 모기잡이가 "지역적으로는 흔하다" 해도 그 활동 영역은 지난 20년 동안 이미 "꽤 감소했고", 이들의 미래도 불확실하다고 언급했다. 모기잡이는 그때도 이미 설 자리를 잃어가고 있었으나 그걸 알아채거나 신경 쓰는 사람은 거의 없었다.[2]

이후 40년 동안은 캘리포니아쑥의 사냥철이었다. 건축업자들은 이 관목을 뿌리째 뽑고, 땅의 등급을 매기고, 깔끔한 정원, 주차장, 운동장으로 바꾸었다. 1970년 캘리포니아환경품질법California Environmental Quality Act과 1976년 캘리포니아해안법California Coastal Act 등의 새로운 법으로 일부 캘리포니아쑥 자생지가 보호되었지만, 건축업자들은 흩어져 있던 마을과 도시들이 지름 약 320킬로미터의 거대도시가 될 동안 계속해서 이 식물들을 줄여나갔다. 1990년 무렵에 캘리포니아쑥은 미국에서 생물학적으로 가장 다양한 주에서 가장 위기 상태에 놓인 생태계 중 하나가 됐다.

피해를 진단하기는 놀랄 만큼 어려웠다. 1700만 명 이상의 사람들이 사는 지역에서, 캘리포니아쑥이나 그 일족들을 연구할 생각을 한 사람이 거의 없었기 때문이다. 이 연구를 수행한 사람 중 다수는 과학 지식을 발전시키거나 데이터를 공유하려는 게 아니라 개발업자들이 필요에 따라 법을 지키거나 회피하는 것을 돕기 위해 고용된 컨설턴트들이었다. 추정치는 다양했으나 대부분의 전문가는 미국-멕시코 국경 북쪽에 모기잡이가 2000여 마리만 남았을 거라는 데 동의했다.[3]

남부 캘리포니아는 50퍼센트에서 90퍼센트 사이의 캘리포니아쑥을 잃었으나 이 지역에는 다섯 카운티(로스앤젤레스, 오렌지, 리버사이드, 샌디에이고, 벤추라)에 모기잡이가 사는 1820제곱킬로미터의 캘리포니아쑥 밭이 남아 있었다. 여기가 개발 전망이 가장 높은 지역에 속하고, 80퍼센트의 캘리포니아쑥이 사유지에 있었기 때문에 모기잡이를 보호하려는 노력은 이 지역의 친성장 계획과 부딪칠 것이다.[4]

사방에서 압박을 받은 새크라멘토 주의회 의원들은 캘리포니아멸종위기종법California Endangered Species Act을 수정해서 자연사회보존계획Natural Communities Conservation Planning(NCCP)이라는 프로그램을 만들었다. 수정된 법 아래서 과학자, 정치인, 여타 이해당사자들이 서식지를 보호하면서 한편으로는 다른 지역에 건설이 계속되도록 협력하기로 했다. 그들은 어느 정도는 새로운 개발지에 세금을 매겨서 토지 구매, 이전, 예민하고 위험한 상태에 놓인 서식지들의 지역권을 얻는 자금으로 삼아

서 이 목표를 이룰 계획이었다.[5]

1993년에도 겨우 2년 전에 화려하게 발표된 NCCP 진행은 담보 상태였다. 환경운동가들은 이게 멸종위기종을 보호하려는 다른 노력들로부터 관심을 돌리려는 행동이 아니었을까 생각했고, 정치인들은 거대한 면적의 땅을 확보하는 것이 경제적으로 어떤 결과를 가져올지 우려했다. 건축업자들은 여기에 협력하면 정말로 더 이상의 장애 없이 계획을 진행할 수 있는 걸까 의심했고, 현지 공무원들은 광범위한 새 NCCP 법을 어떻게 시행할지 상사들이 지시를 내려주기만을 기다렸다.

세 가지 핵심적인 사건 때문에 이 계획은 억지로 시작되었다. 캘리포니아 자원공단은 NCCP를 위한 지침을 펴내면서 어떻게 진행할지를 가르쳐주었다. 미국어류·야생동물관리국은 캘리포니아모기잡이를 "절멸위기종"으로 분류하면서 주의 계획이 실패하면 연방정부가 끼어들 거라는 암시를 주었다. 그리고 내무부 장관 브루스 배빗Bruce Babbitt은 연방법에 동조하는 주 승인 계획을 지켜주겠다고 약속함으로써 캘리포니아의 노력에 지지를 보냈다. 1996년, 캘리포니아는 오렌지카운티에 첫 번째 NCCP를 승인했고, 1997년과 1998년에는 샌디에이고카운티에 추가 계획을 승인했다. 배빗에 따르면 이것은 "지난 10년 동안 우리가 보아온 환경적·경제적 재난을 피하고 싶다면 나

라 전역이 해야 하는 일의 본보기"였다.[6]

　이후 25년 동안 NCCP는 로스앤젤레스 남쪽, 남부 캘리포니아 도시 대부분을 아우를 정도로 팽창했다. 2017년경에 이 계획들은 29개 도시에서 약 7500제곱킬로미터를 망라하게 되었고, 여기에는 로드아일랜드보다 큰 3870제곱킬로미터 이상의 자연보호구역이 포함된다. 11개 도시 9100제곱킬로미터가 포함된 또 다른 여섯 개 계획이 진행 중이다. 캘리포니아의 NCCP 계획은 미국에서 가장 도시화된 지역 중 한 곳에 영구적으로 야생동물종과 토착 생태계를 보호하는 장소를 만들었다. 이 계획은 야생동물 보호구역을 위해서 수십억 달러의 건설업계 자금을 이용했다. 동전 무게만큼밖에 안 되는 회색빛 새를 위해서 말이다.[7]

———

　도시 지역에 녹지와 자연보호구역을 만들기 위한 동력은 점점 커졌다. 교외가 지평선을 향해 전진하고 있긴 하지만, 서로를 타넘고, 저항하는 농장과 수역水域과 공용지에 막히고, 고속도로를 끼고, 그 사이사이에 개발되지 않은 지역을 남겨놓느라 고르지 않은 형태로 확장되었다. 남아 있는 많은 녹지 공간들은 개발의 운명에 처한 것 같았다. 한편 교외 주거 지역 그 자체는 더욱 푸르러졌지만 또한 더욱 도시화되었다. 길이 차로 가득 차고 하늘은 스모그로 흐려지면서 반쯤 시골 같던 느낌이 사라졌다. 많은 인간 주민은 이 동네가 그들을 끌어당 겼던 바로 그 특성을 잃고 있다고 느끼기 시작했다.[8]

교외 사람들은 곧 자신들의 삶의 질을 지키기 위한 조치를 원하기 시작했다. 그들은 용도지역조례를 통과시키고, 건물 높 이를 제한하는 설계 표준을 만들고, 주거 밀도의 한계를 정하 고, 주차를 통제하고, 건설을 억제했다. 또한 침수 위험, 산불 위험, 국한된 물 공급량, 공공보건의 우려 등 환경적 요인들을 성장 제한의 근거로 들었다. 최근 몇 년 사이 이런 전략은 높 은 주거 비용의 주된 요인이자 대체로 부유한 백인 교외 마을 에서 가난한 사람과 유색인종을 거부하려는 방법이라는 비판 을 받고 있으며, 몇 가지는 심지어는 예전으로 돌아갔다. 이런 반성장 조치에 드는 비용에 대한 인식이 커지는 동안 잘 진행 되어온 성장 제한 방법 중 하나가 바로 녹지 보존이다.[9]

샌프란시스코 베이에어리어는 녹지 운동에서 선두를 걸었 다. 19세기 중반부터 그 지역의 환경운동가들은 도시에 자연 공원을 만들기 위해 노력했고, 어느 정도 성공을 거두었다. 1960년대와 1970년대에 지역과 주, 연방정부는 베이에어리어의 흩어진 공유지들을 늘려서 넓은 녹지망을 만들었다. 마린 카운티의 타말파이어스산 주립공원, 앨러미다카운티의 이스트베이 지역공원, 콘트라코스타카운티의 디아블로산 주립공원 그리고 소노마, 내파, 샌마테오, 샌타클래라, 샌타크루즈의 수십 개 공원이 모두 이 기간에 설립되었거나 확장되었다.[10]

연방정부는 각 지역의 환경운동가들과 정치인들의 재촉에 베이에어리어에서 가장 야심 찬 계획 세 가지에 앞장섰다. 1972년에 설립된 골든게이트 유원지는 뮤어우즈Muir Woods 같은 새롭고 흥미로운 장소들을 합쳐서 하나의 국립공원 시스템으로 만든 것이다. 오늘날 약 323제곱킬로미터에 약 210킬로미터의 산길과 1200개의 역사적 구조물을 아우르는 37개 장소가 포함된 골든게이트는 미국에서 가장 많은 사람이 방문하는 국립공원이다. 또한 1972년에, 논쟁이 시작되고 20년이 지나서 의회는 돈에드워즈샌프란시스코베이 국립야생동물보호지를 만들었다. 미국의 첫 번째 도시 야생동물보호지라고 일컬어지는 돈에드워즈는 샌프란시스코베이의 남부 해안선을 따라 자리한 남은 습지를 보호하고 염전을 비롯한 다른 장소들을 좀더 자연적인 상태로 복원하는 것이 목표였다. 처음에는 생태학적 우려와 개발 압력 때문에 설립되었지만 이 보호지는 현재 멸종위기종을 보호하고, 그 지역 학교들을 위한 교육 프로그램을 진행하고, 만조와 폭풍 해일, 해수면 상승에서 저지대 도시들의 완충 역할을 하고 있다. 오늘날 돈에드워즈는 일곱 개 유닛으로 이루어진 178제곱킬로미터의 샌프란시스코베이 국립야생동물보호지 복합단지의 일부다.[11]

2007년경에 베이에어리어에는 미국에서 가장 큰 도시 녹지망이 있었다. 이 1만 8000제곱킬로미터 지역의 17퍼센트, 겨우 3000제곱킬로미터의 지역만이 건물과 포장도로로 뒤덮여 있었다. 나머지 1만 5000제곱킬로미터는 7200제곱킬로미터의 농장과 목장, 2900제곱킬로미터의 물과 습지, 2000제곱킬로미터의 숲과 삼림을 포함해서 미개발 상태였다. 샌프란시스코에서 약 64킬로미터밖에 떨어지지 않은 곳에서 200여 개의 공원, 보호지역, 녹지가 요세미티국립공원보다 크고 더 다양한 공유지 네트워크를 형성하고 있었다.[12]

오랫동안 공유지가 없다고 알려졌던 도시 로스앤젤레스도 북부 이웃의 사례를 따랐다. 서쪽으로는 말리부, 동쪽으로는 할리우드에 이르는 샌타모니카산맥의 땅을 보존하라는 압력은 베이에어리어의 많은 운동과 마찬가지로 개발 계획에 대한 대응이었다. 1950년대부터 시작해서 그 지역의 개발업자들과 정치인들은 새로운 지역구를 만들기 위해 산 정상을 깎고, 고속도로를 건설하고, 원자력 발전소를 짓고, 여러 협곡에 쓰레기를 채우고, 이것을 덮은 후 위에다 골프 코스를 만드는 계획을 발표했다. 1960년대와 1970년대에 수 넬슨Sue Nelson과 질 스위프트Jill Swift 같은 지역 환경운동가들이 토지 보호라는 목표를 제기했다. 1978년 힘 있는 샌프란시스코 의원 필 버튼Phil Burton이 샌타모니카산맥이 포함된 공원총괄의안을 제출하면서 그들은 결정적인 기회를 얻었다. 오늘날 주립공원 및 카운티공원, 지역권, 사유지 사이사이로 수십 개의 연방 소유지가 있는 "누더기 공원"인 샌타모니카산맥은 620제곱킬로미터에 이르는 세계에서 가장 큰 도시 공원이다.[13]

미국의 다른 지역에서는 오래된 공원들이 새로운 목표를 이루기 위해서 용도를 변경하고 개선하고 확장하고 변화했다. 1970년대부터 시카고 지역의 보호림 지역망을 넓히려던 환경운동가들은 복잡한 정치와 다양한 이익단체, 자기 지역의 생물종과 생태계가 처한 위협보다 브라질 열대우림이 마주한 위협에 대해 더 많은 것을 아는 듯한 무심한 대중 때문에 고생하고 있었다. 하지만 1990년대 중반에 250개 이상의 시카고 지역 기관 및 비영리단체 협력단이 시카고 지역생물다양성협의회Chicago Regional Biodiversity Council라는 이름 아래 결집했다. 이 단체는 시카고야생협회Chicago Wilderness라는 모순된 이름으로 그 지역 대부분의 사람들에게 알려졌다. 2017년까지 이 단체는 그린인프라Green Infrastructure, 생물다양성 복원, 기타 프로그램들과 연관된 500개 이상의 프로젝트를 수행했다. 지금은 그레이터시카고 지역의 10퍼센트가 일종의 공원이나 보호구역이다.[14]

텍사스 북쪽의 트리니티 강둑을 따라서는 다른 이야기가 전개되었다. 19세기 이래로 댈러스를 양분하는 범람원의 길쭉한 약 32킬로미터 땅을 이용하거나 고치거나 개발하려는 무분별한 계획이 이어졌다. 하지만 정치적 논쟁과 반복되는 홍수가 이런 프로젝트 대부분을 가로막았다. 제2차 세계대전 이후 개발업자들은 다시금 이 땅에 눈독을 들이기 시작했지만, 그들의 계획도 대부분 실패했다. 이제 강은 다른 종류의 미래를 맞을 차례인 것 같다. 1998년과 2006년의 채권 조치로 도시에 대부분의 범람원을 사들일 수 있는 자금이 마련되었고, 2018년에는 미국에서 가장 큰 도시 활엽수림을 포함해 수천 제곱킬로미터의 야생동물 서식지를 보존하는 한편 홍수 방지책을 개선하고 휴양의 기회를 늘릴 계획이 진행되기 시작했다.[15]

어떤 도시에서는 오래된 기반시설을 자연보호지역으로 재탄생시켰다. 가장 훌륭한 예 중 하나가 스태튼섬의 프레시킬스Fresh Kills 매립지다. 협곡이나 조류潮流의 통로를 일컫는 네덜란드어 킬kil에서 이름을 따온 프레시킬스는 1948년에 문을 열었다. 가까운 거리와 접근성, 표층 아래의 불침투성 점토층 때문에 선택된 이곳은 곧 뉴욕의 주된 쓰레기 처리장이 되었고, 매일 2만 9000톤의 쓰레기가 들어왔다. 지역 주민은 항상 프레시킬스를 건강상의 유해물, 그늘, 잘난 척하는 이너보러inner borough(맨해튼, 브롱크스, 브루클린, 퀸스, 리치몬드로 이루어진 뉴욕시티의 독립구 ─ 옮긴이) 주민들로부터의 모욕이라 여기며 분노했다. 1990년대에 도시는 각 자치구의 쓰레기를 지역 내에서 처리하는 새로운 시스템을 도입했다. 프레시킬스는 2001년 3월에 문을 닫았고, 9·11 테러 이후에 잔해들을 받느라 잠시 문을 열었다가 그 후 3억 달러가 드는 폐쇄, 매립, 재설계 과정이 시작되었다.[16]

프레시킬스는 이제 매립지에서 공원으로 전환하는 세계에서 가장 큰 프로젝트가 되었다. 앞으로 25년 동안 단계별로 문을 열게 될 이곳은 완공되면 뉴욕시티에서 가장 큰 공원이 될 것이다. 약 9제곱킬로미터 혹은 센트럴파크의 3.5배 크기에 달하는 프레시킬스는 스태튼섬 공원 부지의 40퍼센트를 이룰 것이다. 초반에는 부지 주변에 배치된 수원이 분해되는 쓰레기로부터 상당량의 메탄을 포획할 것이다. 최대 생성치일 때 이 메탄의 양은 3만 가구의 난방을 할 수 있을 것이다. 이미 야생동물들이 돌아오고 있다. 북미산 참새, 쌀먹이새, 들종다리부터 물수리와 흰머리수리에 이르기까지 조류들이 이 지역의 완만한 초원과 약 17.6킬로미터의 해안선으로 모여든다. 여우는 흔해졌고, 비버는 200년이나 사라졌다가 돌아왔고, 2012년에 처음으로 코요테가 나타났다.[17]

주와 연방의 정책 변화 역시 많은 대도시가 보호구역을 만들도록 나서게 하는 데 도움이 됐다. 1964년부터 1986년 사이 의회는 주요 환경 법안을 20개 이상 통과시켰고, 많은 주가 이를 따라 나름의 비슷한 법규를 제정했다. 이 법안들은 야생동물과 서식지를 보호하는 것을 포함해 광범위한 환경보호 문제들에 적용되었다.

이런 법안 중 가장 중요한 것 하나가 1973년의 멸종위기종 보호법(ESA)이다. 이 법에 따르면, 미국 헌법 아래 도시와 카운티를 포함하여 각 지방 사법부가 토지이용계획을 담당하고, 주는 그 경계 내에 있는 야생동물 전반에 대한 권한 대부분을 가진다. 연방정부는 자금을 대 연방 소유지 내의 야생동물을 관리하고, 철새와 해양 포유동물 중 특별히 지정된 종이나 생물집단의 보호를 감독한다. ESA는 주가 토착종 보호에 실패할 경우 개입을 요구함으로써 야생동물을 보호하는 데서 연방정부의 역할을 확대했다. 생물종이 목록에 오르고 나면 미국 어류·야생동물보호국이든 해양대기청이든 담당 연방 기관이 생물종에 대한 더 이상의 피해를 막고 주 및 다른 관련 기관들과 함께 이를 복원하기 위해 노력해야 한다.[18]

ESA는 선벨트와 서부에 걸친 대도시 지역들에서 핵심적인 역할을 해왔다. 캘리포니아가 NCCP 프로그램을 설립한 후 수년 동안 이 지방에 있는 10여 개 이상의 도시 지역들이 ESA에 따라 비슷한 서식지 보호 활동을 시작했다. 이 중 몇몇은 캘리포니아모기잡이처럼 단 한 종의 보호로 인해서 개발이나 기반 시설 프로젝트가 중단 위협에 처했기 때문에 시작되었고, 다수가 수십 종의 생물을 포함하는 더 큰 지역 계획으로 발전했다. 서식지 보호 계획은 결국 캘리포니아 베이커스필드부터 텍사스 오스틴까지 선벨트 전역의 도시 지역을 아우르게 된다.

예를 들어 1997년에 어류·야생동물보호국은 붉은참새부엉이를 그 활동 범위 북쪽 끝인 턱슨 부근 사막에서 위기종으로 분류했다. 2006년에 개발업자들이 소송을 해서 이 종을 ESA의 보호막에서 쫓아냈으나 이 사건은 금세 다시 법정으로 돌아왔다. 그 무렵에는 턱슨의 지역 지도자들이 샌디에이고와 오렌지카운티에 세워진 것과 같은 서식지 보호 계획을 진행하고 있었다. 2016년, 600시간의 회의와 200개의 기술 보고서, 그리고 150명이 넘는 과학자의 조언 끝에 턱슨이 위치한 피마카운티는 소노란사막 보호계획을 완성했다. 이 계획은 또 다른

145제곱킬로미터에 대한 개발 허가를 내주는 대신에 44개 동물종을 보호하고 470제곱킬로미터의 서식지를 보호하는 것을 목표로 한다.[19]

몇몇 도시와 카운티의 계획 부서들도 새로운 교외 개발 계획에 야생동물 우호적인 설계를 좀더 집어넣을 것을 장려하는 지침을 통과시키거나 인증 제도를 만들었다. 인증을 받기 위해서는 개발 계획에 서식지 보호나 복원 요소, 녹지 예정지, 빗물 관리 체계, 환경 훼손이 적은 야간 조명, 주민 교육 프로그램이 포함되어야 했다. 또한 많은 회사들이 더욱 지속 가능한 건설 자재를 쓰고, 개발의 생태학적 발자국을 줄이기 위해서 건물들을 가까이 모아 짓겠다고 약속했다.[20]

교외의 녹지와 보호구역들은 원래 보호할 예정이었던 희귀하고 위기에 처한 동물들뿐만 아니라 오랫동안 살아온 주민 및 그 지역에서 오래전에 사라졌거나 전에는 한 번도 산 적 없는 일부 종들을 포함해서 많은 야생동물의 풍요로운 서식지임이 밝혀졌다. 수십 년 전 많은 미국 도시들에서 보았듯이, 녹지 및 다른 이유 때문에 만들어진 보호지역들은 다양한 야생동물들이 번성하는 터전이 되었다. 거기에는 이 지역들을 보존함으로써 득을 볼 거라고는 생각하지 않았거나 계획 과정에서 전혀 고려하지 않았던 종들도 다수 포함되었다.

반짝이는 새 공원과 보호구역만이 1960년대와 1970년대, 1980년대에 빠르게 변화한 도시 서식지, 또는 모험심 강한 야생동물이 더 많이 들어올 수 있는 유일한 종류의 공간은 아니었다. 이 기간에 몇몇 미국 도시가 범죄, 인종차별, 백인의 교외 이주, 탈산업화, 투자 회수 문제에 강한 타격을 받았다. 디트로이트와 볼티모어 같은 오래된 산업도시에서 노후 건물들은 내려앉았고, 사슬 울타리 뒤의 오염된 공장 부지는 텅 비었고, 공터에는 잡초들이 무성하게 자랐다.[21]

이렇게 버려지고 방치된 지역에 걸맞은 단어는 존재하지 않는다. 2017년 다큐멘터리에서 영국의 지리학자 매슈 갠디 Matthew Gandy는 제2차 세계대전의 참상 이후에 남겨진 중간 지역을 부를 때 베를린 사람들이 썼던 독일어 '브라켄brachen'을 빌려왔다. 시간이 흐르며 베를린 주민이 도시의 벽 안에 갇혀 있을 때 이런 빈 땅과 돌무더기들은 생명으로 가득 차서 베를린의 저항 정신을 상징하게 되었고, 소중한 공용 공간이자 자신을 도시생태학자라 여기는 첫 번째 세대의 연구 대상이 되었다. 브라켄이라는 단어 자체는 우연히 관리하지 않게 되었거나 혹은 언젠가 사용하기 위해서 야생으로 마음대로 자라게 놔둘 필요가 있는 땅인 휴한지休閑地를 일컫는다.[22]

미국 도심지의 브라켄은 다수가 너무 오염되었거나 너무 작거나 너무 고립되었거나 유해한 풀이 너무 많이 자라서 제대로 된 서식지 역할을 하지 못한다. 이런 곳들은 결코 교외의 자연보호구역처럼 야생동물에게 귀중한 땅이 되지 못할 것이다. 브라켄은 또한 오래가지 않는 경향이 있다. 베를린에서도 개발에 대한 압박으로 도시에서 사랑받던 브라켄들이 위험에 처한 상태다. 어쨌든 이런 중간 지역들은 여전히 떠돌아다니는 수백 종 야생동물의 은신처가 되어주고, 많은 마을이 그런 공간의 상태를 개선하기 위해서 애쓰고 있으며 가끔은 아예 그곳을 영구적인 자연보호구역으로 전환하기도 한다.[23]

미국에서 가장 훌륭한 브라켄 재건의 예를 보려면 브롱크스강을 따라 산책을 해보라. 꽤 최근인 1980년대에 이 기다란 땅은 위험한 쓰레기장이었다. 이후 20년 동안 지역 공동체들이 뉴욕시티 공원휴양국과 협력해서 대규모 잡초 제거 작업을 시작했다. 2003년까지 그들은 브롱크스강과 강변에서 70대의 차와 대략 3만 개의 타이어를 치웠다. 알을 낳으려는 에일와이프(청어의 일종)가 상류로 헤엄쳐오고, 나무가 우거진 강둑에는 코요테가 종종 나오고, 심지어는 비버도 몇 마리 돌아왔다. 한때 음침했던 이 뉴욕시티의 구석에 첫 번째 흑곰이 찾아오는 것은 과연 언제일까?[24]

———

　모기잡이는 여전히 남부 캘리포니아의 캘리포니아쑥 속에서 살고 있다. 녀석들이 머물 수 있는 보호구역을 만드는 데는 엄청난 노력과 타협, 그리고 상당한 강제력이 필요했다. 오늘날 이 녹지 구역은 수십만 명의 사람들이 운동과 휴양을 위해서 이용하는, 가장 인기 있는 지역이다. 또 야생동물에게도 인기가 좋다. 모기잡이를 보호한다는 것은 수백 가지 다른 종들도 이용하는 서식지를 보호한다는 뜻이다. 이들 대부분은 위기종이 아니고 연방법의 보호를 받지도 않지만, 그래도 이 보호구역을 활동권이자 이동 통로로 쓰고 있다. 1960년대에 시작되었고 1990년대에 서식지 보호 활동으로 탄력을 얻은 녹지 운동은 미국 도시에서 야생동물을 새로운 단계로 이끌었다. 모기잡이는 이 드라마에서 주역을 맡았다. 이들을 보호하기 위해 만들어진 구역을 방문하는 사람들 대부분은 여전히 녀석들을 한번도 보지도, 듣지도 못하지만 말이다.

6 그림자 밖으로

코요테와 함께 사는 법

1981년 8월 26일, 로스앤젤레스 북쪽 글렌데일의 산라파엘 힐스San Rafael Hills라는 부유한 교외 주택가에서 세 살 먹은 켈리 킨Kelly Keen이라는 여자아이가 집 앞길에서 놀고 있다가 코요테의 습격을 받아 사망했다. 킨의 죽음은 미국에서 코요테에 의한 첫 번째 사망 사건이었다. 이것은 예측할 수 있었고, 예방 가능했고, 전례가 없는 비극이었다. 그 이유를 이해하기 위해서는 몇 걸음 물러나서 인간과 코요테의 긴 역사를 살펴보는 것이 도움이 된다.[1]

코요테는 수천 년간 인간의 옆에서 살아왔다. 뉴멕시코의 차코 유적에서 1000년 된 코요테 뼈가 나왔다. 이곳은 종교

행사 때면 인구가 4만 명까지도 몰리던 고대의 성지였다. 코요테는 또한 중세의 거대한 도시국가 테노치티틀란Tenochtitlán 주변에도 살았다. 이 도시국가에는 코요테를 모시는 종파가 살았던 코요아칸Coyoacán, 즉 "코요테들의 땅"이라는 구역이 있었다. 코요테는 대초원지대와 미국 남서부 전역의 원시 문화에서 탄생과 죽음, 선과 악, 주술과 관련되어 중요한 상징적 역할을 했다. 올드맨코요테Old Man Coyote, 그리고 가끔은 그 짝인 올드우먼Old Woman에 관한 이야기는 북아메리카에서 가장 오래된 인간 이야기다.[2]

1769년 몬터레이로 가는 포르톨라 원정대의 일원이었던 페드로 파헤스Pedro Fages는 유럽인으로는 처음으로 남부 캘리포니아의 코요테에 관한 목격담을 기록했다. 그는 코요테가 샌디에이고에서 보급품을 보충할 때 만난 생물종 중 하나였다고 보고했다. 코요테의 개체수는 캘리포니아에서 스페인의 선교 시대 및 멕시코의 란초 시대였던 1769년부터 1848년 사이에 증가했을 것이다. 그 지역에서 가축들의 수가 불어남에 따라 사냥하고 먹이를 모을 새로운 기회가 생겼기 때문이다. 하지만 1849년 골드러시 이후로 목장주들을 비롯해 다른 정착자들이 자신들의 주에서 포식자를 몰아내기 위해 나섰다. 이런 목적의 프로그램 대부분이 시골 지역에서 이루어졌지만, 일부 도시도 결국에 이 운동에 동참했다. 예를 들어 1938년 로스앤젤레스는 코요테 통제 프로그램을 시작했고, 첫해에는 가죽 650장에 포상금을 지불했다.[3]

미국의 코요테에게 가해졌던 것과 같은 무자비한 맹공을 견딜 수 있는 종은 거의 없을 것이다. 오늘날에도 미국에서는 매년 약 40만 마리의 코요테가 죽는다. 하루 평균 약 1100마리인 셈이다. 하지만 유독물질, 강철 덫, 납 총알로 수천만 마리의 목숨이 사라지고 있음에도 불구하고 녀석들은 끈질긴 회복력을 갖고 있었다. 수천 년 동안 아마도 코요테의 숫자를 통제했을 늑대 같은 더 큰 포식자들이 사라지면서 코요테는 대초원지대와 남서부의 조상 때부터 살던 고향에서 북아메리카 전역으로 퍼져나갔다.

1900년경 코요테는 오대호 전체를 둘러쌌으며 북회귀선 위쪽부터 북극권 아래까지 발견되었다. 2000년경에는 대서양 해안가와 멕시코, 캘리포니아, 알래스카만까지 도착했다. 오늘날 코요테는 멕시코의 모든 주와 중앙아메리카 국가 중 최소한 다섯 곳에서 살고 있다. 캐나다에서는 노바스코샤와 프린스에드워드섬을 포함해서 10개의 주 전부에 있으며, 자치령 세 곳 중 두 곳에도 있다. 코요테는 미국의 50개 주 중에서 49개 주에서 찾아볼 수 있다. 아직 하와이까지는 정복하지 못했다.

다시 캘리포니아를 살펴보자. 1970년쯤부터 포식자 통제 프로그램에 관한 지지가 감소하기 시작하면서 사냥과 덫이 줄어들게 되었고, 새로운 법에 따라 컴파운드1080 같은 독약의 사용이 규제되었다. 일부 시골 서식지가 사라졌지만 그것을 대체한 교외 주거 지역은 예전에 있던 농장과 목장보다 코요테에게 종종 더욱 살기 좋은 장소였다. 1980년대에 코요테는 좀더 도시화된 지역에 더 많이 나타나게 되었다.

그러다가 켈리 킨 습격 사건이 일어났다. 아이의 죽음을 둘러싼 상황은 이해하기 쉽지 않다. 킨 가족은 전에도 코요테와 문제가 있었기 때문이다. 4년 전에는 코요테가 당시 10개월 된 켈리의 여동생 카렌을 물었다. 이듬해에는 십 대였던 오빠 존이 살짝 물렸다. 켈리를 죽인 코요테가 킨 가족을 몇 년 동안 겁에 질리게 했던 바로 그 녀석이었을까? 왜 공무원들은 통제 불가능하게 변해가던 상황을 해결하지 않은 걸까? 그리고 이렇게 명백한 위험이 존재하는 장소에서 왜 아이가 아무런 보호 없이 밖에서 놀았던 것일까?

켈리의 아버지인 로버트는 자신이 동물보호 단체인 글렌데일의 휴메인소사이어티Humane Society에 전화를 했지만 직원이 놓은 덫은 아무 쓸모가 없었다고 말했다. 단체에서 그의 불평을 어떤 식으로 처리했는지는 확실치 않지만, 지역 공무원들이 코요테에 대해서 잘 모르며, 걱정하는 주민을 달랠 만한 효과적인 해결책도 없다던 로버트의 말이 옳았다.

켈리가 죽은 후 〈로스앤젤레스 타임스〉는 이 공무원들이 한 말 중에서 잘못되었거나 착각한 것들을 인용해서 실었다. 로스앤젤레스 카운티 농무부 부장이었던 로버트 하웰은 코요테가 반려동물들을 사냥하려고 도시에 온다고 말했다. 이어진 연구 결과에 따르면 일부 코요테는 가축의 맛을 이해하게 되었지만, 대부분은 야생동물, 차에 깔려 죽은 사체, 식물을 먹고 살았다. 로스앤젤레스 휴메인소사이어티의 이매뉴얼 화이트Emanuel White는 코요테가 남쪽으로는 윌셔블러바드까지 퍼졌다고 말했으나 그 무렵에 코요테는 몇 킬로미터 더 남쪽까지 내려가서 볼드윈힐스와 플라야델레이 같은 주거 지역까지 들어갔을 것이다. 휴메인소사이어티의 에드워드 쿠브라다Edward Cubrada는 코요테가 자연 서식지에서 밀려났기 때문에 도시로 오게 되었다고 말했지만, 반대로 동물들이 풍요로운 도시 서식지를 찾아온 거라는 주장도 최소한 똑같은 수준으로 사실일 것이다.

킨의 사망 사건이 일어났을 무렵, 대체로 반려동물이 연관된 코요테 사건에 대한 보고는 10년 넘게 로스앤젤레스 지역에서 증가해왔다. 하지만 이런 사건에 대해 이야기하거나 기사를 쓸 때면 공무원, 기자, 심지어 과학자들까지도 말장난이나 상투적인 얘기만을 던지곤 했다. 코요테가 "교활하다"라거나 코요테가(《로스앤젤레스 타임스》의 말을 빌리자면) "쉬운 먹이"를 찾는 "게으른 포식자"라는 식이었다.[4]

킨의 죽음으로 많은 로스앤젤레스 사람들이 슬픔에 빠졌다면, 그 여파는 사람들을 섬뜩하게 만들었다. 습격 이후 몇 주 동안 카운티와 계약한 덫 전문가들이 킨 가족의 집 주위 1제곱마일 지역에서 코요테를 최소한 55마리를 잡았다. 지역 주민들은 갑자기 포위된 기분을 느꼈다. 아직 비극이 생생한데 전문가들마저 이 상황을 설명하거나 해결책을 제시하지 못하자 주민들은 비난을 쏟아냈다. 언덕배기의 교외 주거 지역은 "코요테 소굴"로, 코요테 무리는 "조직폭력단"으로 불렸다. 로스앤젤레스 주당국은 덫과 총 사냥, "재교육"으로 코요테와의 전쟁을 재개하는 대응을 보였다.[5]

이런 활동들은 코요테 자체에 중점을 두었지만, 야생동물을 관리하는 것은 사실 사람이 해야 하는 일이다. 많은 코요테 관련 사건이 먹이를 먹은 후에 공격적으로 변하는 소수의 동물과 관계되어 있었다. 가끔은 사람들이 제대로 봉투에 싸지 않은 쓰레기나 고양이 먹이를 그냥 두고 갔을 때 생기지만, 어떤 사건들은 주민들과 가게들이 위험을 자초하는 일을 했다. 황당한 사례를 하나 들자면, 말리부캐니언의 레스토랑 한 곳은 저녁 시간에 달빛 아래에서 손님과 코요테가 함께 저녁식사를 할 수 있도록 음식을 제공했다. 두 집단은 유리 칸막이로만 분리되어 있었다. 킨이 죽고 석 달이 안 된 시점에 로스앤젤레스 주당국 감독위원회는 스컹크, 미국너구리, 주머니쥐, 여우, 들다람쥐, 코요테에게 먹이를 주는 것을 금지하는 법안을 뒤늦게 통과시켰다.[6]

이 금지령은 확실히 필요한 것이었지만, 카운티가 선택한 전반적인 코요테 대응책은 그다지 많은 과학적 데이터를 바탕으로 한 것이 아니었다. 1980년 이전까지 코요테에 대해 학술지에 게재된 연구 결과는 모두 시골 가축에 대한 코요테의 위협에 관한 것이었다. 이후 수년간 몇몇 지역 기관들과 대학의 계약직 연구원들이 도시 코요테 관리에 관한 연구를 수행했다. 하지만 켈리 킨이 죽고 15년이 지난 1996년에야 남부 캘리포니아의 국립공원관리국에서 코요테의 생태, 행동, 개체수의 역학을 이해하기 위한 광범위한 연구를 시작했다.

코요테의 등장이나 개체수 증가를 볼 때, 미국의 도시들은 야생동물의 역사에서 새로운 단계에 들어섰다. 코요테는 그것을 알리는 생물종의 선봉에 서 있다. 야생동물의 유입은 점진적으로 일어나고, 도시마다 다르고, 서로 다른 생물종에서 다른 속도로 벌어진다. 하지만 1980년대엔 확실하게 진행 중이었고, 켈리 킨 습격 같은 사건들이 대중의 관심을 끌었다. 곧 수많은 질문이 나왔다. 왜 이렇게 많은 야생동물이 도시 지역에 나타났는가? 어떤 동물들은 도시에서 번성하는 반면에 어떤 동물들은 줄거나 사라지는 원인은 무엇인가? 도시 야생동물들이 던지는 새로운 과제 앞에서 사람들은 어떻게 대응해야 하는가? 오늘날에도 우리는 여전히 이 질문들에 대한 답을 찾고 있다.

———

대부분의 사람들이 "생태계"를 상상할 때 아마도 숲, 사막, 산호초, 또는 다른 자연환경을 떠올릴 것이다. 하지만 미국 도시로 야생동물이 유입된 사건은 코요테 같은 동물의 눈에는 도시도 생태계임을 명확하게 보여준다. 도시에는 햇빛과 비가 있다. 돌, 흙, 물도 있다. 에너지, 영양분, 유기물이 순환한다. 그리고 복잡한 방식으로 상호작용하고 시간에 따라 바뀌는 다양한 생물종이 존재한다. 어떤 면에서 도시는 자연 생태계와 더 많이 닮았다. 또 다른 면에서는 예전에 나타난 모든 것들, 그리고 오늘날 존재하는 모든 것들과 근본적으로 다르다.[7]

도시가 다른 대부분의 생태계와 가장 확실하게 다른 것 중 하나는 하나의 핵심 생물종이 점령하고 있다는 것이다. 인간은 지구상에서 생태계를 변화시켰지만, 몇몇 산업 농장을 제외하면 도시만큼 인간의 행동이 큰 영향을 미치는 곳도 없을 것이다. 도시를 특별하게 만드는 두 번째 특징은 도시가 굉장히 새로운 존재라는 것이다. 세계에서 가장 오래되었고 현재까지 사람이 살고 있는 도시는 거의 모두 중동에 있는데, 역사가 겨우 7000년밖에 되지 않았다. 고고학적 기록이 1만 1000년을 거슬러 올라가서 세계에서 가장 오랫동안 사람이 살아온 정착지로 여겨지는 고대 예리코는 우리 지구의 45억 년이라는 역사에 비교하면 순식간일 뿐이다. 지구의 생명체는 기묘하고 새로운 도시라는 환경에 이제 막 적응하기 시작했다.[8]

도시에 적응하는 것은 많은 생물종에게 어려운 일이다. 도시는 언제나 변화하기 때문이다. 매년 도시는 홍수, 화재, 서서히 일어나는 침식을 관리하기 위해 수십억 달러의 돈을 쓴다. 이런 활동은 모두 변화의 속도를 줄이기 위한 것이다. 하지만 수 세기 동안 도시는 엄청나게 변화했다. 예루살렘의 일부 지역은 지난 6000년 동안 40번이나 파괴되어서 약 18미터 이상의 깊이까지 잔해의 층이 있다. 900년의 역사 속에서 베를린은 약탈당하고, 불에 타고, 폭격을 당하고, 분리되고, 통일되고, 재설계되고, 재개발되었다. 샌프란시스코는 1820년대에 선교용 마을에서 1840년대에 교역소가 되었다가 1990년대에는 순식간에 대도시가 되었다가 1880년에는 폐허가 되었고, 제2차 세계대전 이후에는 거대한 도시 지역의 중심지로 바뀌었다. 현대 도시들은 역사가 겨우 한 세기 조금 넘는 동안 자동차와 대중교통들이 이리저리 돌아다니게 되었고, 고속도로는 건강한 인간의 수명 정도의 기간만큼 존재했을 뿐이다.

도시의 기묘한 특징 중 하나는 수많은 자원, 즉 물과 연료, 각종 물질 및 화학물질들을 수입하고 쓰레기를 생산한다는 것이다. 그에 반해 자연 생태계는 토양의 영양분과 태양의 에너지를 이용해서 나름의 원자재를 생산하고, 사용하는 거의 모든 것을 재활용한다. 수 세기 전에 도시는 근처 시골 지역에서 자원을 대부분 얻었고 생산한 쓰레기는 같은 주변 지역으로 흘러나갔다. 오늘날에는 전 세계 여기저기에서 자원을 입수하고 몇몇 도시는 눈에 보이지 않는 곳, 그래서 마음에서도 멀어지는 먼 곳의 매립장으로 쓰레기를 보낸다.[9]

기후는 생태계의 모든 면에 영향을 미친다. 도시는 열섬현상이라는 것 때문에 근처 시골 지역보다 따뜻하다. 자동차와 에어컨 같은 기계들이 열을 발산하고, 도로와 건물들이 대부분의 자연적인 지표면보다 더 많은 에너지를 흡수하고 전도하기 때문이다. 낮이면 아스팔트 같은 인공물들이 뜨거워지고, 밤에는 이들이 공기 중으로 에너지를 방출하는데, 이 에너지들은 오염물질 막에 갇힌다. 같은 이유로 도시는 비교적 겨울이 온화하다. 그래서 더 따뜻한 기후에서 온 생물들이 도시에서 살 수 있다. 그리고 토착종의 삶에도 영향을 미친다. 식물은 근처의 시골 지역보다 도시에서 더 빨리 꽃이 피고 생장 기간도 더 길다. 좀더 추운 기후에서 1년에 한 번 새끼를 낳는 동물들도 도시에서는 매년 두 번 이상 새끼를 낳을 수 있다.[10]

도시는 주위 지역들보다 비와 눈이 더 많이 오는 경향이 있다. 이물질이 많은 공기에 물방울이 형성될 수 있는 조그만 입자가 더 많기 때문이다. 대부분의 자연 생태계에서는 비가 식물 위로 떨어져서 토양으로 스며들어 하천으로 흘러간다. 도시에서는 지붕, 보도, 도로, 단단하게 다져진 흙 같은 불침투성 표면이 육상의 10퍼센트에서 70퍼센트를 덮고 있다. 그래서 많은 도시가 바위사막처럼 갑작스러운 홍수를 겪는 것이다. 도시는 또한 물을 옮기기 때문에 어떤 곳에서는 물이 빠지고 어떤 곳에서는 물이 넘친다. 이 모든 재배수 작업은 기묘한 결과를 불러온다. 습윤한 지역에서 대부분의 생물종은 근처의 나무가 많은 자연 서식지에 비해 도시가 사막 같다고 느낀다. 마찬가지로 건조한 지역에서는 근처의 바싹 마른 땅에서 사는 데 익숙한 생물종에게 도시가 우림처럼 느껴진다.

도시 생태계에서 하천은 가장 질이 저하된 서식지 중 하나다. 대부분의 도시 하천은 근처 시골 하천에 비해 수면 고점은 더 높고 저점은 더 낮지만, 잔디밭과 정원에서 흘러내린 흙탕물 덕분에 몇몇은 1년 내내 수량이 기묘하게 일정하다. 도시 하천에는 영양분과 화학적 오염물이 훨씬 많이 들어 있고, 퇴적물은 더 적고, 물길이 더 직선이고, 강둑은 더 가파르고, 발전이 느린 지역에 비해서 동식물종이 더 적은 경향이 있다.[11]

도시는 또한 감각을 괴롭힌다. 이것은 사람들에게, 그리고 감각에 의존해 방향을 찾고 음식과 짝을 찾고 위험을 피하고 포식자를 피하는 동물들에게 굉장히 피곤할 수 있다. 이런 특징이 그들의 특성 자체를 변화시킬 수도 있다.

1800년대에 야간 조명은 귀중한 것이었다. 해가 지고 나면 따뜻하고 깜박거리는 모닥불 불빛을 제외하면 세상은 대체로 새카맸다. 처음에는 가스등, 이후에는 전구로 인공조명이 도입되면서 사회가 혁명적으로 변했다. 일례로, 낮이라는 한계를 벗어난 노동 시간으로 인해 산업 자본주의가 탄생했다. 오늘날에는 유럽, 동아시아, 북아메리카 일부 지역의 인구 99퍼센트를 포함하여 80퍼센트 이상의 사람들이 오염으로 생각할 만큼 넘치는 인공 야간 조명 지역에 살고 있다.[12]

어둠에서 밝은 밤으로의 변화는 거대한 생태학적 변화를 불러왔다. 도시의 사람들을 피하기 위해 더욱 야행성 삶에 적응한 코요테 같은 동물들에게는 약간의 야간 조명이 도움이 되었다. 거미, 박쥐, 도마뱀, 개구리 등은 먹이를 유혹하는 미끼로 야간 조명을 사용한다. 하지만 많은 곤충과 조류처럼 달빛으로 방향을 잡는 비행 동물들의 경우 인공조명은 충돌 및 감전사의 위험을 높이고, 엉뚱한 곳으로 날게 만든다. 해안가 도시들은 회유어, 거북이, 다른 해양 생물들이 위험한 연안으로 향하게 만드는 가짜 신호 역할을 한다. 도시의 더 따뜻한 기온과 함께 야간 조명은 뎅기열, 치쿤구니야, 지카, 황열병, 기타 다른 질병을 전파하는 모기의 활동 기간을 더 늘릴 수도 있다.[13]

도시는 또한 시끄럽다. 그 소음 일부는 기계에서 바로 나오는 것이지만, 다른 것들은 소리를 반사하는 도로, 보도, 건물을 통해 간접적으로 나온다. 도시는 다양한 소리의 소음을 만들지만 대부분의 장소에서 이것은 2000헤르츠 미만의 지속적인 배경음이 된다. 이것은 표준적인 88개 키의 피아노에서 제일 높은 옥타브를 제외하고 낮은 A부터 C7까지의 음을 다 합친 소리와 비슷하다. 음량은 데시벨로 측정하는데, 이것은 로그 함수를 따라간다. 이는 10단위가 증가하면 소리가 10배 커진다는 뜻이다. 대부분 사람들의 대화는 40데시벨 정도지만, 사람이 많은 도시 길거리의 소음은 80데시벨에 가깝고, 관목을 다듬는 전정기는 100데시벨 이상의 소리를 내고, 착암기鑿巖機는 귀가 멍멍한 120데시벨에 달한다.[14]

만성적인 소음에 노출되면 사람들에게 단기적인 각성도는 증가하지만 고혈압부터 불안증, 불면증에 이르기까지 장기적으로 건강이 악화되는 반응이 나타난다. 소음은 또한 동물들에게도 스트레스를 유발할 수 있다. 소음은 피식자종에게는 경계심을 높이고 에너지를 소비하고 다른 임무에서 정신을 흩뜨리게 만든다. 소리로 소통하는 조류, 곤충, 양서류는 명확한 메시지를 보내는 능력이 떨어져서 짝과 동족을 찾기가 힘들어질 수 있다.[15]

더운 날에 대도시를 걸어다녀본 사람이라면 누구든 도시에서 악취가 날 수도 있다는 걸 안다. 형편없는 후각을 가진 우리 인간은 다른 수많은 종이 아주 생생하게 경험하는 도시의 후각적 환경 변화를 잘 모르는 편이다. 냄새는 동물들이 후각 신경으로 인지하고 그다음에 뇌에서 냄새라고 해석하는 휘발성 화합물이다. 제조업, 교통, 화학물질, 음식 판매, 조경 산업 등으로 인해서 도시는 휘발성 화합물로 넘쳐난다. 채집, 먹이 찾기, 포식자 피하기, 소통 등을 후각에 의존하는 생물종에게 도시 환경은 매력적이면서도 또한 혼란스럽고 당황스러운 장소다.

빛과 소리, 냄새, 계속되는 변화라는 이런 도시의 갑옷 속에서도 생물이 번성할 수 있는 이유는 무엇일까? 1996년, 국립공원관리국이 로스앤젤레스 코요테 연구를 시작한 바로 그해에 스탠퍼드대학교의 로버트 블레어Robert Blair는 이런 공간에서 왜 어떤 생물은 번성하고 어떤 생물은 감소하거나 사라지는지를 설명하는 획기적인 논문을 출간했다. 블레어의 논문은 그 이래로 수년 동안 논쟁의 주제가 되었지만, 이야기를 시작하기에는 여전히 적합하다. 우선 그는 도시 및 그 주변에서 발견되는 세 가지 종의 동물을 확인했다.[16]

블레어에 따르면 도시 회피종urban avoider은 도시 생활에 전혀 맞지 않다. 이들 일부는 특수종이다. 도시에서 흔히 찾을 수 없는 특정한 서식지나 자원이 필요한 까다로운 성미의 종들이라는 뜻이다. 또 어떤 종은 넓은 활동 영역이 필요하거나 매년 이주를 하는 방랑자들이다. 또 어떤 종은 세계에서 가장 위험한 영장류 옆에서 편히 살기에는 너무 겁이 많거나 영역 의식이 강하다. 어떤 도시 회피종은 보통의 활동 영역보다 더 작은 영역을 점유하거나 남은 녹지 공간에 웅크리고서 도시 가장자리에서 간신히 살아가기도 한다. 꽤 많은 도시 회피종이 가축을 먹이로 삼는 것처럼 인간과 갈등을 빚을 만한 습성을 갖고 있다.

블레어의 두 번째 분류인 도시 적응종urban adapter은 숲이 있는 교외나 도시-자연 경계 지역처럼 중간 정도 개발된 지역에서 가장 흔하다. 도시 적응종들은 직접적인 접촉을 피하면서도 사람들 사이에서 사는 전략으로서 야생과 개발지 사이를 오가거나 도시에서 더욱 야행성이 되었다. 절벽을 닮은 건물에 종종 둥지를 짓는 송골매나 붉은꼬리매처럼 여러 적응종이 자연계에서도 활용 가능하고 도시 환경에서도 쓸 수 있는 진화된 기술, 습관, 기호를 갖게 되었다. 도시 적응종에는 미국너구리, 흰꼬리사슴, 그레이트블루헤론 같은 물새류, 그리고 물론 코요테를 포함해서 도시 및 그 주변에서 사람들이 흔히 만나는 가장 카리스마 있고 알아보기 쉬운 몇몇 야생동물들이 포함된다.

블레어의 세 번째 분류인 도시 착취종urban exploiter은 도시에서 번성한다. 만주집쥐와 집참새 같은 다수의 종은 유럽이나 아시아에서 진화했지만 지금은 전 세계의 도시에서 산다. 녀석들은 다재다능한 경향이 있다. 즉 다양한 자원을 이용할 수 있고, 여러 환경에서 편안하게 지낸다. 그리고 종종 수많은 종류의 먹이를 먹을 수 있는 잡식성이다. 비둘기 같은 도시 착취종은 꽤 영리해서 문제를 해결하고 새로운 임무에 숙달할 수 있다. 어떤 착취종들은 번식률이 높고, 새끼를 오랫동안 보살피고, 자손에게 자신들의 기술을 전수한다. 기질도 중요하다. 도시 착취종은 사람들 근처에 살 수 있을 정도로 유순하면서도 사람이 너무 가까이 다가오지 못하도록 적절히 경계한다. 또한 대체로 굉장히 집단 중심적이라서 겹치는 범위에서 먹이를 채집하거나 같은 종 여럿과 무리 지어 산다. 시간이 흐르며 일부 착취종들은 인간에 의존하게 되어서 아주 많이 개발된 서식지에서만 산다.

———

도시 적응종과 착취종은 인간 사이에서 살아갈 준비가 되었는지 모르지만, 인간은 그들과 함께 살 준비가 되었을까? 1970년대와 1980년대, 코요테가 수십 개 미국 도시에서 점점 더 자주 목격되기 시작했을 무렵에 주민과 공무원은 준비되어 있지 않았고, 많은 사람이 위험한 침입자라고 여기는 동물에게 자리를 내주고 싶어 하지 않았다. 1980년에 코요테에게 자신의 토이푸들을 잃은 어느 십 대는 〈로스앤젤레스 타임스〉에 이렇게 말했다. "코요테를 보면 화가 나요. 쥐를 처리해주긴 하지만, 그것도 엄청 혐오스럽고요. 난 코요테가 싫어요." 같은 해에 예일대학교의 사회생태학 교수 스티븐 켈러트Stephen Kellert는 미국의 설문조사 응답자들 중에서 코요테가 "가장 좋아하는 동물" 목록에서 12위를 차지했다는 사실을 발견했다. 바퀴벌레, 말벌, 방울뱀, 모기보다는 위였지만, 거북이, 나비, 백조, 말보다는 아래였다. 가장 좋아하는 동물 1위는 개였다. 코요테와 아주 가까운 관계라서 야생에서는 둘이 짝을 지어서 생식력 있는 자손을 낳을 수도 있는데 말이다.[17]

2010년 책 《우리가 먹고 사랑하고 혐오하는 동물들Some We Love, Some We Hate, Some We Eat》에서 인류학자 할 헤르조그Hal Herzog는 "우리가 다른 생물종을 생각하는 방식은 간혹 논리에 반한다"고 썼다. 동물에 대한 우리의 생각이 독단적이라고 말하는 건 아니고, 우리가 동물을 생각하는 방식이 물리학이나 화학, 생물학만큼이나 역사, 문화, 심리학에 영향을 받는다는 뜻이다. 이런 사회적 맥락이 없으면 다른 동물에 대한 사람들의 아이디어나 행동은 의미가 없고 위선적이고 완전히 이상할 것이다.[18]

동물은 미술, 문학, 전통을 통해서 그들이 짊어져야만 하는 우리 문화의 짐을 바탕으로 순수하거나 죄가 있다고 여겨진다. 그래서 존경이나 혐오와 연관된다. 동물의 내적 특성이나

인지된 특성 역시 중요하다. 우리는 큰 동물들, 우리가 귀엽거나 예쁘거나 당당하거나 인간 같다고 생각하는 동물들, 투지나 모험 정신 혹은 모성애처럼 존경할 만한 특성을 가졌다고 여기거나 하다못해 우리를 그냥 놔두는 그런 동물들은 좋게 생각해주는 경향이 있다. 하지만 그런 인식은 대체로 그 종의 진짜 행동이나 생태를 반영하지 않는다. 많은 사람이 쥐를 혐오스럽거나 위험하다고 생각하지만, 대부분의 쥐는 대체로 대부분의 사람에게 별다른 위협이 되지 않는다. 반면 고양이는 사나운 포식자이자 질병으로 가득한 생태학적 파괴자임에도 불구하고 우호적이고 꼭 안아주고 싶어 한다.

대중매체와 소셜미디어는 특히 인식을 형성하는 데 중요한 역할을 한다. 켈리 킨 사고가 일어난 1970년대와 1980년대, 미국의 많은 도시에 크고 카리스마 있는 야생동물종들이 더 자주 나타나기 시작했을 때 신문과 텔레비전 쇼는 종종 둘 중의 한 가지 논조를 택했다. 반어적인 투나 선정적인 투이다. 역설적인 사진과 기사는 야생동물이 도시화되었다고 생각한 곳에 나타나는 것에 얼마나 놀랐는지를 강조했다. 선정적인 내용은 사람과 야생동물 사이의 갈등을 강조했다. 그들은 종종 전쟁이나 전투 같은 군사적 비유를 사용하거나 야생동물을 불법 이민자, 조직폭력배, 범죄자, 테러리스트, "초포식자"에 비교하며 그 시대의 편집증, 인종차별, 외국인 혐오를 반영했다.

미디어는 직접 야생의 자연을 경험한 미국인의 비율이 늘지 않거나 심지어는 줄어드는 시대에 이런 이미지를 반복해 내보냈다. 1970년대와 1980년대에는 소비재와 더 나은 기반시설 덕분에 조류 관찰과 사진 찍기처럼 사냥이 아닌 야생 활동을 포함한 야외 스포츠가 성장하게 되었다. 하지만 이렇게 많은 사람이 야외 생활을 즐길 수 있게 만들어준 기술 역시 자연과 사람들의 조우에 끼어들기 시작했다. 기술은 처음에는 매개체로 등장했고, 그다음에는 자연을 대체했다. 비디오 스크린 덕분에 미국인들은 가상의 생물들을 더 오래 보고 실제 동물과 교류하는 시간은 줄었다. 동물을 주인공으로 한 시각 매체는 엄청난 인기를 얻었지만 동물원과 박물관은 손님을 끌기 위해 고군분투 중이다. 1995년부터 2014년 사이에는 심지어 국립공원의 연간 1인당 방문 횟수가 4퍼센트가량 줄었다.[19]

그러니까 도시에서 야생동물을 마주한 사람들이 이 동물들을 신문에서 읽었거나 텔레비전에서 본 희화화된 이미지처럼 대하는 것도 놀랄 일은 아니다. 많은 사람에게 코요테 같은 동물들은 안아주고 싶은 애완동물 혹은 피에 굶주린 살인마로 보였다. 물론 그 어떤 이미지도 정확하지는 않지만, 양쪽 다 현실적으로 일어나는 일이었다.

코요테를 안 좋게 생각하는 사람들이 도시 지역에서 녀석들을 보면 가장 먼저 하는 일이 경찰에 신고하는 거였다. 경찰을 끌어들이면 별문제가 아닌 일이 문제로 변하거나 안 좋은 문제가 더욱 악화되는 경향이 있다. 하지만 법 집행 기관을 끌어들이는 방법을 피하기는 상당히 어려웠다.

꽤 최근인 2015년에도, 20년 전에 처음으로 코요테를 발견했던 뉴욕시티는 여전히 이 동물을 종종 범법자처럼 다루었다. 그해 4월 어느 이른 아침, 뉴욕 경찰청은 맨해튼의 어퍼웨스트사이드에 있는 리버사이드공원에 코요테가 나타났다는 신고 전화를 받고 진정제 총과 순찰차, 헬기를 출동시켰다. 이어진 3시간의 추격은 경찰관들이 도망친 코요테를 구석으로 모는 데 실패하며 끝이 났다. 돈과 시간을 낭비한 이 사건에 대한 질문을 받고서 뉴욕 경찰은 시가 위협으로 여겨지지 않는 코요테들을 더 이상 추적하지 않을 거라는 공원휴양국의 이전 발표를 반박했다. 알고 보니 두 기관은 이 방침을 설명하는 서면 합의서를 만들지 않았었다. 뉴욕 경찰들은 코요테를 다루는 방법을 훈련받지 않았지만 어떤 식으로 대응할지 결정하는 건 전적으로 그들이었다. 그 결과는 뻔했다. 현대식 치안 활동 전반을 훼방하는 과도한 인력이 거의 위협이 되지 않는 야생동물 한 마리와 싸우려고 나서는 거였다.[20]

시간이 흐르며 일부 도시와 그 주민은 코요테와 함께 사는 새로운 현실에 적응했다. 풍부한 예산과 힘을 실어주는 주민들, 동물원과 박물관처럼 도움을 주는 시설들이 있는 지역에서는 연구, 교육, 보호 및 시민 과학 프로그램이 개발되었다. 몇몇 공원과 경찰청은 협력해서 새로운 방침과 관행을 만들고, 물리력의 사용을 제한하고, 힘들긴 하지만 진짜 긴급 상황에만 응답하기 위한 노력을 시작했다. 야생동물 담당 공무원들이 강조한 핵심 메시지 중 하나는 대응에 나서는 결정을 내리는 것은 동물의 행동, 즉 그 동물이 상처를 입었거나 아프거나 공격적으로 행동을 하는지 등을 바탕으로 해야지, 단순히 그 존재만을 갖고 결정해서는 안 된다는 거였다.

이런 메시지가 받아들여지면서 태도도 바뀌어갔다. 뉴욕에서는 사람들이 코요테와 함께 사는 것에 점점 익숙해지면서 두려움 대신 관용과 심지어는 약간이나마 용인하는 태도가 형성되었다. 어떤 동네에서는 각각의 코요테가 이름과 배경 이야기, 소셜미디어 계정까지 가진 마스코트가 되었다. 실제로 코요테를 신뢰하는 사람은 별로 없고, 대부분의 사람들이 코요테가 자신들의 마당이나 학교, 놀이터를 돌아다니기를 바라지 않지만, 많은 지역이 털 달린 이웃을 점점 더 자발적으로 받아들이려 하고 있다.

2008년에 이미 뉴욕 교외에서의 연구를 통해 대부분의 주민이 코요테를 받아들이고, 주변에 있는 것을 즐기고, 심지어 "코요테에게 물릴 수도 있다는 것을 받아들인다"는 것을 알게 되었다. 하지만 지역구에서 코요테와 함께 사는 것을 받아들이는 사람들의 태도는 사고가 일어난 뒤 빠르게 바뀌어서 그들에 대한 관용이 여전히 살얼음판임을 보여주었다. 그러나 대부분의 사람이 코요테 같은 도시 야생동물과 더 오래 함께 살수록 이 동물들을 위협이 아니라 다종 생물로 구성된 도시 공동체의 자연스럽고 이로운 일원이라고 여기게 되었다.[21]

———

코요테는 로스앤젤레스와 뉴욕에서 많은 관심을 받았으나 시카고야말로 확실하게 21세기 초반 미국 코요테의 수도였다. 제2차 세계대전 무렵에 코요테 몇 마리가 시카고 변두리에 도착했지만, 수년에 걸친 느린 이주와 개체수 증가로 1980년대와 1990년대에야 더 많은 사람이 도시에서 정기적으로 녀석들을 목격하기 시작했다. 오늘날 시카고는 300만 명의 사람들 속에 약 2000마리의 코요테가 사는 안식처이고, 주민 다수가 놀람과 두려움에서 점차 경계, 이해, 용인으로 이어지는 친숙

한 패턴을 겪고 있다.[22]

시카고의 코요테에 관한 놀라운 이야기와 가장 깊이 관련된 사람은 오하이오주립대학교의 생물학자인 스탠 거트Stan Gehrt 다. 그는 2000년에 이 동물들을 연구하기 시작했다. 그가 따라다닌 수백 마리의 코요테 중에서 도시 생활을 새로운 수준으로 끌어올린 한 마리가 눈에 띈다. 2014년 2월, 거트는 도심에서 바로 남쪽에 있는 브론즈빌 주택가에서 수컷 성체 코요테를 잡아서 목걸이를 채웠다. 코요테 748번이라고 명명된 녀석은 곧 "궁극적인 도시 동물"로 알려지게 되었다.[23]

코요테 748번의 목걸이에서 나온 GPS 데이터는 녀석이 자기 영역을 만들었음을 보여주었다. 야행성 생활 방식을 받아들인 녀석은 매일 저녁 자기 굴에서 나와서 버넘공원의 미시간호수를 따라서, 사우스루프의 산업단지에 있는 시카고강에서, 그리고 왕복 16차선의 댄라이언 고속도로의 잡초가 무성한 강둑에서 사냥을 하고 먹이를 모았다. 코요테 748번은 조심스럽고 신중하고 끈질겼다. 이 도시 한복판의 서식지에서 녀석이 잘 살아남게 해줄 만한 자질이었다.

하지만 4월에 녀석의 행동이 바뀌었다. 녀석은 동네 개들과 (몇 마리는 목줄을 하고 있었다), 그리고 그 주인들과 맞서기 시작했다. 주인들은 동네에 코요테가 있는 것을 차츰 받아들이긴

했지만 이 특정 동물이 위험하게 변할까 봐 여전히 두려워하고 있었다. GPS 데이터는 748번이 여러 대립에 관련되어 있음을 입증해주었고, 이것은 이 지역에서 일어난 일련의 사건들이 모두 코요테 한 마리가 저지른 것임이 밝혀질 때의 흔한 패턴에 들어맞았다. 748번이 아프거나 다친 걸까? 새로운 먹이 공급원을 찾아서 인간에 대한 두려움을 잃고 대담해진 걸까? 아니면 녀석의 행동이 바뀔 만한 삶의 어떤 일이 일어난 걸까?

거트는 곧 해답을 찾아냈다. 748번은 아빠가 되었다. 녀석은 시카고 베어스 풋볼팀의 본거지인 솔저필드 옆 주차장 꼭대기 층에서 새끼들을 키우고 있었다. 갓 부모가 된 사람이라면 누구든 현기증을 일으킬 만한 상황이었다.

다음 한 달 동안 거트와 동료들은 748번을 귀찮게 하고 괴롭히고 계속 자극했다. 소음발생기를 사용하고 도보로 녀석을 뒤쫓고 페인트볼 총을 녀석에게 쐈다. 녀석과 그 짝은 자신들의 영역에서 버텼지만 거처를 더 안전한 장소로 옮겼고 갈등은 줄어들었다. 이것은 성공적인 작전이자 소규모 생태 복원 프로젝트였다. 걱정이 된 주민들은 잠재적 문제가 통제 불가능한 수준으로 커지기 전에 경찰 대신 그 종과 생태계를 속속들이 아는 생물학자에게 알렸다. 그리고 생물학자는 상황을 진단하고 문제의 근원을 파악한 뒤 특정 코요테 개체에게 인간과 그들의 개는 그냥 두는 게 더 낫다는 사실을 재인식시켰다.

불행히 이 궁극의 도시 동물은 겨우 몇 달밖에 더 살지 못했다. 6월 15일에 녀석은 경기장 근처 주차장에서 이전 겨울보다 25퍼센트 가벼워졌고 대체로 자동차 충돌로 인해 생기는 둔기 외상을 입은 상태로 발견되었다. 시카고 동물관리소는 다음 날 녀석을 안락사시켰다. 녀석의 새끼들은 건강하게 살아남았고, 거트는 사고 보고서에 가족이 그 지역에서 계속 살 것으로 예상된다고 적었다. 거트는 이렇게 결론을 적었다. "코요테 748번은 다른 성체 코요테로 곧 대체될 것이다."

7 가까운 만남

마을에 내려온 흑곰의 운명

2014년 7월, 맨해튼에서 북서쪽으로 50킬로미터 정도 떨어진 뉴저지주 오크리지에 사는 중년의 아빠 그레그 맥고언Greg Macgowan은 3분짜리 유튜브 동영상을 올렸다. 이것은 50년간 만들어져온 이야기의 2년짜리 축약본이 시작되는 계기가 되었다. 동영상은 저예산 공포영화처럼 흔들리는 카메라를 들고 집 밖으로 나간 맥고언이 긴장한 목소리로 부인을 부르는 것으로 시작된다. 그는 무언가를 찾고 있었다. 30초 정도 흐르자 그가 소리를 지르기 시작했다. "저기 있어! 저기 있다고! 길 건너편에서 두 발로 걸어오고 있어! 두 발로 걷는다니까! 나한테로 걸어오고 있어! 난 지금 뒷걸음질 치고 있고!"[1]

곧 흐린 초점 속으로 검은 형체가 나타난다. 그 크기, 속도, 자세, 걸음걸이는 굉장히 사람 같아서 이게 사람 흉내를 내는 곰인지, 곰 흉내를 내는 사람인지 즉시 분간하기가 어렵다. 짧고 휘어진 다리로 곧게 서서 얼굴을 앞으로 내밀고 팔은 구부린 녀석은 이웃집 앞길을 걸어가서 길을 건너 폐가 마당을 가로질러 동네 뒤쪽 숲으로 사라진다.

이렇게 뉴저지 교외의 도시 전설 같은 존재 "페달스Pedals"의 아름답고 기묘하고 가슴 아픈 이야기가 시작되었다. 이후 2년 넘게 수컷 성체 흑곰 페달스는 동네에서 녀석과 만나고, 녀석의 동영상을 보고, 녀석의 모험을 전하고, 녀석의 상태에 대해 논의하고, 녀석이 잘 지내는지 걱정하고, 녀석을 마스코트로 삼고, 녀석을 무기로 삼은 수천 명 사람의 마음을 사로잡았다. 사람처럼 보이거나 행동하는 동물이 엄청난 관심을 끄는 경향이 있다고 하면 페달스는 유명해질 수밖에 없었다. 하지만 녀석은 또한 비판자들에게 최고의 목표물이 되었다. 녀석은 미국 야생동물 역사에서 큰 변화가 일어나는 순간에, 특히 곰의 운명이 크게 바뀌는 순간에 뉴저지 사람들의 삶 속으로 들어왔기 때문이다.

뉴저지는 페달스 같은 곰에게 항상 살기 좋은 장소는 아니었다. 가든스테이트Garden State라는 별명에도 불구하고 뉴저지는 오랫동안 더러운 도시와 꽉 막힌 고속도로, 도심의 지나친 확장이라는 인상만을 갖고 있었다. 1970년까지도 뉴저지에는 야생 흑곰이 20마리 정도밖에 되지 않았다.[2]

그건 과거의 일이다.

오늘날 뉴저지에는 약 5000마리의 흑곰이 산다. 반세기 사이에 227배나 늘었다. 인구 1800명당 곰 1마리인 뉴저지는 이제 사람이 가장 밀집한 주(1제곱마일당 1200명 이상)인 동시에 곰이 가장 밀집한 주(1제곱마일당 0.57마리)다. 이걸 좀더 넓게 이야기하자면, 추정상 3만 마리의 갈색곰과 10만 마리의 흑곰이 사는 알래스카에는 1제곱마일당 겨우 0.2마리의 곰이 존재한다. 페어뱅크스 외곽보다 뉴어크 외곽에서 곰과 만날 가능성이 더 높은 것이다.[3]

뉴저지의 곰 대부분은 숲이 있는 북서쪽 지역에 산다. 하지만 1990년대 이래로 곰은 뉴저지의 21개 카운티를 모두 방문했고, 이제는 미국의 주 중에서 가장 도시화된 이곳의 90퍼센트가량을 돌아다닌다. 뉴저지의 곰은 숫자가 많고 널리 퍼져 있기만 한 것이 아니다. 뉴저지의 곰은 또한 크다. 옐로스톤 회색곰의 평균 크기인 무게 500파운드(약 225킬로그램) 이상인 흑곰이 여기서는 흔하고, 튼튼한 몇몇 수컷은 그보다 더 크다. 뉴저지는 다른 어떤 주들보다도 이제 곰의 주다.

페달스 이야기는 크고 영리하고 카리스마 있는 흑곰 같은 동물이 도시 지역에 자주 나타나면서 생긴 갈등의 일부를 보여준다. 코요테 때와 마찬가지로, 이런 가까운 만남은 대부분 끝이 좋지 않았다. 뉴저지 사람들은 여전히 이 새로운 현실과 씨름하고 있었다. 이 동물들, 그리고 새로운 현실과 함께 공존한다는 게 어떤 것인지 말이다. 흑곰은 현재 미국 도시의 야생동물원에서 가장 다루기 힘든 종인데, 만약 산악 마을과 교외, 그리고 도시-자연 경계의 사람들이 종종 나타나는 흑곰과 평화롭게 살 수 있다면, 다른 많은 종을 비교적 쉽게 받아들일 수 있을 것이다. 하지만 이것은 진짜로 "만약"의 경우다.

———

미국흑곰은 이 대륙에서 가장 널리 분포된 포유동물 중 하나고, 대서양부터 태평양까지, 중앙 멕시코에서 북극권 한계선까지 다양한 서식지에서 찾을 수 있다. 얌전한 성향의 중간 크기 곰인 흑곰은 어느 정도는 검치호나 이리, 짧은얼굴곰, 그리고 물론 회색곰 같은 더 크고 대담한 동물들을 피했기 때문에 수백만 년을 살아남았다. 본성은 잡식이지만 실제로는 대체로 채식을 하고, 바닥에서 뒹굴거리긴 하지만 나무는 날

래게 잘 타는 흑곰은 북아메리카 온대 숲의 수줍음 많은 주민이 되었다.

흑곰은 옅은 금색에서 칠흑 같은 검은색까지 그 색이 다양하다. 인간보다 시각과 청각이 좋고, 후각은 개보다 7배나 강하다. 성체는 여름에 짝을 지어 겨울에 굴속에서 새끼를 낳고, 최대 다섯 달까지 동면을 한다. 새끼는 최대 1년 반까지 엄마 곁에 남는다. 흑곰은 가끔 식재료 주위로 모이기도 하지만, 대체로 혼자 살면서 쉽게 올라갈 수 있는 나무에 표시해 이웃과 의사소통을 한다. 흑곰은 대부분 어스름에 활동해서 새벽과 황혼 녘에 채집을 하지만, 하루 중 어느 때든 활동적으로 움직일 수 있다. 녀석들은 뭐든 다 먹지만 식물, 곤충, 설치류, 썩은 고기를 주식으로 한다. 흑곰은 야생에서 20년 이상 살 수 있고, 포획 상태에서는 그 두 배 이상을 산다.[4]

흑곰은 18세기에 미국 동해안을 따라서, 그리고 남동부에서부터 서서히 감소하기 시작했을 것이다. 사냥, 덫, 서식지 파괴, 목재를 얻고 농지를 개간하기 위한 산림 벌채의 결과가 엄청난 대가를 불러왔다. 흑곰을 해로운 동물로 규정하고 그 가죽에 상금을 건 주법과 지역 법도 마찬가지였다. 미국흑곰의 개체수는 다른 수많은 삼림 동물들과 마찬가지로 20세기 초엔 거의 바닥에 도달했다.

흑곰의 귀환 이야기는 대체로 1902년 11월에 미시시피의 소나무숲에서 시작된다. 시어도어 루스벨트Theodore Roosevelt 대통령이 거기서 그 지역 공무원들을 만나 사냥을 하러 갔다. 그는 사슴을 찾지 못했지만, 안내를 맡은 노예 출신에 남부 군인 출신인 괴짜 홀트 콜리어Holt Collier가 한 마리를 잡아서 나무에 매달아놓고 대통령에게 전리품으로 가져가라고 말했다. 이것이 스포츠맨답지 않은 행동이라고 생각한 루스벨트는 쏘기를 거절했다. 이틀 후에 삽화가 클리퍼드 베리맨Clifford Berryman은 이 사건을 〈워싱턴 포스트〉에 만화로 풍자했다. 몇 달 후 브루클린의 사탕 가게 주인 모리스 미첨Morris Michtom이 봉제인형 동물에 대통령의 이름을 붙인 시리즈를 출시했다. "테디베어Teddy's bear"는 그때까지 나온 장난감 중에서 가장 큰 인기를 얻었고, 사랑스러운 수많은 만화 캐릭터들의 영감이 되었다. 그 중에는 위니더푸Winnie-the-Pooh(1924년에 처음 등장했다)와 요기 베어Yogi Bear(1958년에 나왔다)도 있다.[5]

양심적인 스포츠맨이라는 루스벨트의 평판은 최소한 당시 기준으로는 확실했다. 하지만 해로운 짐승이라는 흑곰의 평판이 바뀌기 시작하기까지는 20년이 더 걸렸다. 1920년대와 1930년대에 수행된 연구에서 흑곰을 포함해 육식류에 들어가는 여러 동물이 농부와 목장주들이 상상하는 굶주린 포식자가 아니라 잡식성 채집자 겸 시체 청소부임이 밝혀졌다. 어떤 흑곰들은 새끼나 아픈 동물을 목표로 하거나 다른 먹잇감을 습격하거나 구석으로 모는 법을 익히는 등 사냥하는 방법을 배우지만, 야생 사냥감을 잡는 것은 어렵고 위험한 일이다. 대부분은 그런 일에 소질이 없어서 제대로 시도하지도 않았다.[6]

이 무렵에 주 당국들은 흑곰의 공식적인 위치를 "해로운 짐승"에서 "사냥감"으로 바꾸기 시작했다. 흑곰을 통제하거나 제거하는 대신에 당국은 사냥꾼들이 사슴이나 송어처럼 잡을 수 있도록 적절한 개체수를 유지할 방법을 찾았다. 이것은 수십 년 만에 처음으로 일부 주에서 흑곰의 숫자가 안정되거나 심지어는 증가하게 되는 핵심적인 전환점이었다.[7]

한편 국립공원들에서 곰은 다른 역할을 했다. 곰은 공연자였다. 옐로스톤이나 요세미티 같은 공원에서는 여름날 저녁에 관광객들이 쓰레기장과 먹이 먹는 장소에 마련된 객석에 모여 곰들이 쓰레기를 먹는 모습을 보았다. 그것은 진정으로 야생 동물을 사랑하는 사람들에게는 끔찍한 광경이었다. 하지만 공원 공무원들은 더 많은 방문객을 불러들이라는 명령을 받았고, 사람들은 곰을 보는 걸 아주 좋아했다. 이게 얼마나 큰 해가 될지는 아무도 예상하지 못했다.[8]

1944년에 미국 산림청은 화재 방지 캠페인의 모델로 스모키

베어Smokey Bear를 내세웠다. 산림청은 40년 동안 산불과 싸워 왔지만, 산불과의 싸움이 국가 안보 문제가 된 대공황 시기, 그리고 제2차 세계대전 때 한 번 더 받은 부양 자금으로 그 노력을 더욱 확대했다. 수천 개의 표지판과 포스터에서 스모키는 뚜렷하게 곰이 된 엉클 샘Uncle Sam의 모습을 하고 있었다. 똑바로 앞을 보고, 손가락 하나로 정면을 가리키며 그는 미국인들에게 "오직 '당신만이' 산불을 막을 수 있다"고 경고했다. 1950년 당시 상징이었던 스모키는 진짜 곰이 되었다. 뉴멕시코에서 일하던 소방관들이 가족을 잃고 상처 입은 흑곰 새끼를 구한 것이다. 당국은 녀석에게 스모키라는 이름을 붙이고 워싱턴 D.C.에 있는 국립동물원으로 보냈다. 녀석은 1976년에 죽을 때까지 방문객들을 맞이했다.

불행히 산림청의 캠페인은 의도했던 것과 정반대의 효과를 일으켰다. 산불을 억제함으로써 식물이 과하게 무성해지면서 위험한 화재의 가능성이 더욱 높아진 것이다. 하지만 흑곰에 대한 대중의 시선을 바꾸는 데에는 도움이 되었다. 흑곰은 더 이상 해로운 짐승이나 자원, 광대나 장난감이 아니라 이제 귀중한 미국 천연자원의 현명한 관리자였다.

1970년대에 몇몇 생물학자들은 흑곰의 숫자가 다시 복원되었는지 궁금해하기 시작했다. 뉴잉글랜드와 중서부의 재식림으로 곰 서식지가 더 늘었고, 많은 지역에서 독약과 덫이 줄어들었다. 흑곰은 산악 마을과 도시-자연 경계에 있는 숲이 딸린 교외 지역에서 번성하는 것 같았다. 이런 지역 사람들은 곰과 함께 사는 것에 과거보다 훨씬 더 관대해 보였다. 1980년까지도 생물학자들은 흑곰이 육상 포유동물 중에서 출산율이 가장 낮다고 믿었다. 하지만 10년 안에 흑곰이 적당한 조건에서는 빠르게 번식할 수 있다는 사실이 밝혀졌다. 그리고 점점더 그 조건이 적당하게 바뀌는 것 같았다.[9]

1970년부터 2020년까지 미국 본토에서 흑곰의 수는 대단히 증가했다. 매사추세츠와 플로리다 양쪽에서 흑곰은 400마리 정도에서 4000마리 이상으로 10배가 늘었다. 펜실베이니아의 곰은 4000마리에서 1만 8000마리로 늘었고, 캘리포니아는 1만 마리에서 무려 4만 마리가 되었다. 중서부에서 곰은 숲 서식지에서 늘어났고, 그다음에는 수십 년 동안 목격되지 않던 농경지에서 나타나기 시작했다. 2016년에 미국어류·야생동물관리국은 미국흑곰의 16개 아종 중 하나인 루이지애나흑곰이 25년 동안 위기종 목록에 있다가 개체수가 회복되었다고 발표했다. 흑곰은 이제 미국의 50개 주 중에서 최소한 40개 주에 살고, 개체수는 대부분의 지역에서 안정적이거나 증가하는 것으로 보인다. 오늘날 90만 마리 정도의 흑곰이 반은 캐나다에, 반은 미국에, 그리고 소수의 멸종위기 개체군으로 멕시코에 살고 있는데, 이는 세계의 곰 여덟 종 중에서 가장 많은 숫자다.[10]

———

미국흑곰 대부분은 여전히 숲에 산다. 하지만 많은 곰이 이제 도시로 가득한 나라를 돌아다니기 때문에 곰과 사람은 더 자주 만날 수밖에 없는 운명이다. 흑곰이 도시에 나타나기 전에는 곰이 도시에서 살아남을 거라고 믿은 사람은 별로 없었다. 곰은 전형적인 도시 회피종 같았다. 심지어 도시 생활이 곰을 곰답게 만드는 수많은 측면을 바꿔놓을 거라고 예상한 사람은 더더욱 없었다.

우리가 먹는 것이 우리를 만든다고 하면, 도시 곰을 자연 속의 사촌들과 다르게 만드는 주요인은 인간이 먹는 음식에 대한 접근성일 것이다. 인간의 음식을 먹는 흑곰들은 자연적 환경에 있는 곰보다 더 크고 대담해진다. 숲에 사는 성체 흑곰은 대체로 무게가 100킬로그램에서 140킬로그램인 반면 잘 먹고 자란 도시 곰은 약 180킬로그램이 넘는 경우도 있다. 또한 인간의 음식을 먹는 곰은 인간에 대한 두려움을 잃고, 새끼들에게도 똑같이 가르쳐서 뻔뻔함과 의존성이 뒤섞인 해로운 문화를 창출한다. 하지만 누가 그들을 비난할 수 있을까? 땅콩버터를 맛보고 나면 유충과 나뭇잎으로 다시 돌아가기가 아주 어렵다.[11]

도시의 흑곰은 야생 서식지에 있는 곰보다 동면 시간이 더 짧다. 동면은 계절적으로 부족해지는 자원에 대응하는 방법이다. 흑곰은 가을마다 저장해놓은 지방과 액체를 아주 효율적으로 이용하는 뛰어난 동면 동물로, 생물학자들은 종종 그들을 "세계 최고의 재활용 기계"라고 부른다. 녀석들이 동면하는 시간은 그 지역의 기후와 생태계, 곰 자체의 신체적 조건에 따라서 다르다. 새끼가 있는 암컷은 대체로 어디에 살든 관계없이 몇 달 동안 굴에서 머문다. 하지만 인간의 음식을 입수할 수 있는 도시의 흑곰들은 좀더 자연적인 지역에 사는 곰들보다 전반적으로 연중 더 많은 시간을 활동한다. 그리고 이로 인해 더 많은 사람과 더 자주 마주치게 된다.[12]

또한 도시 지역의 흑곰들은 일정을 조절한다. 사람들을 피하기 위해서 녀석들은 코요테처럼 좀더 야행성 생활 방식으로 바뀐다. 흑곰은 매일 더 적은 시간만을 활동한다. 음식이 풍부하다는 것은 그들의 식욕을 채우기 위한 먹이를 찾는 데 시간이 덜 걸린다는 뜻이기 때문이다.[13]

흑곰의 활동 영역이 얼마나 큰지는 어느 정도 서식지에 존재하는 음식에 달려 있다. 도시에는 자원이 몰려 있기 때문에 도시 흑곰들은 활동 영역이 좁고, 개체수 밀도가 높은 경향이 있다. 서부 네바다에서 수행된 연구에 따르면, 타호호수 주변의 개발 지역에 사는 곰들은 근처 미개발지에 사는 곰에 비해 활동 영역이 70~90퍼센트나 좁다. 놀랍게도 도시 지역은 같은 크기의 자연 지역보다 40배나 많은 곰을 먹여 살렸다.[14]

도시의 흑곰은 새끼를 빨리 낳고 일찍 죽는다. 그리고 성비가 수컷에 치우쳐 있다. 암컷은 야생 서식지에 사는 종보다 더 빨리 성체가 되고, 세 배쯤 많은 새끼를 낳는다. 도시 지역에서 태어난 새끼는 좀더 자연 지역에 있는 새끼들보다 두 배 더 많은 비율로 사망한다. 주로 자동차 사고 때문이지만, 개체수 그 자체로 이런 사망 숫자가 벌충되고도 남는다.[15]

이 모든 것들을 보면 두 가지 핵심적인 관찰 결과가 도출된다. 흑곰들은 도시 지역에서 훨씬 더 번성한다. 개개의 곰은 도시에서 더 많이 죽는다 해도 말이다. 그리고 흑곰은 이렇게 큰 동물치고는 도시 생활에 놀랄 만큼 훌륭하게 적응하는 능력을 보여주었다. 하지만 이것은 알고 보니 쉬운 부분이었다. 흑곰은 도시에 적응했지만, 대부분의 도시는 아직 그들에게 적응하지 못했기 때문이다.

흑곰은 영리하고 강하고 장난기 많고 놀랄 만큼 운동신경이 뛰어난 동물로, 빠르게 배우고 그 지식을 후대에 전달한다. 흑곰, 특히 인간의 음식에 접근한 경험이 있는 흑곰 개체들과 함께 사는 것은 꽤 어려울 수 있고, 가까이서 만나는 게 언제나 좋은 결말로 이어지는 것은 아니다. 그러나 곰과 인간이 도시 지역 및 그 주변에서 맺는 관계를 잘 이끌어갈 효과적인 전략이 있다. 전반적으로 이런 전략은 사람과 흑곰 사이의 현대적 "갈등"이 한 세기도 더 전부터 시작된 미국 국립공원과 그 근처 마을들에서 개발되었다.

의도한 것이든 아니든 국립공원에서 흑곰에게 먹이를 주는 것은 거의 공원이 설립되자마자 시작됐다. 1891년, 옐로스톤 국립공원이 설립되고 겨우 19년 후에 관리소장 대행이 곰들이 개발 지역에서 문제를 일으킨다고 불평했다. 1910년 무렵 옐로스톤의 흑곰들은 캠프장과 근처의 호텔, 길가에서 음식을 구걸하는 법을 배웠다. 야생동물을 보호하기 위해서 만들어진 공원이 의도치 않게 그 안에 사는 야생동물들을 길들여버린 것이다.[16]

1920년대와 1930년대에 캘리포니아대학교 버클리캠퍼스와 요세미티국립공원에 적을 둔 젊은 생물학자 그룹이 공원관리국에서 최초로 야생동물 조사를 수행하고, 최초로 과학에 기반을 둔 보호 계획을 세웠다. 이후 수년 동안, 어느 정도는 버클리 그룹의 권고 때문에, 여러 공원이 당시에는 흔했지만 오늘날에는 굉장히 부적당해 보이는 방침을 시행하게 되었다. 그들은 동물원을 닫고, 덫을 금지하고, 야생동물에게 먹이 주는 것을 불법으로 규정하고, 포식자 통제 프로그램을 종료했다. 하지만 국립공원의 곰에 대한 처우는 아주 느리게 바뀌었다. 요세미티에서 1923년부터 1940년까지 운영한 곰 먹이 시설 때문에 곰들은 해피아일스 어류양식장에서 1956년까지 송어를 잡아먹었고, 요세미티는 1971년까지 쓰레기장을 안전하게 막아두지도 않았다. 수 세대의 곰들이 인간의 음식에 맛이 들였고, 방문객들은 이들을 가까이서 보기 위해 수백 킬로미터를 달려왔고, 공원 관리자들은 구경하는 관광객 앞에 곰을 갖다 바치는 중독적 습성에서 벗어나지 못했다.[17]

이 동물들이 먹이를 주는 손을 문 것은 놀랄 일도 아니었다.

옐로스톤에서만 1931년부터 1959년 사이에 해마다 48명의 사람이 곰에 의해 다쳤다. 그중 약 98퍼센트가 흑곰과 관련된 것이었고, 다행스럽게도 회색곰은 아니었다. 1960년에 공원 관리자들은 방문객들에게 야생동물에 관해 교육하고, 골칫거리

동물들을 개발 지역에서 멀리 옮기고, 쓰레기를 더 잘 관리하는 등의 새로운 계획을 도입했다. 또한 많은 수의 곰을 없앴다. 1960년부터 1969년까지 옐로스톤의 공원 관리자들은 39마리의 회색곰과 332마리의 흑곰을 죽였다. 하지만 다치는 사람의 숫자는 매년 거의 변화가 없었다.[18]

1970년대에 옐로스톤 관리자들은 공원의 곰들이 인간의 음식을 끊게 만들기 위해서 더 적극적으로 나섰다. 그들은 곰이 망가뜨릴 수 없는 쓰레기통을 설치하고, 곰에게 먹이를 주지 말라는 공원 규칙을 시행하고, 많은 수의 곰을 더 외딴 지역으로 옮겼다. 하지만 그들은 전설적인 생물학자 존John과 프랭크 크레이그헤드Frank Craighead의 조언을 무시하고 많은 회색곰이 의존하게 된 마지막 쓰레기장들을 갑작스럽게 폐쇄해버렸다.

인적 피해의 건수는 줄었지만 스트레스를 받은 옐로스톤의 곰들은 타격을 입었다. 공원의 수컷 성체 회색곰의 가을 평균 몸무게가 약 330킬로그램에서 180킬로그램도 안 되게 떨어졌고, 수십 마리가 굶주림, 음식을 찾다가 차에 치여 입은 상처, 이 동물들이 위험해질까 봐 두려웠던 공원 관리자나 지역 주민의 총격으로 입은 부상으로 죽었다. 1975년, 이런 대실패의 결과로 미국어류·야생동물관리국은 멸종위기종보호법에 따라 인접 48개 주에서 회색곰을 위기종 목록에 올렸다.[19]

사람들이 음식을 주는 걸 멈추자 인간의 음식을 찾는 것이 더욱 어려워졌다. 하지만 핫도그와 팝타르트를 먹어본 적 있는 곰은 이 음식을 위험을 감수할 만한 포상이라고 생각할 것이다. 쓰레기장이 닫히자 곰들은 아이스박스와 쓰레기통을 습격하기 시작했다. 공원 관리자들이 방문객들에게 음식과 쓰레기를 안전하게 넣어두라고 시키자 곰들은 자동차의 문을 뜯어내고 오두막 창문을 박살 내기 시작했다.

이런 위기 상황은 요세미티, 세쿼이아, 킹스캐니언국립공원에서 더 악화되었다. 골드러시가 시작되기 전인 1848년에는 알래스카를 제외하면 다른 어떤 주보다 캘리포니아에서 회색곰들이 많이 살았다. 그러나 1920년대 중반에 이르면 캘리포니아의 회색곰은 사라지고, 다양하고 생산적인 자연환경 속에 크고 노출된 자리를 남겨놓았다. 주의 국립공원과 국유림에서는 흑곰이 늘어나기 시작했다. 문제가 누적되기 시작했지만, 이 곰들이 잘못된 행동을 하면 공원 관리자들은 문제를 해결하기 위해 엉성하고 비인도적인 방법으로 대응할 뿐, 문제의 근원인 시설상의 잘못과 부주의한 인간 행동에는 거의 관심을 두지 않았다.

1960년대에 지역 환경운동가들과 익명의 공원관리국 직원들이 공원의 곰 관리 방식에 문제를 제기하기 시작했다. 하지만 1974년에 사진작가 갤런 로웰Galen Rowell이 관리국 역사의 어두운 과거에 마침내 빛을 드리웠다. 그는 조언에 따라, 요세미티의 빅오크플랫 입구 근처의 절벽을 줄을 타고 내려가 수십 년 동안 공원 관리자들이 버려놓은 수백 구의 흑곰 사체를 찾아냈다. 로웰의 끔찍한 사진 그리고 펄펄 뛰는 어미와 겁에 질린 형제들이 보는 앞에서 새끼를 진정시키려다가 실수로 죽인 공원 관리인들에 대한 생생한 묘사에 대중은 격렬하게 반응했다.[20]

변화는 느리게 시작했다. 1970년대부터 일련의 연구를 통해 관리자들이 흑곰의 생태와 활동을 더 잘 이해하게 되었다. 새로운 곰 방지 식품 저장함과 곰을 쫓는 배낭용 캐니스터가 가능성을 보여주었지만, 정치적 지원과 자금이 부족해서 널리 사용되지 못했다. 꽤 최근인 1998년에도 요세미티는 연 1500건이 넘는 곰 관련 사고를 기록하고, 손해배상금으로 65만 달러가 넘는 돈을 지불했다. 이 사건들은 일곱 명의 부상자와 세 마리의 죽은 곰으로 인한 것이었다.[21]

1999년부터 의회는 캘리포니아국립공원의 위급한 곰 문제에 대응하기 위해 연간 50만 달러의 예산을 할당했다. 〈2001 세쿼이아와 킹스캐니언국립공원의 곰 관리 연례 보고서〉의 서문에는 어떤 노력이 펼쳐졌는지 나와 있다. 이 공원들에서 단 1년 동안 공원관리국은 378개의 식품 저장함을 설치하고, 4만 5000명 이상의 방문객들과 접촉하고, 50회 이상의 훈련 수업을 열고, 1600회 이상의 경고나 표창을 하고, 268개의 쓰레기봉투를 모았다. 연방 자금이 줄어들자 이 작업 대부분을 이끌고 2015년 책에서 이 대모험을 상세히 기술한 생물학자 레이철 마주르 Rachel Mazur 같은 공무원들은 할 수 있는 온갖 방법으로 돈을 모았다.[22]

피곤한 일이었지만, 고생할 가치가 있었다. 10년이 조금 넘는 시간 동안 공원관리국과 그 파트너들은 캘리포니아국립공원에서 곰 관련 사고를 90퍼센트 이상 줄였다. 최근의 연구는 요세미티의 곰들이 다시 대체로 자연물로 식사를 한다는 걸 보여준다. 매일 이 공원들에 수천 명의 방문객이 들르기 때문에 곰과 사람들을 갈라놓는 것은, 아니면 최소한 곰과 사람들의 식사를 떼어놓는 것은 불가능한 일이다. 하지만 이것은 미국의 야생동물 관리에서 가장 큰 성공 사례 중 하나로 꼽힐 만하다. 이 국립공원의 곰들은 이제 보기가 더 힘들어졌지만, 전반적으로 다시 야생 상태가 되었다.[23]

───

　　국립공원에서 처음 직면한 문제가 반복해서 일어나는 미국
의 도시 및 그 주변에 사는 수천 마리의 흑곰들에 대해서는
똑같은 말을 할 수가 없다.

　　흑곰들은 수십 년 동안 산촌 주변을 돌아다녔다. 요세미티
밸리는 일종의 산촌이다. 교통체증과 먼지 나는 주차장, 바가
지요금을 받는 호텔, 패스트푸드 식당 등 더운 여름날에는 꽤
도시처럼 느껴지긴 해도, 국립공원 안에 있다는 점에서 도시
와는 다르다. 공원관리국의 임무는 관리국이 감독하는 장소
들을 보존하고 사람들이 즐길 수 있도록 하는 것이다. 이 목표
를 달성하기 위해서 관리국은 이런 지역들에 대해 전면적인 통
제권, 즉 "전속 관할권"을 갖고 있다. 1970년대에 옐로스톤에
일어난 곰 관련 사건처럼 문제가 생기면 공원관리국으로 화살
이 향한다. 2000년대 초의 요세미티처럼 상황이 잘 돌아가면
관리국이 공을 차지하게 된다.

　　대부분의 실제 도시들은 정반대의 곤경에 처해 있다. 도시에
는 임무가 없다. 대신에 여러 행정 부서들이 있고, 각각 나름의
임무를 갖고 있으며, 주민들도 다양한 생각과 관심을 갖고 있
다. 도시는 각기 다른 규칙과 규정이 적용되는 사유지와 공유

지로 누더기 상태다. 새로운 방침은 종종 논쟁의 대상이 된다. 이런 방침들을 시행하고 사람들이 그에 따르도록 만드는 것은 섬세하고 오래 걸리는 춤 같을 때도 있다.

곰은 그런 것에 신경 쓰지 않는다. 1980년경에 전국의 도시 지역에서 흑곰에 관한 보고가 늘어나기 시작했다. 앵커리지와 볼더, 미술라처럼 늘 근처에 곰이 있던 몇몇 도시에서는 더 많은 곰이 목격되고, 더 많은 사고가 일어나고, 더 많은 논란이 벌어졌다. 이런 지역에서는 가끔 경험을 통해 사려 깊고 효과적인 대응책을 생각할 수 있었다. 하지만 이런 현상이 새로 벌어지는 대부분의 도시에서 보이는 가장 흔한 대응은 코요테의 경우처럼 과잉 반응이었다.

흑곰과 관련해 오랜 세월 기묘한 역사가 펼쳐진 그레이터 로스앤젤레스의 사례를 생각해보자. 흑곰들은 최소한 100만 년은 그곳에서 살다가 2만 년 전쯤 현재의 남부 캘리포니아 지역에서 알 수 없는 이유로 사라졌다. (어떤 고생물학자들은 지난 빙하기의 정점에서 더 춥고 건조한 기후가 이 지역의 숲을 줄여서 곰들이 더 북쪽으로 올라간 것이라고 생각하기도 한다.) 1930년대에 로스앤젤레스와 샌버나디노 국유림의 야영객들을 즐겁게 해주기 위해서 요세미티의 공무원들이 28마리의 "문제적" 흑곰들을 남부 캘리포니아로 보냈다. 50년 후 이 요세미티 곰들의 자손들

이 로스앤젤레스의 언덕배기 교외 지역에서 목격되었다.[24]

도시 지역에서 큰 야생동물을 다뤄본 경험이 없는 공무원들은 종종 일을 엉망으로 만들었다. 일례로 1982년 6월 21일, 경찰과 수렵 감시인이 새벽에 세 시간 동안 멋진 로스앤젤레스 교외 지역인 그레나다힐스를 가로지르며 흑곰 한 마리를 추격했다. 그날 오후 동물통제 담당관 마이클 포블Michael Fowble은 〈로스앤젤레스 타임스〉와 이야기하며 "마당에서 구석으로 몬 다음에" 곰을 산 채로 잡으려고 했다고 말했다. 그들이 마침내 다가가자 지치고 겁에 질린 동물은 지치고 겁에 질린 동물이 으레 하는 일을 했다. 앞으로 돌진한 것이다. 공무원들은 총을 쏘았다. 걱정하는 주민들을 안심시키기 위해서 캘리포니아어류·사냥위원회Department of Fish and Game의 빅 샘슨Vic Sampson은 로스앤젤레스 카운티 도심에서 조만간 또 다른 곰을 볼 일은 아마 없을 거라고 말했다.[25]

뭘 하든 자신들이 봉사하는 시민들이 자신들을 비난할 거라고 믿는 게 당연한 공무원의 관점에서, 교외 주택가에서 곰을 쏜 것은 유감스럽지만 간단한 결정이었다. 처벌도 없었다. 하지만 곰을 놓쳐서 어린아이가 다쳤다면 비난을 뒤집어썼을 것이다. 그 결과 사람들에게 별다른 위협이 아니었던 수십 마리의 흑곰이 미국 도시의 길거리에서 죽었다.

두 가지 사실이 이 방정식을 바꾸고 전문가와 공무원들이 도시 지역에서 흑곰을 비롯한 대형 야생동물을 다루는 방법을 재고하도록 만들었다. 설문조사에 따르면 1980년대부터 테디, 스모키, 위니, 요기와 함께 자란 미국인들은 곰을 영리하고 매력적이며 사람과 비슷하고, 보호할 가치가 있는 존재로 생각했다. 대부분의 교외 주민은 야생동물에 대해 잘 모르지만, 곰 같은 동물의 생명을 소중하게 여기고, 그들을 보호하려는 활동을 지지했다. 주민들은 다른 방법을 모두 써보기도 전에 이런 동물들을 죽이는 공무원들을 비난했고, 더 인도적인 방법을 요구했다. 잡거나 죽이는 방법은 과학자들과 야생동물 관리자들이 그 안전성과 효율성에 의문을 제기하기 시작하면서 다시금 타격을 입었다. 쓰레기를 확실하게 처리하지 않음으로써 도시는 곰을 끌어들이고 있고, 곰이 발견되면 과도한 병력을 투입함으로써 곰이 주변에 있을 때 발생할 수 있는 위험도를 더욱 높였다. 옛날 방식은 이제 통하지 않았다.[26]

생각지 못한 곳에서 새로운 아이디어가 나왔다. 요세미티국립공원 동쪽 경계로부터 그리 멀지 않은 하이시에라의 스키 마을인 캘리포니아 매머드레이크스에서 경험 없는 괴짜이자 자칭 "못 배운 시골뜨기"가 문제를 진단하고 해결책을 제시했다. 같은 이름의 2011-12 케이블 텔레비전 쇼에서 맡은 역할

덕분에 "베어 위스퍼러bear whisperer"라고 알려진 스티브 설스 Steve Searles는 자신은 "베어 옐러bear yeller"라는 이름을 더 좋아 한다고 말했다. 1996년에 매머드레이크스 경찰서는 마을에서 16마리의 사고뭉치 곰들을 없애기 위해 그를 고용했다. 그의 주된 자격은 자라면서 사냥과 낚시를 했고, 키가 190센티미터 라는 점이었던 걸로 보인다. 설스는 곰을 쏘는 것에 어떤 도덕 적 가책도 느끼지 않았지만, 실용적 관점에서 자신이 악순환 만을 가속하는 것임을 금세 깨달았다. 그는 〈로스앤젤레스 타 임스〉에 이렇게 말했다. "죽은 곰은 아무것도 못 배웁니다. 한 마리를 죽이면 그 자리를 채우기 위해서 산에서 또 한 마리가 내려올 겁니다."[27]

그때부터 그는 소리를 지르기(yelling) 시작했다. 총을 쏘는 대신에 마을의 털 달린 강도들을 위협하는 것을 목표로 하는 괴롭히기 운동을 시작한 것이다. 또한 곰이 쓰레기에 손을 댈 수 없도록 처리하고 주민과 방문객도 교육할 것을 시에 촉구 했다. 텔레비전 리얼리티 쇼에도 여러 번 방송된 일련의 우스 꽝스러운 사건들 때문에 어떤 사람들은 설스가 득보다 해를 입힌다고 생각했지만, 결과가 그 성과를 입증했다. 남은 곰들 은 이 야구방망이를 휘두르는 미치광이로부터 몇 차례 엄격한 교훈을 얻었지만, 살아남았고 깨달음을 얻었다. 마을의 곰 개체수는 안정되었고, 사고 숫자는 확 줄었다.

처음 일을 시작할 무렵 설스는 "곰은 기본적으로 네 발 달린 위장이에요"라고 빈정대며 대중을 자극하곤 했다. 하지만 갑작스럽게 은퇴한 2020년까지 일을 하면서 설스는 마을의 느긋한 곰들을 자신이 좋아하는 밴드에 비유할 만큼 좋아하게 되었다. 그는 곰들이 그레이트풀데드Grateful Dead(자신을 매장해준 사람에게 축복을 내리는 죽은 자의 영혼. 1960년대부터 1990년대까지 활동한 미국의 록밴드 이름이다 — 옮긴이) 같다고 말했다. 하지만 그 반대도 똑같이 사실이다. 설스 덕분에 매머드의 곰들은 살아 있는 것을 감사하게 여기게 되었을 것이다.[28]

———

뉴저지로 다시 돌아와서, 흑곰 이야기는 다른 방향으로 흘러가기 시작했다. 2003년, 주는 33년 만에 처음으로 합법적인 곰 사냥을 시작했다. 2006년에 존 코진John Corzine 주지사는 일시적으로 방향을 돌려 3년 동안 계속된 곰 사냥을 금지한다고 발표했다. 2018년, 필 머피Phil Murphy 주지사는 주 소유의 땅에서 곰 사냥을 금지하는 행정명령에 서명했다. 이 방침 모두 사냥에는 전혀 영향을 주지 못했다. 2003년부터 2020년 사이에 뉴저지의 사냥꾼들은 총 4082마리라는 어마어마한 숫자의 곰을 잡았다. 2019년 가을에 모리스카운티 교외의 한 사냥꾼이 활과 화살로 잡은 놈 중에서 가장 크다고 여겨지는 약 320킬로그램의 대형 곰을 잡았다. 이것은 어떤 종류의 짐승이든 뉴저지가 세운 사냥계의 첫 기록이었다.[29]

지속적 유지가 가능한 건강한 야생동물 개체군을 키워내는 것이 목표인 주 관리자의 관점에서, 뉴저지의 곰 사냥은 성공적인 이야기다. 대부분의 스포츠 애호가들도 동의할 것이다. 하지만 이 방법을 반대하는 사람들은 곰을 통제하기 위해서 죽일 필요가 없고, 매년 가을의 사냥은 학살에 지나지 않는다고 주장했다. 미디어의 기사들은 극단적인 분파와 가장 시끄러운 목소리에만 주목하는 경향이 있었지만, 연구에서는 주의 주민들 대부분이 그 중간쯤에 있음을 보여주었다. 그들은 곰이 중요하고 귀중하며, 곰을 인도적으로 처리해야 하고, 잘 규제된 사냥은 아마 필요한 것 같고, 곰에게 먹이를 주는 사람은 처벌을 받아야 한다는 데 동의한다. 이런 측면에서 볼 때 페달스 이야기는 미국인들이 도시의 야생동물에 대한 새로운 과학과 방침에 익숙해졌을 뿐만 아니라 인구밀도가 높고 대단히 도시화된 지역에서 흑곰 같은 동물과 함께 살기 위한 새로운 윤리를 적극적으로 받아들이려 한다는 사실을 보여준다.[30]

뉴저지 교외 지역을 2년 동안 돌아다니면서 페달스는 감정적 논쟁의 주제가 되었다. 없어진 오른쪽 앞발과 상처 입은 왼쪽 뒷발을 보건대 녀석은 불구가 되었거나 심한 상처를 입은 게 분명했다. 페달스의 가장 열렬한 팬 중 두 명인 사브리나 퍼그슬리Sabrina Pugsley와 리사 로즈-러블랙Lisa Rose-Rublack은 녀석을 잡아서 수의사의 치료를 받게 한 다음 북부의 보호구역으로 보내자는 탄원서에 30만 명의 서명을 받고 2만 5000달러 가까이 모금했다. 공무원들은 페달스가 그 외모에도 불구하고 건강해 보이는 야생동물이라고 말하며 이를 거부했다. 그 말의 진정한 뜻은 곰은 감정이입을 할 개별 주체가 아니라 자원으로 다뤄야 하는 개체군 중 하나라는 거였다. 심지어 어느 사냥꾼은 온라인에서 같잖은 환경운동가들 말대로 정말 페달스가 고통을 겪고 있다면, 자신이 기꺼이 녀석을 비참한 상태에서 끝장내주겠다고 말했다.[31]

2016년 10월 10일, 페달스의 운이 다했다. 소셜미디어를 통해 녀석을 계속 뒤쫓던 사냥꾼 한 명이 녀석을 유인해서 로커웨이의 그린폰드 골프코스 근처에서 화살로 쏘았다. 연례 사냥이 시작된 첫날에 뉴저지에서 가장 유명한 곰을 목표물로 삼은 것이다. 일주일 후에 주는 주립 점검소에서 오른발이 없고 사슬에 거꾸로 매달린 곰의 끔찍한 사진 몇 장을 공개했다. 무게 151킬로그램의 건장한 녀석이었다. 공무원들은 유전자 검사 없이는 개개의 곰을 구분할 수 없다고 주장했으나 팬들은 페달스의 모습을 잘 알았다. 그리고 그들은 페달스를 다시 보지 못했다. 시즌이 끝날 무렵 뉴저지의 사냥꾼들은 636마리의 곰을 잡았다는 기록을 얻었다.[32]

12월에 작가 존 무알렘Jon Mooallem은 〈뉴욕 타임스〉의 연례 특집기사 "그들이 살았던 삶"에 데이비드 보위David Bowie, 무하마드 알리Muhammad Ali, 그웬 이필Gwen Ifill, 안토닌 스칼리아Antonin Scalia, 프린스Price에 바치는 다른 필진들의 헌사와 함께 페달스를 위한 부고를 냈다. 이것은 곰에게 바치는 〈타임스〉의 첫 번째 부고였다. 녀석의 매력, 여정, 팬들, 적들, 그리고 녀석을 둘러싼 논쟁을 찬찬히 다룬 후에 무알렘은 "페달스는 뭔가를 상징했다. 그게 뭔지 우리는 절대로 합의하지 못할 것이다"라고 결론 내렸다.[33]

페달스가 상징한 것 중 하나는 붐비는 서식지 내에서 더 많은 인간과 더 많은 동물이 와글와글 모여 사는 시대에 야생동물과 공존하는 어려움이다. 녀석의 인간 같은 외모는 우리와 그들 사이의 경계를 흐리고, 그렇게 함으로써 녀석은 이 문제를 더 예리하게 살펴보게 만들었다. 페달스는 죽었지만, 곰과 인간들은 계속해서 살아갈 것이다.

8 올라앉을 집
흰머리수리 관찰하기

상징적인 하얀 머리에 노란 발톱, 구부러진 부리를 가진 흰머리수리는 북아메리카에서 가장 잘 알려진 새다. 완전히 자란 흰머리수리는 무게가 약 6.3킬로그램까지 나갈 수 있고(암컷은 수컷보다 25퍼센트쯤 더 크다), 날개폭은 약 2.1미터에 달한다. 1782년, 대륙회의에서 미합중국의 마스코트로 흰머리수리를 골랐을 때 이 새는 13개 식민지와 멕시코만부터 베링해협에 이르는 북아메리카 전역에서 자주 볼 수 있었다. 하지만 이 새의 유명세와 위엄 있는 모습은 새를 지켜주지 못했다. 다른 맹금류처럼 흰머리수리도 서식지 파괴와 사냥, 독약, 알 수집으로 고통을 겪었다. 제2차 세계대전 때 개발된 강력한 살충제

DDT로 인한 오염을 포함하여 수질 오염이 녀석들의 숫자를 더욱 줄였다. 20세기 중반이 되자 미국의 마스코트는 알래스카를 제외하고 나라 전역에서 사라진 것처럼 보였다.

흰머리수리는 1918년 철새조약법Migrator Bird Treaty Act으로 처음 보호받게 되었다. 1940년 흰머리수리보호법, 1972년 수질환경법, 1973년 멸종위기종보호법으로 보호 조치가 더욱 늘어났다. 이 모든 법과 다른 주 및 지역의 노력으로 변화가 일어났다. 2000년대에 흰머리수리는 수십 년 동안 보이지 않았던 미국 일부 지역에서 다시 하늘을 날아다녔다.[1]

피츠버그는 이런 곳 중 하나였다. 1970년대 흰머리수리는 펜실베이니아에 수두룩했다. 1983년, 주는 복원 프로그램에 시동을 걸기 위해 88마리를 서스캐처원에서 들여오는 계획에 착수했다. 녀석들은 서서히 자리를 잡았고, 2010년에 흰머리수리 한 쌍이 최소한 150년, 어쩌면 무려 200년 만에 그 종의 첫 번째 둥지를 피츠버그에 지었다. 2013년에는 새로운 두 쌍이 도시 경계 안에 둥지를 지었다. 그중 하나는 도심에서 채 8킬로미터도 떨어지지 않았고 머논가힐라강을 따라 자리한 헤이스 주택가의 키스톤 고철상이 내려다보이는 언덕에 자리를 잡았다.[2]

그해 봄에 헤이스의 독수리는 〈피츠버그 포스트-가제트〉에 따르면 "조류계의 록스타"가 되었고, 대중은 가까운 곳에서 독수리를 조금이라도 보려고 매일같이 몰려들었다. 독수리 마니아들이 도시를 점령했다. 왜 이토록 많은 피츠버그 사람들이 도시의 독수리에 이렇게 열정적으로 반응하는지 이해하려면 이 지역 많은 사람의 눈에 왜 이들이 단순한 새 이상으로 보이는지 아는 것이 도움이 된다.[3]

미국 산업의 중심부였던 피츠버그는 금속 가공 및 제조로 부유해졌지만, 이 산업은 환경을 완전히 파괴했다. 1866년 클리프스트리트에서 앨러게니강 건너편으로 북쪽을 바라본 작가 제임스 파턴James Parton은 끔찍하면서도 오싹하게 아름다운 풍경을 그 유명한 말로 묘사했다. "언덕 사이에 자리한 지역 전체가 새카만 연기로 가득했다. 거기서 숨겨진 굴뚝들이 날름거리는 불꽃을 내뿜고, 심연에서 수백 개 증기 해머의 소음이 솟구쳤다. 어떤 불꽃도 보이지 않는 순간이 오겠지만, 곧 바람이 연기 커튼을 걷어내고 새카만 지역 전체가 흐릿한 불길의 화환으로 어슴푸레하게 밝아질 것이다." 파턴에게 이것은 "나이아가라만큼 놀라운 장관이었다. … 뚜껑을 벗긴 지옥이었다."[4]

20세기 중반에 파턴의 지옥은 수만 개의 안정적이고 급료가 좋은 노동 일로 가득한 도시에서 번영을 누리는 다양한 이민자와 소수민족 공동체들의 안식처가 되었다. 이 경제 기반은 1970년대에 무너지기 시작했고, 10년 후에 강철 산업이 무너졌을 때 피츠버그는 새로운 러스트벨트(불황으로 무너진 미국 북부와 중서부의 철강, 석탄, 방직업 도시들 ─ 옮긴이)의 중심이 되었다. 수천 명의 사람이 가난 속으로 굴러떨어졌고, 수만 명이 선벨트와 서부 지역으로 떠났다.

1990년대에 작아지고 겸손해진 피츠버그는 다시 한번 새로운 모습으로 탈바꿈하고 의료 서비스와 교육, 관광을 바탕으로 놀라운 귀환에 착수했다. 노동자층이 사무직에게 밀려나고, 불평등은 더욱 커지고, 많은 주민이 변화의 이득을 함께 누리지 못했다. 하지만 지역 환경은 150년의 남용 이후에 다시 회복하기 시작했다. 수십 년 전에 다시 자라기 시작한 숲이 산비탈을 뒤덮었고, 오래전에 나라 안에서 최악으로 평가되었던 수질도 개선되기 시작했다. 심지어 몇몇 물고기들까지도 강으로 돌아왔다.

많은 피츠버그 사람들에게 독수리는 피츠버그의 부활뿐만 아니라 자연의 회복력, 더 깨끗하고 푸른 21세기 도시에서 사람과 야생동물이 공존할 가능성을 대변했다. 자연보호 운동가들과 동물 애호가들은 기쁨을 참지 못했다. "앨러게니카운티에서 흰머리수리의 둥지를 세 개나 볼 때까지 살 수 있을 거라고 생각해본 적이 있나요?" 펜실베이니아사냥위원회Pennsylvania Game Commission의 톰 파지Tom Fazi는 그렇게 물었다.[5]

하지만 새를 보호하면서 한편으로 대중을 연관시키려면 요령과 인내심이 필요했다. 공무원들과 전문가들은 피츠버그 사람들에게, 예컨대 둥지에서 최소한 약 300미터 떨어지라는 등의 "독수리 에티켓"을 교육할 수 있었지만 그들은 여전히 안절부절못했다. 지역의 오듀본협회Audubon Society 회장인 짐 보너Jim Bonner의 말을 빌자면 "야호 소리 몇 번에 (독수리들이) 겁을 먹지 않을까 걱정했다."[6]

두 가지 목표를 전부 달성하는 한 가지 방법은 비디오카메라를 설치하는 거였다. 당시에는 둥지 카메라, 목줄 카메라, 동작 측정 카메라 트랩, 다른 디지털 이미지를 찍는 장치들의 가격이 떨어지고, 배터리 수명이 길어지고, 태양열 충전기의 성능이 개선되었으며, 고속 인터넷으로 웹사이트가 동영상을 전송할 수 있어서 엄청나게 인기를 얻고 있었다. 지역 회사들과 파트너십을 맺은 어류·사냥위원회는 독수리의 둥지 위쪽으로 카메라를 설치해서 24시간 내내 방송했다.

일부이기는 해도 야생동물의 삶을 보는 짜릿한 경험은 곧 리얼리티 텔레비전 쇼에 더 가깝게 변했다. 코믹한 순간은 금방 찾아왔다. 2014년 겨울에 흰꼬리사슴이 아래쪽 숲에서 카메라의 전력원을 잠깐 망가뜨린 것이다. 코미디는 2월 26일 저녁에 미국너구리가 둥지를 습격하면서 드라마로 바뀌었다. 알을 품고 있던 어미 독수리는 날개를 펼쳐 거대한 자세를 취하고서 날카로운 깡통 따개 같은 부리로 달려들어 너구리를 쫓아냈다.[7]

어떤 동물도 이 영상을 만드는 동안 해를 입지 않았지만, 야생동물 전문가들은 시청자들이 더 끔찍한 장면을 보게 될 거라고 예측했다. "신께서 수레바퀴를 돌리셨죠." 피츠버그 동물원의 헨리 카크르지크Henry Kacprzyk는 이렇게 말했지만, 펜실베이니아의 독수리가 캐나다에서 들여온 개체임을 잊은 것 같았다. "일이 일어나게 되어 있어요. 동물들은 살아가고, 죽죠. 모든 동물 하나하나를 통제할 수도 없고 그러려고 해서도 안 돼요."(페달스에 대해서 뉴저지의 공무원들도 거의 똑같은 시기에 거의 똑같은 단어를 사용해 이야기했다.)[8]

피츠버그 사람들은 그해 봄과 여름 내내 헤이스의 독수리들이 새끼 세 마리를 전부 다 키워서 날려 보내며 최고의 해를 보내는 모습을 지켜보았다. 이듬해 봄에, 둥지의 알 두 개가 전부 깨진 후에 애도하는 사람들은 가까운 울타리에 장미와 조문 카드, 그리고 "내년에 봐요, 엄마 아빠. 사랑해요!"라고 쓴 쪽지 등을 놓고 갔다. 이 새들은 새로워진 도시뿐만 아니라 밤

비처럼 일부일처제 관계, 헌신적인 육아, 그리고 핵가족 가치의 상징이 되었던 것이다.[9]

하지만 현실을 직시할 때가 되었다. 2016년 4월 26일 오후 4시 24분, 성체 한 마리와 새끼 두 마리가 둥지에 있고, 다른 성체가 저녁 식사를 갖고 돌아왔다. 피츠버그 시당국은 독수리 가족이 새끼고양이를 물어뜯고 몸을 잘라내서 먹는 모습을 실시간 영상으로 보고 충격을 받았다. 잠시 이 영웅들이 천민으로 곤두박질칠 것 같았다. 수십 년 전이었으면 그랬을 수도 있지만, 시대가 바뀌었다. 동영상의 유튜브 페이지에 달린 댓글에서 몇몇 시청자들이 이 모범 가족이 다른 가족의 반려동물을 잡아먹는 광경에 끔찍함을 표했으나 많은 사람이 자신의 반려동물을 지켜보지도 않고 혼자 돌아다니게 놔둔 고양이 주인을 비난했다. 또 다른 사람들은 독수리들이 몇 년 동안이나 다람쥐, 쥐, 다른 소형 사냥감들을 카메라 앞에서 먹었으나 그런 동물들에게는 사람들이 별로 동정심을 보이지 않았음을 지적했다. 몇 명은 고양이는 매년 수십만 마리의 새를 죽이니까 독수리의 밥이 된 정도로는 딱히 복수가 되지 않는다고 말했다. 한 명은 여자친구의 치와와에 양념을 좀 뿌려둘까 싶다고도 적었다.[10]

헤이스의 독수리 사건은 두 가지 중요한 교훈을 전달한다.

첫 번째로 둥지 감시 카메라와 다른 야생동물 감시 장치들은 우리에게 찍히는 동물들에 관한 것만큼이나 그것을 보는 사람들에 관해서도 많은 것을 알려준다는 것이다. 두 번째는 도시의 야생동물들이 인간의 쓰레기에 의지하는 기생충이나 식객이 아니라 복잡한 생태계의 일원이라는 점이다. 흰머리수리 같은 동물들은 도시 지역이 둥지를 틀 자리와 먹을 음식을 포함해 그들에게 필요한 자원을 공급해주기 때문에 얼마든지 살 수 있다. 이 기본 사실을 파악하는 데 과학자들은 수십 년이 걸렸지만, 헤이스의 독수리를 지켜본 피츠버그 사람들에게는 그 운명적인 봄 오후, 계몽적인 몇 초만으로 충분했다.

———

현대 생태과학의 가장 큰 결점 중 하나는 오랫동안 대부분의 사람들이 사는 장소에 대해 별다른 이야기를 해주지 못했다는 것이다. 생태학자들은 마침내 이런 요청에 응하기 시작했지만, 이것을 깨닫기까지는 오랜 시간이 걸렸다. 그 이유 중 하나는 생태과학이 자연과 문화 사이에 명확한 선을 긋는 오랜 전통을 가진 서구 사회에서 발생했기 때문이다. 이런 사고방식은 고대 그리스까지 거슬러 올라간다.《국가》에서 플라톤

Platon은 이상적인 도시, 혹은 폴리스polis를 시민들에게 희망을 주는 공정하고 도덕적인 사회라고 규정했다. 아리스토텔레스 Aristoteles의 《정치학》에서 도시는 좋은 삶을 추구하기 위해 한데 모인 사람들의 연합이다. 도시는 문화, 예술, 교육의 장소였다. 도시 바깥에는 야생의 짐승들과 미개한 사람들, 실현되지 못한 가능성들의 세계가 있었다. 도시에 산다는 것은 글자 그대로 '도시인'이 되는 것이었다.[11]

그 이후 수 세기 동안 위대한 사상가들이 이 시골-도시, 자연-문화의 편 가르기에서 이쪽이나 저쪽 편에 섰다. 예를 들어 계몽주의 시대에 서구 세계의 지적 중심지였던 그의 사랑 파리에서 두 번이나 추방된 볼테르Voltaire는 도시 생활의 이점을 찬양했다. 볼테르의 라이벌이자 초기 낭만주의자였던 장-자크 루소Jean-Jacque Rousseau에게는 힘과 미덕, 독립성, 지혜를 키워주는 곳이 도시가 아니라 시골이었다.[12]

이런 분열의 뿌리는 서구 문화에 깊이 자리하고 있지만, 서양에서 자라난 생태학 분야는 19세기 말과 20세기 초가 되어서야 싹을 틔웠다. 1910년대에 유럽과 북아메리카의 진보적인 지식인들과 개혁가들이 임학과 목야지 관리 등 여러 가지 응용과학 분야를 설립했다. 생태학은 언제나 좀더 이론적인 성향이 있었지만, 신흥 분야가 다 그렇듯이 적당한 자리를 찾아야

했다. 북아메리카에서 이는 대체로 연구원들이 인간의 영향에서 최대한 멀리 떨어진 자연을 연구할 수 있는 국립공원 같은 보호지역에 몰두해야 한다는 뜻이었다.

1916년에 새로 설립된 미국생태학협회Ecological Society of America가 연구와 교육을 위한 자연보호구역을 만들자고 로비를 했다. 첫 번째 협회장이었던 빅터 셸퍼드Victor Shelford의 말에 따르면 "원래의 서식지에 자연적인 상태로 있는 모습에서 영감을 얻는 생물학의 분파는 많은 문제에 대한 해결책을 찾기 위해 자연 보존 지역에 의지해야만 한다." 셸퍼드는 대부분의 자연보호구역은 인간이 오랫동안 사용해왔고 '자연적'이라는 말이 상대적인 말이라는 걸 잘 알았다. 그와 그의 동료들은 실험실에서 실험했고, 몇 명은 심지어 도시나 농장에서도 연구했다. 하지만 자연적인 지역에 대한 그들의 관심은 긴 그림자를 드리웠다. 그들의 뒤를 잇는 다음 세대의 생태학자들은 도시 지역이 연구에 걸맞지 않고 완전히 자연 그대로의 장소만이 과학자들에게 자연에 관해 중요한 것을 가르쳐줄 수 있다고 생각하게 되었다.[13]

1930년대에 그들의 분야를 진지한 과학으로 부상시키기 위해서 미국생태학협회의 지도자들은 자연보호가 학문적 협회가 아니라 보존 기구들이 할 일이라는 결정을 내렸다. 셸퍼드와 그의 동조자들은 이에 따라 목표를 이어가기 위해 새로운 단체인 생태학자연합the Ecologists Union을 만들었다. 이 단체는 결국 이름을 자연보호단the Nature Conservancy으로 바꾸고 세계에서 가장 큰 자연보호 기구로 성장했다. 1937년에 두 번째 분파가 떨어져 나가서 야생동물 관리자들을 위한 야생동물협회 Wildlife Society라는 단체를 만들었다. 이 단체에 가입한 관리자들은 계속해서 생태학적 원리와 방법을 사용했지만, 시간이 흐르면서 그들의 분야는 과학적 뿌리에서 벗어나서 사냥꾼, 낚시꾼, 농부, 목장주 등 거의 대부분 시골에서 살거나 일하거나 취미를 즐기는 사람들을 위한 서비스 산업으로 바뀌었다.[14]

그러나 아주 소수의 과학자와 동식물 연구가들은 도시에서 일을 했다. 19세기와 20세기 초에 과학 및 교육 시설들은 동식물 연구 전문가 첫 세대를 고용했다. 이런 동물학자, 식물학자, 고생물학자 및 그 외의 사람들 다수가 멀리 떨어진 현장으로 가서 고용주의 수집품을 채우기 위해 견본을 모으거나 구매했다. 집으로 돌아와 가죽을 보존하거나, 전시회를 기획하거나, 수업을 하거나, 논문을 쓰는 동안 그들은 종종 야외로 나가고 싶어 안달했다. 그래서 그들은 자연과 교감하고 연구할 수 있는 가까운 장소를 찾았다. 그 와중에 그들은 최초의 진정한 도시생태학자가 되었다.

초기의 도시 야생동물 연구는 대부분 조류에 관한 것이었다. 수십 년 전에 도시에서 쫓겨난 다른 육상동물군과 달리 토착 조류는 도시에 남았으나, 많은 종이 곤란한 상태였다. 서식지 소실과 유해동물 통제 활동이 큰 피해를 주었다. 하지만 여성의 모자에 장식을 달기 위해 매년 약 500만 마리의 새를 죽인 빅토리아 시대 모자 업계가 새의 아름다움과 다양성을 드러내는 동시에 사람들에게 그들이 처한 위협을 알려주었다.

미국 자연사박물관의 조류학자 프랭크 채프먼Frank Chapman은 이런 학살을 사람들에게 널리 알리기 위해 그 지역의 권위 있는 오듀본협회들을 도왔다. 1886년, 그는 뉴욕시티의 업타운 쇼핑지구를 이틀간 산책했고, 그러면서 깃털이 달린 모자 542개를 셌다. 그는 최소한 40종의 신체 일부를 파악할 수 있었고, 그중에는 부엉이, 여새, 휘파람새, 풍금조, 쌀먹이새, 비둘기, 메추라기, 왜가리, 제비갈매기 등이 있었다. 대중 홍보와 보이콧으로 새 깃털 모자의 수요가 줄었지만, 깃털 모자의 유행은 수십 년 동안 어떻게든 이어지다가 철새조약법으로 패션을 위해 새를 죽이는 게 금지되면서 끝났다.[15]

1900년에 채프먼은 크리스마스 버드 센서스Christmas Bird Census, 지금은 크리스마스 버드 카운트Christmas Bird Count라는 것을 제안했다. 그는 악명 높은 명절의 시합, "사이드 헌트side hunt"를 대체하기를 바랐다. 이것은 하루 동안 누가 가장 많은 수의 새를 쏘았는지 경쟁하는 거였다. 조직적인 행사는 대중의 인식을 높이면서 학살은 전혀 없이 귀중한 과학적 데이터까지 얻을 수 있을 것이다. 이후 수십 년 동안 고품질에 중저가의 쌍안경과 스포팅스코프spotting scope, 카메라의 발명 등 광학기술이 발전함에 따라 새를 죽이지 않고도 관찰하기가 더욱 쉬워져 채프먼의 목표에 힘이 되었다. 채프먼의 버드 카운트는 도시에 한정되지는 않았으나 도시에서 시작되었고, 도시의 조류 관찰자들은 언제나 그중에서도 가장 열렬한 참여자였다. 오늘날 크리스마스 버드 카운트는 세계에서 가장 오랫동안 운영되었고 가장 성공한 시민 과학 프로젝트 중 하나다.

또한 20세기 초에 유럽의 생태학자들은 인간이 점유한 환경을 탐색하기 시작했다. 유럽의 철학자들이 자연과 문화의 분리를 만들어냈으나 그들이 사는 대륙의 지리적 현실이 어느 정도 그것을 상쇄시켰다. 시간이 흐르며 자연과 문화 사이의 선이 몇 개의 커다란 미개발 자연 지역과 오랫동안 잘 기록된 인간 역사 덕분에 인구가 밀집한 이런 지역에서 흐려졌다. 유럽 대부분의 지역에는 북아메리카와 오스트레일리아 같은 장소에서 탄생한 종류의 야생에 관한 전설이 없었고, 식민주의자들은 처녀지를 발견한 척하면서 자신들의 정복을 정당화했다.

영국만큼 이것이 극명하게 드러난 곳도 없다. 정치적 스펙트럼이 전혀 다른 사상가들 모두가 자연과 문화의 가장 좋은 것들이 결합되어 있는 영원한 시골 지역이라는 아이디어를 받아들였다. 이런 관점의 가장 유명한 지지자 중 한 명이 1913년에 영국생태학협회British Ecological Society의 첫 번째 협회장이 된 아서 탠슬리Arthur Tansley였다. 탠슬리는 영국의 시골 지역을 보호하기 위해서 열심히 일했고, 그런 노력 덕분에 기사 작위를 받았다. 그는 인간과 가축을 수 세기에 걸쳐 형성된 독특한 문화적 환경의 핵심 참여자라고 보았다. 인간이 이런 환경을 만들고 유지하는 것을 도왔다면, 그 환경의 생태학 연구에 인간을 포함시키는 것이 합리적이라는 거였다.[16]

제2차 세계대전 이후에 도시생태학은 폭격과 화재로 망가진 도시의 폐허에서 싹을 틔웠다. 전적으로 도시 지역에만 초점을 맞춘 최초의 진지한 자연사 연구 중 하나는 1945년에 처음 출간된 리처드 피터Richard Fitter의 《런던의 자연사London's Natural History》였다. 피터는 런던정치경제대학에서 사회과학을 공부했고, 전시에 시민의 사기에 관해 연구했다. 그에게 런던의 식물과 동물은 암울한 대공습 시기부터 그 이후 기나긴 회복과 재건의 시기까지 영국의 자연과 사람들의 회복력을 상징했다. 파괴된 전후戰後 환경에 대한 가장 중요한 연구 중 일부는 독일에서 수행되었다. 서베를린의 브라켄이 용맹한 생태학자들에게 특별한 연구 현장을 제공했기 때문이다. 1970년대에 헤르베르트 수코프Herbert Sukopp는 총과 검문소, 경비탑, 벽으로 둘러싸인 도시를 위해 새로운 초록의 미래를 수립하는 것을 목적으로 하여 버려진 공터와 돌무더기에서 변화하는 식물군을 기록하는 선구적인 연구 프로그램을 개발했다.[17]

미국으로 돌아와서, 야생동물 관리자 첫 세대는 도시 동물상의 가치를 강조했다. 1933년이라는 이른 시기에 이 분야의 설립자인 알도 레오폴드Alod Leopold는 "숲지빠귀 한 쌍이… 마을에 토요일 저녁 밴드 콘서트보다 더 귀중하고, 돈도 덜 든다"라고 적었다. 야생동물협회의 초대 회장이었던 루돌프 베닛Rudolf Bennitt은 "사람들이 명금, 야생화, 그리고 도시의 생물상 관리를 의논하는 것을 듣게 되는 날"을 기다렸다. 하지만 그의 꿈에 응답하는 사람은 별로 없었다. 생태학에서 대부분의 현장 연구는 계속해서 미개발 지역에서 이루어졌다.[18]

1960년대에 과학자들에게 도시 환경을 연구하라는 요구가 다급하게 커졌다. 자신의 고향인 캘리포니아의 성장을 비판한 레이먼드 다스만Raymond Dasmann은 동료들에게 "숲에서 나와서 도시로 들어가라"고 조언했다. 그는 생태학자들이 도시 지역을 "각자의 일상생활이 살아 있는 존재와 자연의 아름다움에 접합으로써 가능한 최대치까지 풍성해지는" 장소로 탈바꿈시키는 걸 도울 수 있다고 생각했다. 다스만에게는 시골 지역에서 천연자원의 지속적 사용이 가능하게 만드는 것뿐만 아니라 환경의 전체적인 질에 집중하는 것이 "새 보호지역"의 핵심 요소였다.[19]

자연보호 단체와 정부 부처들은 그에 응했다. 미국어류·야생동물관리국은 1968년과 1986년에 도시 환경에 관한 두 번의 콘퍼런스를 열었다. 1985년에 국립공원관리국은 워싱턴 D.C.에 위치한 생태학관리연구소Ecological Service Laboratory의 이름을 도시생태센터Center for Urban Ecology로 바꾸었다. 국립야생동물연합National Wildlife Federation과 공유지신탁Trust for Public Land은 소규모의 도시 프로그램을 후원했다. 야생동물협회는 도시 야생동물에 관한 위원회를 설립했고, 위원회에서는 지지성명을 발표하고, 진행 중인 활동을 조사하고, 주와 지역 프로그램을 위한 가이드라인을 내놓았다.

하지만 많은 영향력 있는 생태학자들은 여전히 납득하지 못했다. 도시생태학을 "무비판적이고 의욕만 앞서서" 받아들이는 행동에 관해 경고하면서 C. S. 홀링Holling과 고든 오리언스Gordon Orians는 도시 연구는 일관성과 정확성이 결여되었고, 도시 문제에 관여하면 과학자들이 정치에 빠져들게 된다고 주장했다. 그들의 시각은 젊은 학자들에게 깊은 인상을 남겼다. 예를 들어 행동생태학자 앤드루 시Andrew Sih는 1970년대에 샌타바버라 캘리포니아대학교의 대학원생일 때 선생이 그를 불렀던 걸 기억했다. "손이 닿지 않은 자연계에 집중해. 어쨌든 목표는 자연을 이해하는 거니까. 자연 말이야." 앤드루 시는 당시의 전반적인 태도를 이렇게 묘사했다. 자연에는 도시 같은 인공 환경은 포함되지 않았다.[20]

1985년에 당시 볼티모어 외곽에 있었고 나중에 메릴랜드대학교로 들어가는 도시야생동물연구센터Urban Wildlife Research Center의 로웰 애덤스Lowell Adams는 도시 야생동물에 관한 수업을 제공하는 북아메리카의 대학이 열 개 중 한 개도 안 된다는 사실을 발견했다. 2000년에 그는 두 번째 조사를 했는데, 상황이 별로 나아지지 않았고 "현재와 미래의 도시 야생동물 관리 문제에 대처할 학계와 정부 부처의 준비도 한정적"이라는 것을 밝혔다.[21]

실제적인 문제들 역시 수많은 유망한 계획들을 가로막았다. 도시에서 현장 조사를 하는 것은 꽤 어려웠다. 대부분의 땅이 사유지이고, 자기네 마당에서 야생동물 연구를 하는 걸 설득하기가 항상 쉬운 일은 아니기 때문이었다. 공유지에서는 불필요한 형식이 너무 많았다. 미국 자연사박물관 소속이자 고

담코요테프로젝트Gotham Coyote Project의 일원인 마크 웨켈Mark Weckel의 말에 따르면, 그와 그의 동료들이 뉴욕시티에서 코요테 연구를 하려고 처음 허가를 문의했을 때, 그런 요청을 받아 본 적이 없던 공원휴양국은 새로운 방침을 만들어야만 했다. 뉴욕은 웨켈과 박물관에 협조했지만, 다른 도시들은 그다지 기꺼워하지 않거나 연구를 허락하지 않았다.[22]

자금 역시 얻기가 굉장히 어려웠다. 1997년에 국립과학재단 National Science Foundation은 볼티모어와 피닉스가 연방에서 자금 지원을 받는 장기생태학연구Long-Term Ecological Research 네트워크에 포함되었을 때 도시 자연의 연구를 승인했다. 이 지역의 조사자들은 서로 다른 방향을 향했다. 피닉스 그룹은 도시 생태계의 생물학적 · 물리적 측면에 집중하는 반면에 볼티모어 그룹은 환경적 정의를 포함해서 사회적 · 경제적 문제에 더 집중했다. 이런 지역에서 탄생한 연구가 점점 더 커져감에도 불구하고 과학재단의 많은 검토위원들은 여전히 회의적이었다. 예를 들어 조류학자 존 마즐러프John Marzluff는 자금 요청서를 쓸 때 가끔 자신이 시애틀에서 수행한 미국 까마귀 연구를 세계의 다른 지역에 있는 가깝지만 멸종위기인 다른 까마귀 종에 관한 통찰력을 얻기 위한 것으로 포장한다고 나에게 말했다. 자연 서식지에 사는 멸종위기종에 관해서 아는 게 이렇게 적은 상황에서 왜 도시에 사는 흔한 새를 연구하는 데 돈을 지불해야 하는가? 마즐러프의 검토위원들은 종종 그렇게 물었다. 이런 질문이 풍부한 도시 전통을 가진 동물학 분야인 조류학에서도 여전히 나온다는 사실이 도시에서의 야생동물 연구를 지원해달라고 자금 제공자를 설득하는 것이 얼마나 어려운지를 보여준다.[23]

도시 회피종, 도시 적응종, 도시 착취종이라는 단어를 만들어낸 로버트 블레어는 1996년이 되어서도 여전히 "생태계와 공동체, 종, 개체수에 도시화가 미치는 영향은 별로 알려진 바가 없다. 생태학자들이 전통적으로 손대지 않은, 혹은 비교적 손대지 않은 환경에서만 연구하기 때문이다"라고 쓸 수 있었다. 5년 후에 생태학자 스튜어드 피켓Steward Pickett과 그의 동료들이 도시의 생태학 연구 상태를 검토했고, 좋은 소식과 나쁜 소식을 발견했다. 생태학자들은 자연 체계에 대한 인간의 영향력 범위를 인지하고 도시 생태계에 관해 수십 개의 책과 논문을 출간했다. 하지만 출간된 연구가 어떻게 연결되고 어디로 향하는지는 분명치 않았다. 도시 야생동물에 관한 연구는 수상한 방법과 뒤떨어진 생태학 이론에 의존하고 핵심 목적과 체계적인 원리, 핵심 질문 목록, 헌신적인 공동체가 결여되어 있었다. 피켓과 그의 공동 저자들은 이렇게 결론지었다. "도시 서식지는 생태학 연구에서 텅 빈 변경 지역이다."[24]

2000년대 초는 도시생태학과 야생동물 연구에 있어서 전환점이었다. 저널에 실린 논문과 책이 급증하고, 전문가 조직과 콘퍼런스가 확산되고, 대학이 새로운 교수들을 고용해 더 많은 학생을 교육하고, 여러 도시와 주가 도시 야생동물 교육과 관리 프로그램을 설립하거나 늘렸다.

잘못된 시작으로 점철된 긴 역사 끝에 여러 가지 요인들이 21세기 도시생태학의 성장에 공헌했다. 2007년에 처음으로 세계에서 시골 지역보다 도시에 더 많은 사람이 살게 되었다. 많은 미국 도시가 수십 년에 걸친 제조업의 쇠퇴와 투자 중단, 쇠락에서 회복해 이제 오염된 부지와 수로를 깨끗하게 만들고, 나무를 심고, 녹지와 공원 체계를 설치하거나 복원하거나 확장할 자원을 갖게 되었다. 도시 지역에서 야생동물이 자주 목격되었고, 대중의 관심도 늘었다. 이전 세대보다 훨씬 더 많은 비율의 여성 과학자들을 포함해서 새로운 젊은 학자들 집단은 도시를 경력을 쌓으면서 개인적 의무와 가족의 의무에 참여하는 장소로 바꾸었다.

자연과 문화 사이의 오래된 분리 또한 미국의 환경적 사상에서 흐릿해지기 시작했다. 2000년에 대기과학자 폴 J. 크러첸Paul J. Crutzen은 인류세anthropocene라는 단어를 사람들에게 퍼뜨렸다. 이것은 그와 다른 사람들이 인간이 지구의 지리, 생태, 화학, 기후를 변화시키는 주력이 된 현재의 지질연대라고 정의했다. 인간의 시대라는 개념은 수십 년 동안 존재했지만, 2000년 이후 관련된 아이디어들과 만나서 새로운 긴급성을 띠게 되었고, 대중의 다양한 상상력을 사로잡았다. 인류세의 가장 중요한 원동력 중 하나가 도시화라면, 더 많은 도시생태학 연구가 변화하는 지구를 이해하는 데 도움을 줄 것이다.

2016년에 피켓과 그의 동료들은 다시금 이 분야의 상태를 검토했다. "전반적인 생태학은 도시 지역이 연구에 적합한 서식지임을 깨달은 것으로 보인다." 그들은 이렇게 적었다. 도시생태학은 "미미한 관심 분야에서 널리 추구하고 이론적으로 동기를 부여하는 생태학적 분야"로 변화했다. 15년 전에 피켓은 도시생태학을 두 개의 주요 지류로 분류했다. 도시에 있는 식물과 동물의 상호작용에 집중하는 도시 내에서의 생태학, 그리고 도시를 지나는 물질과 에너지의 흐름에 집중하는 도시의 생태학이다. 그 이래로 세 번째 분야가 생겼다. 도시 지역을 더욱 지속 가능하게 만드는 것을 목표로 하는 도시를 위한 생태학이다. 도시생태학은 실용적인 적용이 가능한 생물학으로서 위치를 바꾸어 생태학 분야를 순환시키는 걸 돕는 더 큰 운동에 합류하게 되었다.[25]

200

피츠버그에서 대략 약 6400킬로미터 떨어진 어날래스카 Unalaska는 세상의 끝 같은 느낌이 나고, 인구가 겨우 4500명 정도라서 가까스로 도시라고 할 수 있는 곳이다. 하지만 그 작은 크기에도 불구하고 마땅히 유명해질 이유가 네 개나 있다. 마을의 더치하버Dutch Harbor는 제2차 세계대전 때 미국 내에서 공격 받은 몇 안 되는 장소 중 하나다. 그리고 미국에서 가장 생산성 높은 어항漁港이다. 2005년에는 인기 리얼리티 텔레비전 쇼 〈생명을 건 포획Deadliest Catch〉의 야외 촬영장이 되었다. 그리고 마지막 유명세의 이유는 피츠버그와 관계된 것이다. 더치하버는 피츠버그처럼 흰머리수리의 집이다. 심지어 수많은 흰머리수리의 집이다.

동물의 정신이상 같은 주제에 관해 글을 쓴 작가 로런 브레이트먼Laurel Braitman은 더치하버에 방문한 뒤 "히치콕스러운 악몽"을 겪었다. 약 650마리의 독수리(인구 7명당 독수리 1마리의 비율)가 거기 있었고, 새들은 난장판을 벌이고 있었다. "녀석들은 가로등에 앉아서 심판하는 눈으로 내려다보고, 사람들의 창문 안쪽을 유심히 보고, 여우와 갈매기들을 잡아먹고, 고등학교 옆의 나무에 앉거나 살아 있는 풍향계처럼 지붕 위에 앉왔다." 브레이트먼은 이렇게 적었다. 부두에서 녀석들은 배 주위를 떼 지어 날고, 어부들을 괴롭히고, 미끼를 훔쳐 먹었다. 그리고 깩깩거리고, 소리 지르고, 서로 밀쳐댔다.[26]

젊은 청년인 해안경비대 중위 안드레이스 에이유어Andres Ayure는 마을에 온 지 사흘째 되는 날 근처의 발리후산을 하이킹했다. 돌아오는 길에 독수리가 그에게 10여 차례나 급강하하며 공격했고, 그가 숨을 곳을 찾아 도망치는 와중에 떨어뜨린 전화기를 물고 날아가 버렸다. 에이유어는 아메리칸이글 후드티를 입은 채 산자락에서 겁에 질리고 멍한 상태로 서 있었다. 그의 동료 경비대원들은 나중에 그에게 알래스카라는 글자를 새긴 독수리상을 선물로 주었다.

에이유어만 그런 경험을 한 것은 아니다. 매년 약 열 명쯤이 독수리와 관련된 사고로 치료를 받기 위해 병원을 찾는다. 대부분은 발톱에 긁힌 머리 부위의 열상이다. 이것은 1872년에 옐로스톤국립공원이 설립된 이래 거기서 곰에게 죽은 사람의 총 숫자보다도 많다.

어날래스카는 이 새들을 "더치하버 비둘기"라고 부른다. 브레이트먼은 녀석들을 "더러운 새"라고 한다. 하지만 왜 이 외딴 소도시가 미국의 성난 독수리들의 수도가 된 걸까? 그 지역 공무원에 따르면 해답은 더치하버에 들어오는 대량의 화물 덕분에 이 바람 부는 섬에 엄청난 양의 식량이 있기 때문이다. 하지만 자생하는 나무가 없어서 올라앉았거나 둥지를 틀 곳이 별로 없다. 다수의 독수리들이 뷔페를 먹으러 오지만 쉴 때가 되면 건물, 전선, 말뚝, 무엇이든 육지나 바다 위로 약 6미터 정도만 올라오면 어떤 건조물에든 앉는다. 녀석들은 사람들과 더 오래 살수록 덜 무서워하게 되고, 더욱 대담해진다. 그리고 여러 가지 법이 흰머리수리를 보호하기 때문에 지역 공무원들에게는 녀석들을 쫓아낼 선택지가 한정적이다.

펜실베이니아의 독수리도 "피츠버그 비둘기"가 될 날이 올까? 대답하기는 어렵다. 미국어류·야생동물관리국의 놀라운 보고서에 따르면, 미국 본토에서 흰머리수리의 숫자가 2009년부터 2019년 사이에 네 배 이상 증가했다.[27] 하지만 이 독수리들은 서로 다른 장소에서 각기 다르게 행동하고, 피츠버그 주위의 서식지는 더치하버와는 환경이 다르다. 식량은 피츠버그 주변 지역에 더 드문드문 분포되어 있고, 나무가 많은 앨러게니 지역에서는 올라앉고 둥지를 틀 횃대를 찾기가 쉽다. 이러한 경향이 지속되면, 펜실베이니아는 앞으로 더 많은 흰머리수리를 보게 될 것이고, 녀석들은 알래스카에서와 마찬가지로 환경 변화에 반응을 보이겠지만, 결과는 다를 수 있다. 피츠버그의 독수리들은 머논가힐라강을 따라서 계속해서 사냥하고,

먹이를 모으고, 짝을 찾고, 휴식을 하고, 둥지를 짓고, 새끼를 키울 것이다. 과학자들은 도시 생태계와 야생동물에 대해 배우기 위해서 계속해서 녀석들을 연구할 것이다. 그리고 가끔 엄마 독수리는 새끼들을 위해 저녁식사로 새끼고양이를 잡아올 것이다.

9   숨바꼭질
할리우드 스타가 된 퓨마

2016년 3월 3일 이른 아침, 14년생 코알라 킬러니가 로스앤젤레스동물원의 우리에서 사라졌다. 아무도 정확히 무슨 일이 일어났는지 몰랐지만, 상황 증거는 말도 안 되는 일련의 사건을 통해서 현장에 도착한 말도 안 되는 범인을 가리켰다.[1]

국제자연보전연맹International Union for Conservation of Nature에서 취약종으로 분류된 코알라는 매력적이기로 유명하고 서식지 소멸과 기후변화로 점점 더 위기에 몰리고 있다. 로스앤젤레스 동물원에서 킬러니는 유명 전시의 스타 중 하나로 매년 수만 명의 방문객을 끌어들였다. 말년에 킬러니는 돌이켜보면 현명하지 못한 습성을 갖게 되었다. 매일 밤 횃대에서 내려와 우리 바닥을 돌아다니는 거였다.

킬러니가 사라지기 전 몇 주 동안 코알라 크기의 너구리를 포함해 여러 동물의 절단된 사체가 동물원 주위의 수풀이 우거진 비탈에서 발견되었다. 킬러니가 사라지기 직전에 찍힌 보안카메라 영상에는 용의자의 흐릿한 윤곽이 보였다. 60킬로그램 정도로 보이는 갈색 동물이 근처를 어슬렁거리고 있었다. 용의자 목록은 짧았지만, 진실은 받아들이기 어려웠다.

사라지고 몇 시간 후에 동물원 직원이 피투성이에 얼굴이 없어진 킬러니의 사체를 우리에서 400미터 떨어진 곳에서 발견했다. 어떻게 된 것일까? 공무원들은 사람이 나쁜 짓을 했을 가능성은 배제했다. 하지만 나머지 동물원 동물들은 우리에 갇혀 있었으니까 범인은 바깥에서 들어왔어야 했다. 로스앤젤레스 동물원은 전에도 야생의 포식자에게 동물을 잃은 적이 있었다. 1990년대에 코요테가 부서진 울타리 사이로 들어와서 희귀조 몇 마리를 잡아먹었다. 킬러니가 죽기 1년 전에는 보브캣이 다른 우리를 습격해서 두 마리의 타마린원숭이를 먹이로 삼았다. 하지만 이번은 달랐다. 모든 지역의 야생동물 중에서 코알라 우리를 이루는 약 2미터의 울타리를 넘어서 약 7킬로그램의 유대목 동물을 들고 다시 나올 수 있는 건 딱 한 종이었다.

마운틴라이언, 쿠거, 큰고양이, 흑표범, 유령고양이라고도 하는 퓨마는 신세계 육상동물 중에서 가장 활동 범위가 넓다. 캐나다의 유콘부터 남아메리카 남쪽 끝에 이를 정도다. 갈색 털에 강인한 몸, 길고 휘어진 꼬리, 조그만 머리를 가진 퓨마는 사진에서 쉽게 구분할 수 있지만 야생에서는 보기가 어렵다. 잡식성 곰이나 코요테와 달리 녀석들은 엘크, 양, 말코손바닥사슴, 가지뿔영양, 특히 사슴 등 풀을 먹는 유제동물을 사냥하는 육식동물이다. 녀석들의 먹이 중 90퍼센트가 이런 동물들로 이루어진다. 하지만 녀석들이 가장 좋아하는 먹이 종이 없으면, 퓨마는 더 작은 포유류, 파충류, 심지어는 새까지 먹는다. 짧은 거리라면 시속 약 80킬로미터까지 달릴 수 있지만, 퓨마는 덮치는 능력으로 유명한 매복형 포식자이다. 녀석들은 수직으로 4.5미터, 수평으로 12미터까지 뛸 수 있어서 2미터의 울타리는 과속방지턱 정도로밖에는 느껴지지 않을 것이다.

사람들은 수 세기 동안 퓨마를 쏘고, 덫을 놓고, 독약을 먹이려 했다. 1920년대에 퓨마는 북아메리카 동쪽 절반 지역 대부분에서 쫓겨났고 플로리다 에버글레이즈 같은 외딴 지역에만 소수가 남았다. 미시시피 서쪽에서, 녀석들은 가축에 위협이 되는 존재로 박해받았으나 인간에 대한 경계심과 다양한 서식지에서 번성할 수 있는 능력 덕분에 버텼다.

캘리포니아에서 퓨마의 역사는 독특하고 복잡하다. 1907년부터 1963년까지 목장주, 현상금 사냥꾼, 그리고 주의 동물통제국 직원들은 다른 어떤 주보다도 많은 최소 1만 2462마리의 퓨마를 죽였다. 이 일에 참가한 사람 중에는 자연보호라는 이름 아래 수십 년에 걸친 연속 살해를 회고하는 1953년 베스트셀러 비망록 《쿠거 킬러Cougar Killer》를 쓴 제이 브루스Jay Bruce도 포함되어 있었다. 1971년에 캘리포니아어류·사냥위원회는 첫 번째 오락용 퓨마 시즌을 개최했지만, 겨우 1년 후에 의회에서 제동을 걸었고, 항의 시위로 더 이상 사냥은 불가능해졌다. 1990년에 시민들이 발의안 117호가 통과되면서 캘리포니아의 퓨마들은 미국에서 유일하게 "특별히 보호받는 포유동물"이 되었다. 사냥꾼들은 퓨마 사냥 금지 법안을 폐지하거나 완화하려고 노력했지만, 그들의 노력은 원하던 것과 정반대의 영향을 미쳤다. 오늘날, 퓨마가 대중의 안전과 사유지에 미치는 위험에 대한 우려가 지속되고 있음에도 불구하고 캘리포니아의 퓨마는 전보다 훨씬 더 인기가 좋다.

퓨마는 북아메리카에서 도시와 자연의 경계 부분이 가장 길고 가장 뚜렷한 도시인 로스앤젤레스 가장자리를 언제나 돌아다니고 있었다. 하지만 수십 년의 박해로부터 회복되기 시작한 후에도 녀석들은 건물이 가득한 지역을 피했다. 그러다가 2011년 어느 때쯤 공무원들이 P-22(P는 "퓨마"를 뜻한다)라고 이름 붙인 퓨마 한 마리가 말리부 위의 샌타모니카산맥에서 동쪽으로 향해 할리우드힐스와 로스앤젤레스의 도심까지 들어왔다.

P-22가 어떻게 이런 위업을 달성했는지는 확실하지 않지만, 왜 이런 일을 했는지는 이해하기 쉽다. 미국의 주요 도시인 로스앤젤레스를 이등분하는 유일한 산맥 지대인 샌타모니카는 해안선과 고속도로로 다른 녹지로부터 분리되어 있다. 이 작고 울창한 산맥 지대는 최대라 해도 겨우 20마리의 퓨마밖에는 감당할 수가 없다. 붐비는 동네에서 젊은 수컷이었던 P-22는 새로운 영역을 찾아 떠나야 했을 것이다.

이런 모험 대부분은 좋게 끝나지 않는다. 청소년 퓨마는 샌타모니카에 접한 도로에서 신경 쓰일 만큼 자주 죽는다. 하지만 약간의 운이 P-22를 도왔다. 2011년 7월 15일부터 17일까지 캘리포니아 교통국이 세풀베다패스의 멀홀랜드드라이브 다리를 재건하기 위해서 샌타모니카와 할리우드힐스를 나누는 405번 고속도로의 통행을 약 16킬로미터 정도 금지시켰다. 53시간 동안 로스앤젤레스의 조급한 운전사들에게 카마게돈 Carmageddon이라고 불린 이 통행금지 덕에 미국에서 가장 붐비는 도로가 조용하고 텅 비었다.[2]

405번 도로를 건너오긴 했지만, P-22의 여정은 끝나기엔 아직 한참이었다. 다음 몇 달 동안 녀석은 나무가 무성한 협곡과 폐쇄 주택지들을 통과해서 노숙자 야영지를 지나, 협곡 절벽 위에 자리한 온실 아래로 소리 없이, 눈에 띄지 않게 전진했다. 또 다른 만만찮은 장애물인 101번 고속도로도 아마 어느 날 새벽 아래쪽 도로를 통해 건넜을 것이다. 2012년경 녀석은 할리우드힐스 동쪽 끝에 위치해 로스앤젤레스 시내가 내려다보이고 인간들에게 둘러싸인 그리피스공원에 들어왔다.

놀이터, 운동장, 하이킹 코스, 박물관, 천문대, 할리우드 간판, 그리고 로스앤젤레스 동물원을 보유한 그리피스공원은 넓이가 17.5제곱킬로미터로 미국에서 가장 큰 도시 내 녹지 공간 중 하나다. 일반적인 마운틴라이언의 활동 영역의 50분의 1밖에 안 되지만, P-22는 이곳을 아늑한 집으로 삼았다. 공원의 노새사슴(검은꼬리사슴)과 종종 나타나는 미국너구리, 코요테, 집고양이 등이 녀석의 배를 불려주었고, 우거진 숲은 사람 많은 오솔길 바로 옆으로 숨을 곳을 제공해주었다. 카메라 트랩으로 녀석을 발견한 생물학자들이 곧 녀석을 잡아 검진하고 GPS 목줄을 달았다. 그들의 데이터를 보면 종종 환호하는 스포츠팀이나 어린아이의 우는 소리가 들리긴 하지만, P-22가 사람들을 피해서 대중 속의 고독을 즐기는 전문가가 되었음을 알 수 있다.[3]

도시에서의 처음 4년 동안 P-22는 딱 두 번밖에 문제 상황을 겪지 않았다.

처음에는 녀석이 흡윤개선에 걸리는 바람에 잡아서 치료를 해주어야 했다. 기생충으로 발병하고 치명적일 수 있는 피부병인 흡윤개선은 야생의 육식동물이 항혈액응고성 쥐약을 다량 섭취했을 경우 면역체계가 약해져서 일어난다. P-22는 쥐약에 양성 반응을 보였지만 비타민 K 주사로 회복할 수 있었다.

그다음으로 P-22가 문제에 휘말린 것은 녀석이 그리피스공원의 경계 너머를 돌아다녔기 때문이었다. 녀석은 새벽에 〈로스앤젤레스 타임스〉의 묘사를 빌리자면, 패셔너블한 로스펠리스 주택지구의 "우아한 하얀색 다층 현대식" 주택 아래의 좁은 공간에 갇혀버렸다. 녀석은 낮 동안 은신처에 웅크린 채 진정제 총을 든 생물학자들에게 제대로 쏠 기회를 절대로 주지 않았다. 생물학자들은 녀석에게 공주머니와 테니스공을 던지고 막대기로 찔러서 밖으로 나오게 하려고 했지만, 녀석은 꼼짝도 하지 않았다. 패배를 선언한 공무원들은 모여든 군중을 해산시키고 자신들도 현장을 떠났다. 이튿날 아침, P-22는 사라져서 다시 공원으로 돌아왔다. 지역 주민들은 자신들의 안전보다는 퓨마가 다치지 않았다는 사실에 안도를 표했다. 구경꾼 중 한 명이었던 스위스의 여배우 양좀 브라우엔Yangzom

Brauen은 이렇게 말했다. "우리는 여기 자연공원에 살고 있으니까 동물들과 함께 사는 거예요. 우리가 그들의 영역에 들어와 있는 거죠."[4]

2013년에 P-22는 주민들의 관심거리에서 이 지역 마스코트이자 세계적인 유명인사가 되었다. 세계에서 가장 유명하고, 가장 중요한 퓨마가 된 것이다. 〈내셔널 지오그래픽〉은 12월호에서 전 세계 후미진 곳에서 희귀하고 찾기 어려운 고양잇과 동물들의 사진을 찍어온 스티브 윈터Steve Winter가 찍은 P-22의 사진이 있는 기사를 실었다. 이 사진은 즉시 유명세를 얻었다. 윈터의 사진에는 우아한 꼬리와 묵직한 뒷다리의 커다란 황갈색 고양이가 있었다. 두툼한 목줄을 한 녀석은 산등성이를 걸어가고 있으며, 그 뒤로는 할리우드 간판이 빛났다. 이게 바로 로스앤젤레스의 대형 고양이였다.[5]

P-22의 유명세는 킬러니의 죽음에 대한 주민의 반응을 설명해준다. 코알라가 죽은 후 며칠 동안 로스앤젤레스 시의회 의원인 미치 오파렐Mitch O'Farrell은 "이 비극은 사람과 만날 일 없이 돌아다닐 수 있는 넓은 공간이 있는 더 안전하고 멀리 떨어진 야생의 공간으로 P-22를 이주시키는 걸 진지하게 고려해야 한다는 걸 강조합니다. … 우리가 아무리 P-22를 사랑한다 해도요. 공원이 녀석에게 정말로 적합하지는 않다는 걸 우리

모두 알잖습니까." 오파렐의 동료이자 공원이 포함된 지역구 의원인 데이비드 류David Ryu는 다른 입장을 취했다. 킬러니의 죽음은 불운한 일이지만, P-22를 이주시키는 것은 "야생동물 종을 보호하는 데에서 최선의 방책은 아닐 겁니다. 마운틴라이언은 그리피스공원 자연 서식지의 일부니까요." 류는 생태학적 지식은 별로 없었지만 자신의 지역구를 아는 영리한 정치인이었다. 사고로부터 3주 후, 성난 주민들이 항의하는 바람에 한발 물러서야만 했던 건 류가 아니라 오파렐이었다. "저는 녀석이 살아남기를 응원합니다." 오파렐은 자신보다 더 큰 지지층을 가진 게 확실한 생물에 대해 이렇게 말했다.[6]

동물원 측은 자신들이 돌보는 동물들을 더 잘 보호하겠다고 약속하며 로스앤젤레스 시민들에게 사과했다. "(저희도) P-22가 그리피스공원에 남기를 바랍니다." 동물원 대변인 에이프릴 스펄록April Spurlock은 기자들에게 이렇게 말했다. "여기는 자연공원이고 많은 야생동물의 집입니다. P-22가 우리에게 적응한 것처럼 우리도 P-22에게 계속해서 적응할 겁니다."[7]

P-22의 믿을 수 없는 여정은 미국에서 두 번째로 큰 도시의 심장부에서의 오랜 삶으로 이어졌지만, 녀석은 또한 외로움 속에 남게 되었다. P-22는 할리우드힐스를 영원히 떠나지 못할 거고, 절대로 새끼를 가질 수도 없을 것이다. 녀석의 이야기

가 보여주는 것, 그리고 이 장에서 이야기하려는 핵심은 도시 환경을 돌아다니는 야생동물들이 마주하는 과제들이다. P-22 한 마리 뒤에는 새로운 영역, 짝, 음식을 찾다가 죽은 수십 마리의 퓨마들이 있다. 그리고 도시 환경에 통달한 동부회색다람쥐나 코요테 같은 종의 뒤에는 퓨마를 포함해 사람이 사는 지역에서 떠나거나 완전히 사라진 수십 종의 다른 동물들이 있다. 이동 능력은 축복일 수도, 저주일 수도 있다. 도시 전역을 안전하게 돌아다니는 것은 대부분의 동물이 이룰 수 없는 위업이다. 하지만 그럴 수 있는 동물들에게 자원이 풍부하고 경쟁자는 별로 없는 새로운 미개척 서식지라는 포상은 어마어마한 것이다. 몇몇은 할리우드에서 유명해질 수도 있다.[8]

P-22 같은 동물들이 도시 전역을 돌아다니며 겪는 고난을 이해하기 위해서 처음 써볼 만한 방법은 이 풍경을 위에서 내려다보는 것이다. 대부분의 자연 지역에는 수많은 형태와 크기의 서식지 구역들이 조각조각 붙어 있다. 어떤 곳은 경계가 선명하고 어떤 곳은 경계가 흐리다. 하늘에서 내려다보면 이것은 모자이크처럼 정신 없는 패턴을 만든다. 반면에 도시 지역은

서식지가 더 적고, 이런 구역들은 명확한 경계, 분명한 대비, 때로는 장벽까지 있는 지리적 블록으로 나뉘곤 한다. 도심지에서 바깥으로 이동하면 회색 건물이 가득한 공간에서 푸른 녹지가 점점 늘어난다. 로스앤젤레스 같은 몇몇 도시는 초록과 회색의 경계가 갑작스럽게 나타나서 밀집된 도심지가 거친 산맥과 접해 있다. 보스턴 같은 또 다른 도시는 경계가 넓고 흐릿해서 가로수가 있는 교외가 점차 초원과 숲으로 바뀐다. 하지만 전반적으로 서식지의 배치에서, 자연 지역과 도심지는 인상파 유화와 미니멀리즘 석조 조각만큼이나 다르다.

위에서 내려다보는 환경과 지상에서 야생동물이 경험하는 도시 환경에서 가장 놀라운 특징은 그 분열성이다. 자연 지역에는 자원이 골고루 배치되어 있어서 이웃한 서식지들 간의 차이가 모호한 편이다. 도시에서는 명확한 경계, 뚜렷한 단절, 그리고 별로 사용되지 않는 블록(지붕과 주차장을 생각하라) 때문에 좀더 고립된 구역이 형성된다. 도시가 자원을 작은 지역에 몰아두는 경향이 있다는 걸 생각하면(정원과 쓰레기장을 생각하라) 어떤 구역은 생명체가 풍부해지는 반면에 어떤 구역은 살기 힘든 황무지가 된다.

그래서 도시에서의 삶은 많은 종에게 도박이다. 살 만한 서식지가 아주 작은 구획들밖에 없는 도시 지역에서는 야생동물의 개체수가 적게 유지되고, 그래서 태풍이나 전염병 같은 우연한 사건에 의해 도태될 가능성이 높다. 다른 종과 쉽게 상호 교배를 할 수 없는 고립된 개체들은 시간이 흐를수록 독특하고 유용한 특성을 갖게 될 수도 있지만, 대체로는 좀더 크고 더 다양한 유전자 풀에서 나오는 건강과 복리라는 이득을 얻을 기회를 잃게 된다. 그들을 둘러싼 장벽을 넘으려고 하는 개체들은 도중에 죽을 수도 있다. 이런 취약한 상황은 영원하지 않다. 통로라고 하는 유용한 경로가 열리지 않으면 개체군은 줄어들고 몇몇은 결국 사라질 것이다.[9]

1980년대에 자연보호 운동가들은 고립된 서식지 구획을 섬이라고 부르기 시작했다. 1960년대부터 시작된 진짜 섬 연구에서 나온 이 단어는 완벽하지는 않지만 상상하기 쉬운 비유다. 본토에 더 가깝고 더 큰 섬들은 가기가 편하다. 그 말은 대체로 더 안정적이고 다양한 동물군이 있다는 뜻이다. 한 생물종이 죽으면 본토에서 온 다른 종이 그 자리를 차지하게 된다. 작은 도시 서식지 구획에 사는 동물처럼 더 작거나 더 멀리 떨어진 섬에 사는 개체들은 더 고립되어 있어서 멸종에 더욱 취약하다.[10]

섬 비유는 완벽하지는 않다. 인간들의 바다에 둘러싸인 도시 서식지 구획에 사는 육상동물은 실제 물에 둘러싸인 섬에 사는 동물들과 다른 경험을 하기 때문이다. 도시 및 그 주변에 있는 녹지 공간은 사람들이 드나들기 쉬워서 비슷한 수준의 보호를 받는 진짜 섬에 비해 방해받기가 쉽다. 예를 들면 인간에게 괴롭힘을 당하거나 방화 등의 사건을 겪을 수도 있다. 남부 캘리포니아에서는 수백만 명의 사람들이 해마다 샌타모니카산맥의 휴양 지역을 방문한다. 하지만 거친 항해를 거쳐 채널제도로 가는 사람은 훨씬 더 적다. 사실 이곳은 일부가 물에 잠겨 있는 것 같은 산맥의 봉우리일 뿐인데 말이다. 많은 동물의 경우에도 똑같은 상황이 적용된다. 그리피스공원 같은 고립된 육상 서식지 구획에는 말리부의 퓨마가 종종 올 수도 있겠지만, 자존심 있는 마운틴라이언이라면 절대로 똑같은 거리를 헤엄쳐서 샌타크루즈섬으로 가려고 하지 않을 것이다.

지금까지 동물이 이동할 때 가장 큰 장애물은 도로다. 제일 가까운 도로에서 반 마일(약 0.8킬로미터) 이상 떨어져 있는 미국의 육상 지역은 20퍼센트가 채 안 된다. 최소한 100만 마리의 척추동물이 매일 미국의 도로에서 죽는다. 도시 지역 및 그 주변에서 많은 종류의 동물들이 죽는 가장 흔한 이유는 차량 충돌이다. 2008년 의회 보고서에서는 야생동물과의 충돌로 80억 달러가 소요되고 최소한 21종의 멸종위기 동물이 피해를 입었다. 더 좁고, 차량이 더 적고, 제한속도가 더 낮은 작은

도로들은 큰 도로보다 동물 피해가 덜했지만, 작은 도로조차도 놀랄 만큼 위험하다는 사실이 밝혀졌다.[11]

여러 동물종은 각기 다른 방식으로 도로에서 위험을 겪고, 그렇기 때문에 취약 정도도 다르다. 포식자들이 갓 태어난 새끼를 공격하지 못하게 도로 옆에서 출산하는 말코손바닥사슴 같은 몇몇 종은 혜택을 보는 경우도 있지만, 이것은 극히 소수다. 스컹크 같은 작은 육식동물은 종종 로드킬을 당하지만, 높은 번식률 덕분에 이런 숫자 감소를 메울 수 있다. 코요테는 차가 많은 교차로를 건너기 전에 차들이 지나가기를 기다리는 모습이 관찰된 반면 동공이 커서 밝은 불빛을 마주 보면 일시적으로 앞이 안 보일 수 있는 사슴은 "전조등 앞에서 얼어붙는다." 도시 환경에서 도로를 지나가기에 최악의 동물을 누군가가 만들어낸다면, 그건 아마 원반 모양으로 생긴 데다 느릿느릿 움직이는 동물일 것이다. 바로 거북이다. 아니면 길고 가늘고 조그만 뇌에 따뜻한 표면에서 쉬는 경향이 있는 동물, 즉 뱀 같은 것일지도 모른다. 수억 년 동안 효과가 좋았던 몇몇 행동과 신체 모양이 다가오는 차량 앞에서는 갑자기 시대에 뒤떨어진 것이 된 것 같다.[12]

새는 꽤 친숙한 도시 야생동물이다. 어느 정도는 지상에 사는 동물들이 겪는 위험을 피할 수 있기 때문이기도 하지만, 새조차도 도시에서는 대량으로 죽는다. 매, 까마귀, 큰까마귀, 콘도르, 그리고 시체를 먹는 새들은 최근에 세상을 떠난 다른 동물들의 맛있는 사체에 홀려서 도로에 왔다가 죽는다. 훨씬 많은 숫자의 새들이 건물 및 전깃줄과 충돌해 사망한다. 1990년처럼 이른 시기에도 조류학자 대니얼 클렘Daniel Klem은 건물과의 충돌로 매년 1억 마리에서 10억 마리의 새가 죽는다고 추산했다. 뉴욕시티에서만 이런 충돌 사망이 매년 25만 마리 정도, 하루에 약 700마리 정도로 추정된다. 반사 유리코팅, 봄과 가을 이주 기간에 조명 줄이기, 그리고 고위험 지역에 집중하기의 방법이 이런 죽음을 상당수 막을 수 있지만, 지금까지 이런 학살에 맞서기 위해서 한 일은 대단히 드물다.[13]

캘리포니아에서는 도로를 비롯한 건조물 때문에 동물들이 겪는 위험을 줄이려는 여러 프로젝트가 시행되고 있다. 버클리 힐스의 이스트베이 지역공원지구에서는 캘리포니아영원이 여름의 숲속 안식처에서 겨울의 산란지로 이주하는 것을 돕기 위해 매년 사우스파크드라이브 일부를 폐쇄한다. 서식지 보호계획의 일환으로 스탠퍼드대학교는 사랑에 빠진 호랑이도롱농이 짝을 찾을 때 안전한 길을 사용하길 바라는 마음에서 붐비는 주니페로세라대로를 따라 장벽과 지하 배수로망을 설치했다. 이 "사랑의 터널"이 도롱농을 도와줬는지, 아니면 대학이

호평을 받는 데만 도움이 되었는지는 확실하지 않다.[14]

하지만 큰 야생동물용 고속도로 건널목은 대단히 유용하고, 점점 늘어나고 있다. 북아메리카에서 가장 좋은 예는 앨버타 밴프국립공원이다. 이곳은 2014년에 캐나다 횡단 고속도로를 따라 38개의 건널목을 설치해 야생동물 충돌사고를 80퍼센트 이상 낮추었다. 지어지기만 한다면 미국에서 가장 큰 건널목 프로젝트가 될 만한 건 리버티협곡 육교 계획이다. 이것은 샌타모니카산맥 북쪽 가장자리에서 101번 고속도로를 건너간다. 완공되면 리버티협곡 건널목은 캘리포니아의 랜드마크이자 미국의 자연보호사에서 획기적인 기록이 될 것이고, 사슴, 코요테, 보브캣, 흑곰, 그리고 물론 퓨마에게도 도움이 될 것이다. 지역 단체들은 고속도로에 붙은 대지를 사들이고 있으나 2018년 기준으로 프로젝트의 추정 예산 6000만 달러 중에서 겨우 370만 달러만을 모았다. 그들은 이제 시간과 싸우고 있다. 샌타모니카산맥의 퓨마들이 계속 고립되어 있을수록 그들이 없어질 가능성도 더 높아질 것이다.[15]

———

P-22 같은 동물들은 가끔 안전과 짝을 찾다가 도시로 오기

도 하지만, 대부분 배가 고파서 오게 된다. 야생동물이 도시를 지나치거나 도시로 오게 만드는 원인과 거기서 다시 어디로 가는지를 결정하는 요인을 이해하려면 도시 지리에 대한 우리의 지식과 도시의 먹이그물에 대한 정보를 합쳐야 한다.

먹이그물은 생물체들이 에너지와 영양을 교환하는 망이다. 대부분의 먹이그물은 어지러울 정도로 복잡하지만, 이것을 상상하는 한 가지 방법은 영양 단계라는 층층이 쌓인 피라미드를 연상하는 것이다. 제일 밑에는 초록 식물과 조류를 포함해 태양에서 온 에너지를 사용해서 무기물을 (시스템에 연료를 공급하는) 유기물로 전환시키는 생산자들이 있다. 1차 소비자는 초식성 흰꼬리사슴처럼 이 생산자를 먹는다. 2차 소비자는 동부회색다람쥐부터 흑곰까지 잡식성 동물이며 생산자와 1차 소비자를 모두 먹는다. 피라미드 꼭대기에는 3차 소비자가 있는데, 일부는 퓨마처럼 엄격하게 1차 소비자와 2차 소비자만을 먹는 육식동물이다. 그리고 물론 희귀한 육식성 식물부터 결국 우리 모두를 잡아먹을 아주 흔한 분해자에 이르기까지 수많은 변이와 예외, 추가 등이 있다. 어떤 에너지는 피라미드의 각 층에서 소실되기 때문에 대부분의 생태계에서는 꼭대기에 P-22 같은 최상위 포식자가 몇 마리만 살아갈 수 있는 양의 에너지밖에 없다.

사람들이 생태계에 다른 방식으로는 존재할 수 없는 자원을 야생동물에게 공급할 때 생태학자들은 이것을 보조라고 부른다. 도시의 먹이그물을 아주 독특하게 만드는 특징 중 하나는 그런 보조물이 여기저기 있다는 점이다. 예를 들어 가끔 사람들이 의도적으로 야생동물에게 음식을 줄 때가 있다. 가장 흔한 방식은 새 모이다. 이것은 무해한 취미처럼 보이지만 숫자가 어마어마하고, 그 효과는 잘 이해는 되지 않지만 점점 커지는 중이다. 미국에서는 한 해에 한 번이라도 야생 조류에 먹이를 주는 사람이 8200만 명이고, 꾸준히 주는 사람은 약 5200만 명이다. 미국인은 연간 5만 톤 이상의 새 모이와 7억 5000만 달러의 관련 용품을 사들여서 35억 달러의 업계를 지탱한다.[16]

새 모이 주기는 다양한 사람들에게 매력적으로 여겨진다. 연구에 따르면 정기적으로 새에게 먹이를 주는 사람은 공동체에서 평균보다 나이가 많은 편이다. 몇몇은 새를 보는 걸 좋아해서 하지만, 몇몇은 새에게 모이를 주는 것이 일종의 속죄이고 인간이 자연계에 입힌 다른 영향을 보상하는 행위라고 생각한다. 미국 오듀본협회와 코넬조류연구소Cornell Laboratory of Ornithology 등 저명한 단체들은 모이를 주는 것이 개개의 새를 도와주고 종을 보호하고 사람들을 교육하는 방편이라고 보증

한다. 하지만 지지자들조차 군중을 통한 야생동물 관리라는 이 거대한 실험이 이득만큼 위험도 안고 있다는 걸 인정한다.[17]

새들에게 모이를 주는 것은 언뜻 그 지역 조류의 다양성을 늘리는 것 같지는 않지만, 총 숫자를 늘릴 수는 있다. 도시 생태계의 수용 능력을 높이고, 다른 지역에서 새들을 불러들이고, 새들이 보통의 활동 영역 너머에서 살게 해주고, 봄에 더 일찍 더 많은 알을 낳을 수 있게 하기 때문이다. 모이 주기는 더 크고 더 공격적이고 까다롭지 않은 새들에게 이득이 되지만, 다른 때라면 죽을 만한 일시적 한파나 가뭄처럼 힘든 시기에 다른 새들이 견디는 것을 도와주기도 한다. 토착종 전체가 모이통의 모이에 의존하게 된다는 증거는 별로 없지만, 몇몇 개체는 그럴 수도 있다. 이게 잠시 동안은 이 동물들을 도울 수 있어도, 모이를 주던 사람이 깜박 잊게 되면 해가 될 수도 있다.[18]

새 모이 주기에는 다른 위험도 있다. 창문 근처에 모이통을 놔두면 충돌 가능성을 높일 수도 있다. 동물들이 모이통 주위에 한꺼번에 모이게 되면 살모넬라 같은 질병을 전파할 위험도 커진다. 판매용 새 모이는 품질은 좋아졌지만, 건강에 미치는 영향에는 의문의 여지가 있다. 새 모이를 주다 보면 불청객이 몰려들 수도 있다. 쥐, 다람쥐, 심지어는 흑곰이 새만큼이나 이런 것에 몰려든다. 매와 미국너구리 같은 포식자들은 새 모이보다 새를 먹는 것에 관심을 보일 수도 있다.

새 모이 주기는 보조적 행위의 명백한 사례지만, 도시에서는 외부에서 개입하는 보조적 행위와 도시 생태계 그 자체에서 생산하는 자원 사이에 명백한 선을 긋는 것이 종종 불가능하다. 사람들의 마당에 있는 과실수는 자원일까, 보조물일까? 관개용수로 가득한 도로의 배수로는 목이 마른 동물을 도와주지만, 그레이트블루헤론과 눈백로처럼 우아한 섭금류 새들을 유혹하는 기묘한 습지이기도 하다. 잘 다듬어진 잔디밭에서 개똥지빠귀가 수천 마리쯤 잡아먹는 지렁이는 보조물일까? 아무도 P-22에게 코알라를 보조물로 줄 생각은 없었지만, 우리 모두 거기서 무슨 일이 벌어졌는지 안다. 지금 말하려는 것은 생태학자들이 보조물이라고 부르는 몇몇 자원은 도시 생태계의 기본적 특성으로 여기는 게 더 나을 수도 있다는 것이다. 하지만 미국에서 한 가지 보조물(음식물 쓰레기)은 그 자체로 하나의 종이다.[19]

대부분의 사람이 도시 야생동물을 생각하면 까마귀나 갈매기, 너구리, 또는 2015년에 커다란 씬크러스트 파이 조각을 끌고 뉴욕 지하철 계단을 내려가는 모습이 찍혀서 인터넷에서 잠시 스타가 된 "피자 쥐" 같은 것들이 음식물 쓰레기를 뒤지는 모습이 가장 먼저 머릿속에 떠오르는 이미지일 것이다. 이것은 별로 즐거운 상상은 아니다. 대부분의 사람에게 야생동물이 우리의 쓰레기를 뒤진다는 생각은 그야말로 혐오스러울 것이다. 도시 사람들은 도시가 더 깨끗해지고 먹을 걸 뒤지는 동물이 더 적어진 지난 세기 동안 이런 부분에 있어서 아마 더 예민해졌을 것이다. 하지만 이런 혐오감은 최소한 어느 정도는 자연스러운 것이다. 인간은 비위생적인 장면을 보거나 냄새를 맡으면 역겨워지는 유전적인 성향이 있는 듯하기 때문이다. 동물들이 우리가 만든 상황을 유리하게 이용하는 것을 비난하는 건 공정하지 않지만, 그들이 우리의 쓰레기를 먹는 모습을 보는 것은 우리들 자신의 오물이라는 아무도 좋아하지 않는 것을 상기시킨다.

이런 혐오감은 실제적이면서 또한 비유적이다. 고전이 된 1984년 저서 《순수와 위험Purity and Danger》에서 인류학자 메리 더글러스Mary Douglas는 사회가 사물을 깔끔하게 분류함으로써 질서를 이루려는 방법을 찾는다고 썼다. 어딘가에 들어맞지 않는 사실이나 물건, 존재와 마주하면 우리는 불편함이나 혐오감을 느낀다. 우리는 이런 규칙을 깨는 것들의 존재를 부인하거나, 벌을 주거나, 순종하게 만들거나, 심지어는 제거하려고도 한다. 사람들이 오염과 먼지라는 단어를 쓸 때면(더글러스

226

는 유해동물이라는 말도 목록에 넣어야 했다) 실제로는 "제자리에서 벗어난 물질"이라는 뜻이다.

많은 야생동물은 이런 식으로 보지 않는다. 그들에게 우리의 쓰레기는 그저 먹이이고, 그냥 있어야 할 자리에 있는 것이다. 우리가 남긴 수많은 음식은 도시의 생태계로 흘러가고, 거기서 도시 야생동물들의 뱃속에 들어간다. 세계에서 가장 유명한 쓰레기통 다이빙 선수 중 하나인 갈매기들은 둥지에서 도시 외곽의 쓰레기 매립지까지 종종 먼 길을 날아간다. 녀석들은 날 수 있는 한 가장 많은 음식을 목 안쪽까지 꾹꾹 넣은 채 둥지로 돌아와 사냥감을 토해내 새끼들에게 먹인다. 채널제도에 둥지를 트는 몇몇 갈매기들은 편도 약 32킬로미터의 육지 쓰레기장까지 오간다. 이런 여행을 하는 데 드는 노력이 거기서 얻는 에너지와 비교할 때 사소한 대가이기 때문이다. 이 모든 것이 약간 불쾌하게 느껴질 수도 있지만, 혐오스러운 부분 말고 육아 부분에 초점을 맞추자. 갈매기의 방식은 흰머리수리가 머논가힐라강에 있는 자신들의 둥지로 저녁 식사를 가져오는 거나 2005년 인기 영화 〈펭귄들의 행진〉에서 칭찬하던 서사적인 여행과도 그리 다르지 않다. 그저 새끼 고양이와 오징어를 타코와 팝타르트로 바꿔서 생각해보라.

몇몇 도시에 사는 동물들은 인간이 버린 음식을 뒤지는 걸 거의 자연스러워 보이게 만든다. 미국너구리는 악평이 자자하지만, 존경할 만한 부분도 많다. 녀석들은 영리하고 유연하고 강인하다. 녀석들은 다리를 하나 잃거나 심지어 눈이 멀어도 야생에서 오랫동안 살아남기로 유명하다! 미국너구리는 헌신적인 부모이자 자신을 깔끔하게 손질하는 동물이고, 공통의 목표를 위해서 협력한다. 녀석들은 뛰어난 등반가이고, 손잡이, 빗장, 자물쇠, 지퍼 같은 인공물을 조작하는 데 능숙하다. 미국너구리의 음식 쓰레기를 뒤지는 능력은 다른 동물들에 비해 큰 장점이 된다. 도시의 미국너구리들은 시골의 사촌들에 비해 새끼를 더 많이 낳고, 더 토실토실하게 자라고, 종종 더 오래 산다. 미국 중서부와 북동부처럼 북반구 온대지역에서 시골의 미국너구리들은 겨울 동안 몸무게의 50퍼센트 이상이 줄지만, 근처 도시 지역의 미국너구리는 10에서 25퍼센트밖에 줄지 않는다. 미국너구리에게 이 여분의 무게는 삶과 죽음을 결정하는 차이가 될 수도 있다.[20]

음식의 관점에서 도시의 야생동물들을 보면 어떤 종들은 도시에서 살 수 있고 어떤 동물은 살 수 없는 이유가 명백해진다. 이곳저곳으로 이동하는 걸 힘들어하는 까다로운 특수종은 잘살지 못하는 경향이 있는 반면에 아무 데나 잘 돌아다니는 기회주의적 잡식성 동물들은 잘사는 경향이 있다. 이런 기회

228

주의자들 대다수가 도시 적응종이고, 몇몇은 심지어 도시 착
취종에 걸맞을 정도다.[21]

이처럼 아주 잘사는 도시 동물들 일부의 개체수를 줄이고
싶다면, 확실한 해결책은 음식물 쓰레기를 줄이는 것이다. 종
종 세계에서 가장 멍청한 문젯거리라고도 불리는 음식물 쓰레
기는 1인분 양이나 음식의 칼로리 밀도가 늘어난 것부터 더
커진 쇼핑카트, 식사용 접시, 냉장고, 그리고 식품점의 마케팅
과 가격 정책, 오해를 부르는 유통기한 표시, 신선한 제품에 대
한 불합리한 외형 기준에 이르기까지 여러 가지 요인에서 발
생한다. 하지만 이 모든 것은 더 큰 질병의 증상일 뿐이다. 값
싼 석유, 농경 보조금, 이민 정책, 낮은 농장 노동의 보수, 산업
용 식품 가공 체계, 그리고 다국적 농업 회사들의 정치력 등
더 깊은 경제적 · 정치적 힘이 우리의 부풀어 오른 식량 체계를
움직이고 있다.

천연자원보호협회Natural Resources Defense Council의 2012년
보고서에 따르면 미국인들은 음식의 약 40퍼센트를 버린다.
2015년 미국에서 발생한 3900만 톤의 음식물 쓰레기 중에서
94.7퍼센트가 쓰레기 매립장이나 소각로로 들어갔다. 음식물
쓰레기는 미국 매립 쓰레기의 21퍼센트를 차지한다. 음식물 쓰
레기가 나라라면, 중국과 미국 다음으로 세 번째로 온실가스

를 많이 배출하는 나라일 것이다. 이 온실가스는 식량을 키우는 데 필요한 에너지와 썩을 때 생성되는 메탄 양쪽에서 나온다. 전 세계에서 4000만 명 이상, 다시 말해 미국 인구의 8분의 1에 달하는 사람들이 불안정한 식량으로 고통받고 있음에도 불구하고 미국의 음식물 쓰레기는 1990년 이후 50퍼센트가 증가했다. 미국의 음식물 쓰레기만으로 세계의 굶주린 사람들 전부를 먹일 수 있다. 대신에 우리는 귀중한 땅과 토양, 물을 대량으로 쓰레기를 만드는 데 소비하고 있다.[22]

인간의 음식이 있다고 해서 모든 야생동물이 그것을 먹는 것은 아니다. 쓰레기를 뒤지는 건 확실히 이득이지만, 그렇다고 꼭 삶이 더 쉬워지거나 안전해지는 것은 아니다. 이로 인해 동물들이 질병, 독극물, 해로운 화학물질, 앙심을 품은 인간, 공격적인 경쟁자, 그리고 버려진 인간의 음식을 미끼로 쓰는 포식자 같은 위험에 노출될 수도 있다.[23]

코요테처럼 성공한 몇몇 도시 생물종은 인간의 음식물 쓰레기를 먹는 것을 피하지만, 그래도 거기서 혜택을 본다. 코요테는 시체 청소부보다는 사냥꾼이자 약탈자에 가깝고, 다수가 상상할 수 있는 가장 도시적인 환경에서도 이런 전략을 고수한다. 시카고와 덴버 같은 가장 도시다운 도시에 사는 코요테는 살아 있는 먹이와 식물만을 먹으며 살아간다. 녀석들은 쓰레기 더미에서 직접 먹이를 얻지는 않지만, 간접적인 이득을 본다. 음식물 쓰레기가 그들이 선호하는 먹이 생물종을 먹여 살리기 때문이다.[24]

음식물 쓰레기의 뒤를 잇는 도시 먹이그물의 특이한 두 번째 특성은 이상하리만큼 많은 포식자들이다. 도시에는 다른 종류의 서식지 대부분에 비해 훨씬 많은 미국너구리, 여우, 코요테, 다른 날카로운 이빨의 조그만 짐승들이 산다. 이런 동물들이 워낙 많이 돌아다니니까 어쩌면 시체도 아주 많이 나올 거라고 생각할 수 있다. 하지만 놀랍게도 도시에서 먹이가 되는 동물은 상당히 적다. 포식자의 역설이라고 하는 이것이 비둘기 같은 맛있는 먹이가 수많은 잠재적 비둘기 포식자들에게 둘러싸여 있음에도 불구하고 어떻게 도시에서 태연하게 지내는지를 설명해준다. 이 수수께끼의 해답 일부는 도시에 있는 예비 포식자들 일부가 사냥에서 시체 청소로 행동을 바꾸었다는 것이지만, 여기에는 그 이상의 이야기가 있다.[25]

도시 포식자들에 관한 가장 유명한 연구 중 하나가 1980년대에 생물학자들이 도시 생태계에 관심을 보이기 시작하면서 수행되었다. 1860년부터 1980년 사이에 샌디에이고의 인구는 800명도 안 되는 숫자에서 80만 명이 넘어서 1000배가 증가했다. 양쪽에 깊은 협곡이 패여 있어 위가 평평한 메사mesa가

해안가를 따라 넓게 펼쳐져 있는 지형의 샌디에이고는 가느다란 초록색 선으로 나뉜 개개의 주택지구가 있는 독특한 도시 형태로 발전했다. 도시가 커지고 부동산 가치가 치솟으면서 개발업자들은 도시 협곡으로 관심을 돌렸다.

도시의 토착 조류들이 곤란해질 것을 우려한 샌디에이고 캘리포니아대학교의 마이클 술레Michael Soule와 동료들은 획기적인 연구를 시작했다. 퓨마 같은 대부분의 대형 육식동물이 수십 년 전에 이 협곡에서 사라졌다. 그 자리는 여우, 미국너구리, 주머니쥐, 스컹크, 코요테, 집고양이처럼 친숙한 종들을 포함하여 중형 육식동물이 차지했다. 하지만 이 동물들은 먹이에 다른 영향을 끼쳤다. 미국너구리와 집고양이, 주머니쥐 같은 훌륭한 등반가들은 토착 조류를 사냥하고 알을 훔쳐갔다. 코요테는 이 조그만 포유동물들을 죽이거나 이들보다 훨씬 먹이를 잘 잡지만, 위로 올라가는 실력은 형편없어서 새나 알을 먹이로 삼는 일이 거의 없었다. 곧 코요테들이 남아 있는 협곡에는 나무를 올라타는 포식자가 훨씬 적고, 그래서 이 구역에 둥지를 트는 새들은 살아남을 가능성이 높다는 사실이 명확해졌다.[26]

술레는 선불교 신도이자 고양이 애호가였지만, 마음대로 돌아다니는 집고양이와 그들의 부주의한 주인들에 대해서는 혐오감을 표했다. "고양이는 대체로 '보조물을 받는' 포식자다. 새를 죽이는 것은 많은 고양이에게 취미 활동이다. 그러므로 도시 협곡에 나타나는 고양이의 숫자는 사실상 무제한이다. 야생동물을 주된 먹이로 삼는 토착 포식자들이 살아남지 못할 만큼 먹이 밀도가 낮아진 다음에도 집에서 키우는 고양이는 계속해서 야생동물을 죽일 수 있다." 그와 동료들은 이렇게 썼다. 이 연구의 결과는 이후 수년 동안 널리 논란이 되었다. 몇몇 연구자들은 여기서 너무 많은 일반적인 결론을 끌어내서는 안 된다고 경고하기도 했다. 하지만 도시에서 연구하는 사람들을 포함하여 많은 생태학자가 여전히 술레의 주된 주장에 동의한다. 크고 무시무시한 포식자가 주위에 있는 것이 생태계 전체에 도움이 될 수 있다.[27]

———

2020년 4월 16일, 세계가 전염병으로 출입 제한령을 내린 상황에서 남부 캘리포니아의 퓨마들이 다시 한번 뉴스거리가 되었다. 두 가지 놀라운 이야기가 몇 시간 간격으로 기사화되었다.

그날 오후에 샌디에이고의 CBS 뉴스 지부는 넓은 방목장으로 잘 알려졌고 세계적으로 유명한 주사파리공원Zoo Safari Park 에서 퓨마에게 가젤 두 마리를 잃었다고 전했다. 킬러니의 죽음처럼 이 사건은 충격적이었지만, 진행 방식은 익숙했다. 포유동물 관리자인 스티브 메츨러Steve Metzler는 이렇게 말했다. "우리는 마운틴라이언을 존중하고, 그들은 여기에 있을 자격이 있습니다. … 그래도 우리는 우리의 야생동물들도 보호해야 합니다. 이것은 우리에게 꽤 새로운 사건입니다. 일반적으로 마운틴라이언은 주변부에 머물기 때문이죠." 그는 이렇게 덧붙였다. "하지만 녀석들은 점점 가까이 다가오고 있습니다."[28]

그날 저녁에 〈로스앤젤레스 타임스〉는 캘리포니아어류·사냥위원회가 샌타모니카산맥에 사는 퓨마들을 포함하여 샌디에이고부터 샌프란시스코까지 걸쳐 사는 여섯 마리 퓨마에 대해 일시적으로 주 등급의 멸종위기종 지위를 부여하는 안건을 만장일치로 통과시켰다고 밝혔다. 주의 어류·야생동물관리국은 위원회에 장기적 지위와 보호 조치의 추천 여부에 대한 보고서를 1년 안에 제출해야 했다.[29]

위원회는 남부와 중부 캘리포니아의 퓨마 개체군의 유전적 다양성이 감소하고 있음을 보여주는 연구를 어느 정도 바탕으로 해서 결정을 내렸다. 개체군에 유전적 변이가 별로 없음에도 불구하고 비교적 건강한 상태를 유지하는 치타 같은 다른 대형 고양잇과 동물과는 달리 퓨마는 고립된 소수의 개체 군 내에서 동종번식을 계속하면 질병과 기형에 취약해진다. 플로리다퓨마는 생물학자들이 텍사스에서 더 건강한 동물들을 데려와 개체군을 되살리기 전에 이런 류의 질병으로 거의 사라질 뻔했다. 위원회가 언급한 연구에서는 남부와 중부 캘리포니아의 퓨마들이 비슷한 멸종의 소용돌이 속에 있음을 발견했다. 샌타모니카산맥의 퓨마들은 앞으로 50년 안에 사라질 가능성이 99.7퍼센트에 달해서 특히 더 위급한 상황이었다. 이 고양잇과 동물들의 유전자 풀을 다시 채우기 위해서 정말로 필요한 것은 산맥에 안전하게 드나드는 방법이었다.[30]

이런 관점에서 보면 P-22의 모험은 새로운 의미를 가진다. 로스앤젤레스의 마운틴라이언은 생존자지만, 그의 이야기는 또한 경고이기도 하다. 도시는 위험을 회피하고 자원을 모을 방법을 찾는 동물들에게 비옥한 땅이다. 하지만 크고 가장 넓은 활동 영역을 가진 동물들, 즉 생태계에서 가장 중요한 멤버인 퓨마 같은 최상위 포식자에게 통로로 연결된 안전한 서식지가 없는 조각난 도시 환경은 막다른 길에 지나지 않는다.

10 동물로 인한 불편

박쥐 그리고 전염병

텍사스 오스틴에는 따스한 여름 저녁을 즐길 장소가 수백 곳은 된다. 하지만 연간 10만 명 이상의 방문객을 끌어들이는 도시 최고의 명소 중 하나는 시끄러운 술집도, 번쩍거리는 극장도, A급 레스토랑도 아니다. 그것은 앤W.리처즈의회로다리 Ann W. Richards Congress Avenue Bridge 아래쪽의 콘크리트다. 매일 밤 구경꾼들이 다리의 보도를 따라 줄지어 서서, 근처의 풀로 덮인 언덕에 접이식 의자를 놓고, 빌린 카약에 앉아서, 그리고 레이디버드호수의 관광용 보트에 타고 음료를 마시며 석양의 장관을 바라본다.

1980년에 오스틴은 주도州都에서 열 블록쯤 떨어진 남북의 주도로인 낡은 의회로다리를 6차선의 아치형 구조물로 바꾸었다. 이 새 다리에는 아치 위에 도로를 지지하는 여러 개의 콘크리트 기둥이 설치되었다. 이 기둥 사이에 건축가들은 깊이 40센티미터에 너비는 겨우 2.5센티미터인 좁은 틈새를 만들어서 구조물이 흔들리고 이완되고 확장될 수 있게 했다. 이 따뜻하고 어둡고 보호되는 틈새는 멕시코꼬리박쥐의 이상적인 쉼터임이 밝혀졌다.

박쥐는 오스틴 지역에서 오랫동안 살아왔다. 개체군의 일부는 여름에는 텍사스와 인근 주에 머물고, 겨울에는 대체로 주 경계 남쪽에서 지냈다. 1937년부터 1970년 사이에 텍사스는 여러 개의 댐과 저수지를 만들었고, 그래서 레이디버드호수가 생기고 수십 개의 천연동굴이 물에 잠겼다. 박쥐들은 곧 객석 아래쪽의 틈새에 편하게 앉을 수 있는 텍사스대학교 풋볼경기장 같은 건물에 나타났다. 공무원들은 틈을 막고 청산가리로 수천 마리의 박쥐를 죽이는 것으로 대응했다.

어느 보건 공무원의 말에 따르면, 새로운 의회로다리는 "박쥐 동굴로 이보다 더 훌륭하게 설계할 수 없었다." 완공되고 몇 년 안에 다리를 사용하는 박쥐가 급증해서 결국 연간 150만 마리에 이르렀다. 겁에 질린 일부 주민들은 매년 여름, 저녁마다 다리 아래에서 엄청난 숫자로 날아가는 그림자 무리에 당황해서 박쥐를 없애달라고 외쳤다. 또 어떤 사람들은 다리 아래쪽에 그물을 쳐서 틈을 막자고 제안했다. 시카고 같은 먼 곳의 신문까지 오스틴이 전염병에 포위되었다고 말했다.[1]

지금 오스틴이 8월마다 유쾌한 박쥐 테마 축제를 열고 있다는 사실을 생각할 때 이 모든 호들갑은 오늘날에는 우스꽝스러워 보일 수도 있다. 하지만 이것은 더 큰 진실을 반영한다. 미국인들은 박쥐에 딱히 열광하지 않았다. 33종의 일반 동물의 인기도 순위를 조사한 스티븐 켈러트의 1984년 전국 설문에서 박쥐는 28위를 차지했다. 코요테보다 낮고 겨우 방울뱀, 말벌, 쥐, 모기, 바퀴벌레보다 높은 정도다. 어떤 사람들은 어둠, 악마, 사악한 마법과 오랫동안 연관되어온 박쥐가 너무 오싹해서 믿을 수 없다고 생각했다. 또 다른 사람들은 브램 스토커Bram Stoker의 《드라큘라Dracula》처럼 박쥐가 피를 먹는다고 믿었다. (확실히 해두자면, 세계 1100종의 박쥐 중에서 딱 3종만이 피를 먹고, 그중에 정기적으로 인간의 피를 먹거나 미국에 사는 종은 하나도 없다.) 하지만 오스틴 사람들과 다른 사람들은 대체로 박쥐가 질병의 매개체라는 걸 걱정했다.[2]

박쥐는 세계의 포유동물 26목 중에서 가장 특이하다. 박쥐는 또한 가장 역설적이다. 녀석들은 온혈동물 중에서 가장 냉혈동물에 가깝다. 대부분 작고 신진대사가 빠르지만, 번식은 느리고 수명이 길다. 녀석들은 반향위치측정으로 길을 찾는 유일한 육상 포유동물이고, 진짜로 날 수 있는 유일한 포유동물이다. 그리고 수십 가지 질병을 갖고 있긴 하지만, 대부분은 야생에서 건강하다. 최소한 최근까지는 그랬다.[3]

박쥐는 포유동물의 시대에 일찍 진화했다. 가장 오래된 박쥐 화석의 연대는 5200만 년 전쯤, 팔레오세-에오세 최대온난기Paleocene-Eocene Thermal Maximum(PETM)라고 알려진 지구 온난기 시절로, 유인원을 포함하여 여러 포유동물 집단이 새로운 형태로 다각화되던 때다. 오늘날 박쥐는 설치목에 이어 두 번째로 다양하고, 두 번째로 널리 퍼진 포유동물 목이다. 세계의 포유동물 종의 20퍼센트 이상을 차지하고 남극대륙을 제외한 모든 대륙에 산다. 비행 능력 덕분에 많은 외딴 섬에서 유일하게 자생하는 포유류가 박쥐다.

박쥐는 외형이 대단히 다양하고 생태학적·경제적으로 중요한 역할을 한다. 가장 작은 작은박쥐류는 길이가 5센티미터가 채 안 되고, 큰 꿀벌 정도의 크기에 무게는 동전 하나 정도인 반면 가장 큰 "왕박쥐"는 날개 너비가 1.8미터다. 어떤 박쥐는 조그만 척추동물을 쫓아가지만, 대부분은 과일이나 곤충을 먹는다. 망고, 바나나, 구아바, 테킬라를 만들 때 쓰는 아가베를 포함해서 약 500개의 식물종이 박쥐를 꽃가루 매개체로 의존한다. 작은갈색박쥐 같은 식충 박쥐들은 매일 밤 자기 몸 무게만큼의 곤충을 먹기도 한다. 이들의 먹이에는 수천 가지 질병을 가진 모기와 농업 해충도 포함된다. 박쥐의 똥은 동굴 전체의 생태계를 유지하고 수 세기 동안 비료나 다른 산업용, 상업용 물품으로 쓰기 위해서 채집되었다.

박쥐의 삶과 질병생태학에서 박쥐의 역할을 이해하기 위해서 시작할 만한 지점은 박쥐의 심부 체온이다. 온혈동물은 체내에서 체온을 조절한다. 어떤 동물들은 이 정의를 최대한으로 늘여서 동면 때는 체온이 떨어지게 하기도 하지만, 대부분은 안정적인 체내 상태를 유지한다. 예를 들어 건강한 인간의 심부 체온은 섭씨 36도에서 38도까지 2도 정도만 차이가 난다.

박쥐는 이 온혈이라는 정의에 도전한다. 깨어 있지만 쉬고 있을 때 대부분은 중간 정도의 체온을 유지한다. 이렇게 하려면 칼로리가 필요한데, 오스틴 같은 온대 기후에서 박쥐의 먹이는 계절 주기에 따라 달라지는 경향이 있다. 이런 연례 호황과 불황에 대응하기 위해서 97퍼센트의 작은 종들을 포함해 대부분의 박쥐는 장기간의 휴지기를 갖는다. 토포torpor라고 하는 이 상태에 들어가면 박쥐의 체온은 6도까지도 떨어질 수 있다. 과일이 익고 곤충들이 알을 깨고 나오면 박쥐들도 깨어나서 먹이를 잡으러 세상으로 나온다. 하지만 이제는 반대의 문제를 마주하게 된다. 비행은 많은 에너지를 소비하고 다량의 열을 발생시킨다. 날고 있을 때 박쥐의 신진대사 속도는 쉴 때의 34배까지 치솟고 심부 체온은 40도를 넘을 수 있다.[4]

박쥐는 이런 극단적인 상태를 여러 가지 방법으로 가라앉힌다. 녀석들의 날개에는 혈관이 가득하고, 이 혈관이 주변의 공기 속으로 열을 발산시켜 온도를 낮추거나 태양전지판처럼 작용해서 몸을 따뜻하게 만든다. 박쥐는 또한 날개를 담요처럼 사용해서, 서로를 껴안고 온기를 나눠서, 땀인 것처럼 만들려고 털을 핥아서, 그리고 개처럼 헐떡거려서 체온을 조절한다. 녀석들은 비교적 정온이 유지되는 동굴 같은 아늑한 장소에 모여든다. 그리고 과열을 피하기 위해서 밤에 먹이를 잡는다. 몇몇은 온화한 날씨 속에서 먹이를 모으기 위해 계절에 따라 이주를 한다.

박쥐가 성공적으로 살아남게 된 이 특성들은 또한 질병을 공유하기에도 알맞다. 과일박쥐는 먹이를 왕창 먹은 뒤에는 날 수 없기 때문에 먹이에서 영양분만 빨아먹고 종종 병원체가 가득 남은 과육은 놔둔다. 그리고 박쥐는 군집으로 모이고, 자신의 침으로 몸을 닦고, 체온이 올라갈 때면 이웃들을 향해 숨을 헐떡여서 다른 박쥐들에게 병원균을 옮긴다. 그리고 워낙 주위를 많이 돌아다녀서 새로운 지역에서 자신들의 병을 쉽게 다른 동물들에게 옮길 수 있다.

그러면 박쥐는 스스로 만든 페트리 접시에서 어떻게 살아남을까? 현재 가장 그럴듯한 이론은 "발열 비행flight as fever" 가설이다. 박쥐가 날 때는 심부체온이 아주 높이 올라가서 몸 안에서 병원체를 태우고 면역 체계를 강화한다. 이 놀라운 적응 방식에는 문제가 있다. 박쥐가 나는 동안 겪는 빠른 심장박동과 "비행열"로 촉발되는 염증이 세포를 손상시킬 수 있는 산화 반응을 일으키는 것이다. 하지만 박쥐에게는 비밀 무기가 있다. 녀석들은 염증을 줄이고, 산화 반응을 최소화하고, 상태가 나빠진 세포들을 복원하고, 이 열이 대부분의 다른 생물체에서 일으키는 스트레스를 피할 수 있게 만들어주는 복잡한 생리적 과정을 갖도록 진화했다. 그 결과 평균적으로 박쥐는 비슷한 크기의 다른 포유동물보다 3.5배 더 오래 산다. 야생에서 사는 몇몇 종의 개체들에 비교하면 40년 이상을 더 살기도 한다.[5]

하지만 박쥐가 살아남았다고 해서 그들의 병원균이 사라진 것은 아니다. 그 반대다. 어떤 박쥐들은 아무런 증상도 보이지 않은 채로 여러 질병 원인균을 보유하고 있다. 긴 수명 때문에 이런 녀석들은 다른 박쥐를 감염시킬 기회가 아주 많다. 그리고 자기 방어를 아주 잘하기 때문에 그들의 몸은 감염으로 다른 동물들을 죽게 만들 슈퍼 세균의 온상이 된다.

그래서 놀랄 일도 아니지만 박쥐는 여러 가지 악성 바이러스를 전파한다. 바이러스는 단백질로 싸인 작은 유전자 정보 덩어리다. 바이러스는 유전 정보를 전달한다는 면에서 살아 있는 유기체지만, 음식을 대사해서 에너지를 만드는 것 같은 기본적인 생물학적 기능이 없기 때문에(바이러스는 이런 것을 숙주에게 의존한다) 많은 생물학자가 이것이 일부만 살아 있다고 생각한다. 바이러스는 미시 세계의 좀비인 셈이다.

바이러스는 DNA, RNA, RNA-RT의 세 가지 형태를 갖고 있고, 각각 나름의 조성과 구조, 복제 방법을 갖고 있다. 박쥐는 특히 RNA 바이러스를 갖는 경향이 있는데, 이것은 단순한 유전체genome를 갖고 있지만 자연계에서 돌연변이 발생률이 가장 높다. 형태를 바꾸는 이 능력 덕분에 RNA 바이러스는 아주 강한 숙주를 제외하면 모든 생물에서 면역 체계를 압도할 수 있다. 또한 이 능력 덕분에 대단히 전염성이 강하고 특히 악성인 RNA 바이러스를 만들어서 새로운 숙주로 넘어갈 수 있다. 숙주에서 숙주로 대단히 쉽게 넘어갈 수 있기 때문에 바이러스는 서식지를 살려두어야만 하는 불편함을 겪지 않는다.

전염병학자들은 건강해 보이는 흡혈박쥐가 처음으로 걸어다니는 광견병 그 자체라고 진단된 1911년 이래로 박쥐를 질병과 연관지어왔다. 나중에 학자들은 대부분의 다른 포유동물에게 치명적인 질병인 광견병이 RNA 바이러스로 일어나는 것임을 밝혔다. 이후 과학자들은 주로 RNA 바이러스로 이루어진 약 200개의 바이러스를 가진 박쥐를 연구했다. 여기에는 헨드라, 니파, 마르부르크, 다양한 형태의 간염, 그리고 아마도 에볼라 같은 정말로 끔찍한 병원체와 인플루엔자, 중동호흡기증후군(MERS), 중증급성호흡기증후군(SARS), 그리고 물론 코로나바이러스감염증2019(코로나-19)의 악명 높은 원인인 SARS-CoV-2처럼 호흡기계 질병 여러 가지도 포함된다.[6]

이것은 굉장히 무시무시한 일이다. 하지만 그렇다고 해서 박쥐가 위험한 걸까? 1980년대에 겁에 질린 오스틴 사람들이 도망치고 걱정하는 게 당연했던 걸까? 이 질문에 대한 답은 약간은 "그렇다"이고 더 큰 나머지 부분은 "아니다"다.

세계 1100종 이상의 박쥐 중에서 겨우 108종, 9.9퍼센트만이 인간과 질병을 공유한다. 평균적으로 이 108종은 다른 포유동물목의 일원들보다 종당 훨씬 많은 인간의 질병을 갖고 있고, 이들이 가진 질병은 굉장히 끔찍한 것들이 많다. 하지만 이것은 이야기의 일부일 뿐이다. 인간에게 해를 입히는 약 1415가지 병원체 중에서 2퍼센트도 안 되는 숫자만이 박쥐를 숙주로 삼는다. 약 59퍼센트는 인간 외의 다른 동물을 숙주로

삼는다. 남은 39퍼센트는 동물로부터 전파되지 않거나 우리 종에만 특수하다.[7]

포유동물 중 설치류는 인간과 질병을 공유하는 종이 대단히 많다. 2220종의 설치류 중에서 약 10.7퍼센트에게 인간에게 해를 입히는 질병이 있다. 이것은 굉장히 많은 것 같지만, 이보다 다양성이 적은 다른 세 목의 포유동물이 더 높은 비율로 인간과 질병을 공유한다. 세계의 유인원 종 365개 중에서 약 20퍼센트가, 유제류 247종 중 32퍼센트가, 그리고 육식동물 285종 중 무려 49퍼센트가 인간 질병을 갖고 있다.[8]

박쥐를 그리 걱정하지 않아도 되는 또 다른 이유는 이들이 질병을 인간에게 직접 전염시키는 경우가 별로 없기 때문이다. 박쥐는 별로 공격적이지 않고, 이유 없이 무는 일도 드물다. 박쥐는 가끔 다른 동물에게 질병을 전달하고 그 동물이 다시 우리에게 전달하는 식으로 간접적으로 병을 전염시킬 수는 있다. 또한 같은 과일나무의 열매를 먹거나, 박쥐를 음식으로 사냥하거나, 똥을 모으거나, 군집 가까이에서 작물이나 가축을 키울 경우 인간에게 질병을 옮길 수 있다. 박쥐의 서식지를 파괴하거나 박쥐를 우리 쪽으로 끌어들이는 건축물을 지어서 그들과의 접촉을 더 늘리게 되면 이런 위험이 높아진다.

우리에게 질병을 감염시키는 능력이 있는데도 박쥐는 우리에게 해를 입히는 것 이상으로 돕는다. 녀석들은 말라리아, 뎅기열, 지카 같은 인간 질병을 가진 모기를 포함해서 연간 수십억 마리의 곤충을 잡아먹는다. 그리고 새로운 병원체를 상대로 초기 경고 시스템 역할을 할 수 있다. 그리고 코로나-19 팬데믹으로 인해 더욱 다급해진 현재의 연구는 인간에게 적용할 가능성을 염두에 두고 박쥐의 면역체계가 어떻게 기능하는지 더 잘 이해하는 것을 목표로 한다. 여기에는 가까이 있는 세포들이 바이러스 감염에 반응하게 만드는 인터페론 알파라는 "신호 단백질" 분자 연구, 그리고 박쥐가 비행하며 그렇게 많은 산소를 소비하는데도 어떻게 세포 손상을 피하는지에 관한 연구도 포함된다.

박쥐는 놀라운 생물체지만 대단히 곤란한 상황에 놓여 있다. 국제자연보전연맹에 따르면 최소한 박쥐 24종이 "위급 Critically endangered" 상태이고, 104종이 "취약Vulnerable" 상태다. 우리가 상태를 알 만한 데이터가 없는 박쥐들도 추가로 최소한 224종이 있다. 과도한 사냥, 박해, 특히 서식지 소실이 박쥐가 마주한 가장 큰 위협이다.[9]

인간처럼 박쥐도 나름의 새로운 질병을 겪고 있다. 2007년 업스테이트뉴욕에서 처음 기록된 균질병원균 수도짐노아스쿠스 데스트럭탄스*Pseudogymnoascus destructans*(Pd)는 흰코증후군을 일으키며, 북아메리카 박쥐 13종을 감염시켰다. 그중 2종은 위기종이었다. 아무도 Pd가 어디서 전파된 건지 모르지만, 여러 박쥐종에서 처음 걸린 것으로 보여서 인간이 옮긴 것이라는 의견이 나왔다. 이 진균은 동굴처럼 싸늘하고 축축한 장소에서 번성한다. 이것은 박쥐가 동면하는 동안 몸에서 자라서 간지럽게 만들어 박쥐들이 계속 움찔거려 먹을 것이 별로 없는 계절에 귀중한 에너지를 낭비하게 만든다. 흰코증후군은 수백만 마리의 박쥐를 죽였고, 어떤 집단에서는 90퍼센트 이상의 개체가 죽었다.[10]

———

인간과 동물 사이를 넘나드는 질병을 인수공통감염병이라고 한다. 대체로 이 말은 동물이 갖고 있다가 인간에게 전달될 수 있는 병원균이 일으키는 질병을 가리킨다. 인간에게 알려진 868종의 인수공통감염병 중에서 19퍼센트가 바이러스나 프리온(비정상 단백질)으로 일어나고, 31퍼센트는 박테리아로, 13퍼센트는 진균으로, 5퍼센트는 원생동물로, 32퍼센트는 벌레 같은 기생충으로 일어난다. 이 868종 중에서 약 3분의 2가 동물에서 인간으로 간접적으로 전달될 수 있는 반면에 3분의 1은 직접적으로 접촉해야 한다. 이 질병들의 대략 4분의 1은 동물 숙주에서 인간으로 넘어오는 디딤돌로 세 번째 생물 종을 이용한다. 20분의 1 정도는 아직까지 알아내지 못한 전달 경로를 따른다.[11]

심장병과 암처럼 우리를 대단히 많이 죽인 질병을 포함하여 인간에게 해를 주는 질병 대부분은 우리와 다른 동물들 사이를 건너오지 않는다. 세계에서 가장 전염성이 높은 질병 중에서 최악의 것들 대부분은 인수공통감염병이 아니다. 하지만 인수공통감염병은 지나칠 정도로 많은 관심을 받는다. 여기에 인간에게 새롭거나 우리에게 굉장한 위협이 되고, 종종 우리가 아는 것이 별로 없는 "신종 질병"의 원인균들이 포함되어 있기 때문일 수 있다. 세계 175종 정도의 최신 질병 중에서 우리는 다른 동물들과 132종, 즉 75퍼센트를 공유한다. 인수공통감염병은 비공통감염병보다 두 배나 "새로 나타날" 가능성이 높다. 인수공통감염병은 복잡한 생태계와 다양한 동물 숙주 속에 잠복하고 있기 때문에 박멸하기가 거의 불가능하다.[12]

이 질병들이 어떻게 오가는지 이해하려면 몇 가지 용어를 정의해야 한다. 그리고 우리가 질병 그 자체를 생각하는 방식도 바꾸어야 한다. 우리들 대부분은 질병을 생각할 때 각 개인이 알 수 없는 병으로 고통받는 장면을 상상한다. 하지만 사실

전염병은 두 개 이상의 유기체가 관련된 생태학적 관계이며, 각각이 중요한 역할을 한다.

병원체와 그 숙주는 종종 함께 진화하고, 병원체에 서식지를 제공하는 대신 숙주는 감염되지 않거나 회복 가능하게 만드는 식으로 서로 이득을 주는 관계를 형성한다. 하지만 모든 숙주가 다 똑같은 것은 아니다. 몇몇은 막다른 길이다. 질병이 더는 전파되지 못한다. 몇몇은 병원체를 전파할 수 있지만, 어떤 생화학적 이유 또는 행동학적 이유로 효과가 사라진다. 스펙트럼의 반대편에는 증폭제 역할을 하는 숙주가 있다. 이들은 병원체를 받아들여 대량으로 농축시킨다. 유능한 숙주 역할을 하는 유기체가 되려면 병원체를 쉽게 받아들이고, 체내에서 병원체를 견딜 수 있고, 제3자에게 병원체를 전달할 수 있어야 한다.

벡터는 병원체를 다른 유기체에게 전달한다. 벡터는 먼지처럼 살아 있지 않은 물체일 수도 있지만, 대체로는 미생물이나 절지동물처럼 살아 있는 작은 유기체다. 모기, 벼룩, 진드기는 가장 잘 알려진 질병 벡터다. 병원체는 종종 다양한 숙주와 벡터를 갖는데, 둘을 가르는 명확한 선은 없다. 어떤 숙주는 가끔 벡터 역할을 할 수 있고, 어떤 벡터는 특정 조건 아래서, 또는 생활 주기에서 특정 단계에만 질병을 전파할 수 있다.

현대 의학은 개개의 유기체에 집중하지만, 개체군, 공동체,

생태계는 질병이 어떻게 유포되는지를 결정하는 데 핵심적이다. 숙주와 벡터 개체군의 밀도는 아주 중요하다. 균이 이 개체에서 저 개체로 넘어갈 수 있을 정도로 개체들이 가까이 살아야 하기 때문이다. 생태계의 다양성도 중요하다. 여러 종류의 숙주가 있는 공동체에서 균은 덜 효율적으로 유포되는 경향이 있다. 희석 효과dilution effect라고 하는 현상이다. 마지막으로 생태계의 안정성도 중요하다. 생태계가 교란되면 균을 자극해서 전염이 일어날 가능성을 더욱 높이기 때문이다. 질병생태학을 수학적으로 분석하면 종종 비선형적이고, 이 변수들 중 어느 하나라도 조금 변화하면 큰 차이가 생길 수 있다.[13]

질병생태학의 복잡함을 생각할 때 이것이 이해하기 어렵다는 건 놀랄 일도 아니다. 이런 착각을 대표하는 가장 유명한 사례가 라임병이다. 1975년 코네티컷에서 처음 진단된 라임병은 발진과 관절통부터 심계항진, 두통, 피로, 신경계나 심장조직 손상까지 다양한 증상을 일으킬 수 있다. 드문 경우 복합 감염으로 사망할 수도 있다. 인간은 보렐리아Borrelia 속의 박테리아에 감염된 등빨간긴가슴잎벌레진드기에 물리면 라임병에 걸릴 수 있다. 미국질병통제예방센터는 연간 새로운 라임병 사례 보고를 3만 건가량 받지만, 실제로는 그 10배가 넘을 수 있다. 라임병이 가장 흔한 뉴잉글랜드에서는 주민들이 딜레마를 겪는다. 질병에 걸리면 아프겠지만, 그걸 피하려고 집안에만 있으면 삶의 질이 낮아진다.

수년 동안 많은 전문가가 흰꼬리사슴이 라임병의 주된 보균체라고 생각했다. 사슴이 늘어나면 라임병도 는다는 뜻이기 때문에 도시와 주는 사슴 무리를 도태시키러 나섰다. 하지만 2011년에 캐리생태계연구원Cary Institute of Ecosystem Studies의 릭 오스트펠드Rick Ostfeld가 20년이 넘는 연구를 축약한 〈라임병: 복합 시스템의 생태학Lyme Disease: The Ecology of Complex System〉이라는 논문을 출간했다. 그는 사슴이 많은 지역에서도 라임병 양성인 진드기의 90퍼센트가 쥐, 얼룩다람쥐, 땃쥐에게서 감염된 피를 섭취한다는 사실을 발견했다. 광범위한 현장 및 모형 연구를 바탕으로 한 계산 결과는 그 지역에 사슴이 이미 있다면 몇 마리가 는다고 문제가 악화되지도 않고, 사슴을 도태시킨다고 문제가 해결되지도 않는다는 사실을 보여주었다. 오스트펠드는 사슴이 어떤 역할을 하긴 해도, 그들의 역할은 라임병 이야기에서 작은 부분일 뿐이라고 결론지었다.

이 이야기에는 더 많은 내막이 있다. 19세기와 20세기에 농부들이 미국 중서부와 서해안을 따라 있는 더 푸른 초원을 선호하고 고향을 버려서 뉴잉글랜드의 많은 숲들이 다시 자랐다. 하지만 21세기에 개발업자들이 다시금 이것을 잘라내고 이번에는 교외 주거 지역을 지을 터를 만들었다. 이 지역에서 가장 숲이 우거졌던 장소들조차 이제는 작고 고립된 식림지 몇 곳뿐이고 수 세기 전에 쫓겨난 퓨마, 늑대, 스라소니 같은 대형 포식자들을 포함하여 토착 동물종도 다수가 사라졌다. 라임병의 숙주인 사슴, 작은 설치류, 땃쥐가 그 근방의 유일한 포유동물인 경우가 잦았고, 이들이 이 작은 숲을 점령했다. 포식자, 경쟁, 다양성이 결여된 이런 상황이 등빨간긴가슴잎벌레진드기, 더 나아가 라임병이 번성한 원인이 되었다. 교외 주거 지역이 시골까지 더 널리 집어삼키고 있는 뉴잉글랜드에서 사람들을 라임병으로부터 지키는 가장 좋은 방법은 사람들로부터 생태계를 보호하는 것일지도 모른다.[14]

———

도시는 오래전부터 역병과 관계가 있었다. 사람들이 도시에 정착하기 전에는 전염병이 우리 종에서 그리 흔하지 않았다. 인구가 너무 적고, 희박하게 분포해 있으며, 서로 너무 분리되어 있어서 많은 병원균이 우리와 함께 진화하고 널리 유포되기가 어려웠다. 인간이 수만 년 동안 자신의 서식지를 개조해오긴 했지만, 인간의 역사에서 거의 내내 질병생태학의 기본

방정식을 변화시킬 정도의 규모로 했던 건 아니었다.

이는 사람들이 도시에 모이고 그 사이를 오가기 시작하면서 바뀌었다. 유럽과 아시아를 휩쓸었던 가장 악명 높은 고대와 중세의 질병은 가래톳흑사병이었다. 예르시니아Yersinia 속의 박테리아로 유발되는 이 전염병은 쥐를 숙주로 삼고 벼룩을 벡터로 이용한다. 몇몇 쥐 개체군은 이 병에 면역이 있지만, 어떤 개체군은 없다. 면역성이 있는 쥐가 배나 캐러밴 등에 몰래 올라타서 새로운 지역으로 들어가면 그들의 벼룩이 면역이 없는 군집에 병균을 퍼뜨려서 그 지역 쥐를 감염시키고 결국 인간까지 감염시킨다.

서기 165년경에 로마제국에 퍼졌던 병이나 541년에 시작되어 지중해 지역을 유린한 병 같은 고대의 전염병은 여전히 미스터리다. 수년 동안 학자들은 가래톳흑사병이 유럽에서 1347년부터 1351년까지 맹위를 떨치며 대륙의 인구 30퍼센트에서 60퍼센트가량을 죽게 한 흑사병을 유발한 건지 논쟁했다. 2010년에 연구자들은 유럽 전역에 있는 14세기 공동묘지에 묻힌 해골에서 DNA를 검사했다. 그들은 두 종류의 예르시니아를 발견했고 전염병이 실제로 이 모든 죽음의 원인임을 밝혔다. 이 전염병은 최소한 두 차례 사람들을 덮쳤고, 각각 이 끔찍한 질병의 새로운 균주로 전파되었다.[15]

전염병은 또한 미국의 역사를 형성했다. 19세기에 말라리아, 황열병, 광견병, 콜레라, 기타 질병의 발병으로 미국 전역에서 공무원들이 배관을 설치하고, 쓰레기를 모으고, 가축을 금지하고, 개를 매어두는 법을 시행하고, 공원을 만드는 등 공격적인 조치를 취할 수밖에 없게 되었다. 인간과 200개 이상의 질병을 공유하고, 길거리에 대량의 똥을 싸고, 파리와 다른 예비 벡터들의 숫자를 늘리는 말들을 전차로, 후에 자동차로 바꾼 것도 도움이 되었다.

미국의 도시들은 여전히 인수공통감염병 병균들의 아늑한 은신처다. 도시에는 한때는 질병을 나르는 더 작은 동물들의 개체수를 조절해서 질병 전파를 느리게 만들었던 최상위 포식자를 포함하여 많은 분류군 내에서 종의 다양성이 부족하다. 도시는 외곽의 녹지를 망가뜨리고, 병균이 빠른 속도로 전파되게 만든다. 적은 면적에 자원이 집중된 도시는 같은 종의 동물 다수가 좁은 곳에 한데 모여 산다. 비교적 온화한 기후, 급수, 음식물 쓰레기는 벡터, 그래서 질병의 번식지 역할을 한다. 공기와 수질 오염 같은 환경적 스트레스 요인은 인간과 비인간 모두의 면역성을 떨어뜨린다. 도시의 높은 인구밀도는 병원체가 인간에게로 넘어왔을 때, 발생한 질병이 더 빠르게, 더 널리 퍼질 수 있음을 의미한다.[16]

도시 거주자들을 전염병으로부터 지키려는 수 세기의 노력에도 불구하고 도시 인수공통감염병에 대한 과학적 연구는 여전히 신생 분야다. 하지만 도시는 점점 더 많은 야생동물을 불러들이기 때문에 새로운 연구가 진행 중이고 더 많은 종이 관심을 받고 있다. 미국너구리, 스컹크, 여우, 다람쥐는 파보바이러스, 회충, 촌충, 그리고 광견병, 디스템퍼, 렙토스피라를 유발하는 병원균을 갖고 있는 것으로 알려졌다. 사슴은 만성소모성질병을 갖고 있지만 올새와 멕시코양지니는 웨스트나일바이러스의 증폭자 역할을 하는 것으로 보인다.[17]

2020년 코로나-19 팬데믹이 터졌을 때 전 세계는 잠시 박쥐 같은 야생동물에 의한 질병의 위험에 관심을 기울였지만, 가축이 장기적으로 더 큰 위협이 되는지도 모른다. 흔한 반려동물 중에서 고양이가 가장 우려가 크다. 고양이는 살모넬라, 인간에게 혈액감염을 일으킬 수 있는 파스튜렐라 멀토시다 *Pasteurella multocida*, 고양이할큄병의 원인인 마르토넬라 헨셀라이 *Bartonella henselae*를 갖고 있다. 고양이는 또한 벼룩, 옴, 회충, 십이지장충, 백선을 포함하여 기생충 및 진균감염도 갖고 있다. 그리고 녀석들은 크립토스트리디움, 지아르디아, 고양이에서만 번식할 수 있고 배설물을 통해 전파되며 톡소플라스마증을 일으키는 톡소플라스마 곤디이 *Toxoplasma gondii* 같은 원생동물도 전파할 수 있다. 포유동물 수백만 종이 톡소플라스마증에 양성을 보이고, 모든 인간의 3분의 1이 감염된 적이 있는 것으로 여겨진다. 대체로는 사람들에게 무해하지만, 임산부에게 심각한 증상을 일으킬 수 있고, 몇몇 연구는 이것을 신경학적·정신적 장애와 연결시키고 있다. 쥐가 이것에 감염되면 포식자에 대한 두려움이 줄어드는 끔찍한 효과를 일으켜서 고양이 앞에 더 많이 나서게 된다. 톡소플라스마증은 또한 캘리포니아 해안 바깥쪽에 있는 태평양해달에 치명적일 수 있는 뇌 감염을 일으킨다.[18]

공장형 축산업만큼 인수공통감염병을 만들어내기에 훌륭한 시스템도 없을 것이다. 이런 방식은 몇 종밖에 안 되고 유전적 다양성도 적은 동물들을 다량으로, 빽빽하게 한곳에 몰아넣는다. 공장형 축산업은 이 동물들을 계속해서 감시하고, 필요한 인간 노동자의 수를 줄이고, 다량의 항생제를 주입함으로써 위험을 관리한다. 그래도 연구에 따르면 공장형 축산업 노동자들은 다른 사람들보다 훨씬 많은 질병균을 갖고 있으며, 이런 시설들에서 여러 질병이 발생했다.[19]

전반적으로 인수공통감염병은 우리보다 야생동물들에게 더 위협적이다. 야생동물들은 바깥에 살면서 음식과 물, 공기를 정화되지 않은 곳에서 얻기 때문에 대부분의 인간보다 환경적 위협에 훨씬 더 노출되어 있다. 오염은 미국에서 야생동물종이 멸종위기에 처하는 세 번째로 큰 이유다. 외래종이 들어오면 녀석들은 종종 새로운 질병을 가져오고, 이런 침입자들은 생태계를 망가뜨리거나 토착종에 스트레스를 주어 질병에 더 예민하게 만든다. 어떤 종은 특히 취약하다. 여우와 미국너구리 같은 사교적인 동물들은 도시의 밀집된 개체군 속에서 살기 때문에 전염병에 노출된다. 작은 포유동물을 사냥하는 보브캣 같은 포식자들은 종종 쥐, 시궁쥐, 땅다람쥐를 죽이기 위해 놔둔 쥐약을 먹고 죽기도 한다. 엄청난 양의 병균을 갖고 다니는 데 적응한 박쥐 같은 동물들은 이미 가진 균과 같은 경로를 통해서 감염되지만 면역은 거의 없는 새로운 병원체에 민감할 수도 있다. 도시에 사는 것은 야생동물에게 심장병이나 심지어 암처럼 스트레스, 게으름, 혹은 안 좋은 식생활과 관련된 비감염성 질병의 위험을 높일 수도 있다.[20]

그리고 기후변화 문제도 있다. 인간이 기후를 변화시키면서 추운 겨울 때문에 죽거나 통제되던 진드기, 모기, 몇 종의 기생 진균류가 여러 지역에서 크게 증가했다. 기후변화는 또한 전통적인 먹이 공급원을 위태롭게 만들어서 동물들이 더 멀리까지 돌아다니게 만들고, 그 와중에 병균과 접촉하고 전파하고, 면역성을 떨어뜨리는 스트레스를 받게 한다.

코로나-19 팬데믹 때문에 전 세계 많은 사람이 1980년대 오스틴 주민들처럼 병균으로 가득한 동물들에게 포위된 기분을 느끼는 것 같다. 진실은 더 복잡하지만, 메시지는 여전히 단순하다. 인수공통감염병은 인간과 야생동물 양쪽 모두에 안 좋은 일이다. 자연적인 생태계를 파괴하고 단순화시키면서 우리는 모두가 마주한 위험을 더 증폭시키고 있다. 코로나-19 같은 전 세계적인 전염병을 막는 가장 좋은 방법은 가축이든 야생동물이든 더 잘 돌보는 것이다.

———

철학자 토머스 네이글Thomas Nagel은 그 유명한 1974년 에세이에서 인간이 현실을 절대로 완전하게 인지하지 못할 거라고 말했다. 우리의 감각이 현실의 일부만을 알려주기 때문이다. 그는 이것을 "경험의 주관적 성질"이라고 불렀다. 네이글은 자신의 주장을 설명하기 위해, 인간의 감각과는 상당히 다른 종류의 인지 방식인 반향위치측정으로만 세상을 이해하는 박쥐가 되면 어떨지 상상해보라고 했다. "박쥐는 우리와는 활동 범위와 감각기관이 굉장히 달라서" 완전히 이질적인 현실을 경험한다고 할 수 있을 거라고 네이글은 적었다. "철학적 사고라는 혜택이 없어도 흥분한 박쥐와 한 공간에 갇혀서 시간을 보내본 사람이라면 근본적으로 전혀 다른 생명체를 마주하는 것이 어떤 것인지 잘 알 것이다."[21]

네이글의 핵심은 오스틴의 박쥐들이 의회로 다리 아래의 안식처에서 집단적으로 나오는 모습을 보려고 매년 여름에 몰려드는 신이 난 관광객들에게는 명확하다. 이런 장관을 보는 것은 우리의 정신을 넓히고, 우리와 다른 존재는 세상을 아주 다르게 경험한다는 사실을 상기시킴으로서 우리의 연민을 쌓아 올린다. 인간이 인지하는 것은 객관적 현실이 아니다. 우리가 살아남을 수 있도록 인간이 보고 냄새 맡고 만지고 맛보고 느끼도록 진화해서 조우한 현실일 뿐이다. 네이글의 이야기는 다른 방식으로도 의의가 있다. 많은 바이러스학자들과 면역학자들이 믿듯이 박쥐를 연구하는 것이 우리 몸을 더 잘 이해할 수 있도록 도와준다면, 인간의 건강에 도움이 되고 심지어는 다가올 전 세계적 전염병을 예방하는 데 도움이 되는 치료법을 찾을 수 있게 만든다면, 과학은 박쥐와 인간이 좀더 비슷하다고 말하게 될 수도 있다. (언젠가 그리고 우리의 큰 이익을 위해) 인간은 박쥐로 살면 어떨지에 대한 기묘하고 생소하고 마법 같은 경험을 좀더 이해하게 될 수도 있다.

11 잡고 놓아주고
포획동물과 야생동물 사이에서

  론 매길Ron Magill은 마이애미의 화신 같은 사람이다. 2미터
가까이 되는 키에 말끔히 넘겨 하나로 묶은 회색 머리, 초승달
모양의 콧수염, 금목걸이, 그리고 캐딜락 에스칼레이드의 뒤
에 붙어 있는 "ZOO GUY"라는 개인 번호판까지. 매길은 이
색적인 인물이다. 쿠바 이민자인 아버지에게서 태어난 그는 열
두 살에 퀸스에서 마이애미로 이사해서 8년 후에 마이애미메
트로동물원MaiamiMetroZoo(현재는 주마이애미Zoo Maiami라고 불
린다)이 개장하자마자 거기서 일하기 시작했다. 그는 1980년대
에 〈마이애미 바이스Miami Vice〉에서 악어 조련사 역할을 하면
서 B급 스타로 자리매김했다. 그후 그는 자연 다큐멘터리에서

의 역할로 다섯 개의 에미상을 받았고, 야생동물 사진으로 니콘앰배서더상을 받았으며, 스페인어 텔레비전 프로그램 진행을 했고, 유니비전의 엄청난 히트 버라이어티 쇼 〈사바도 기간테Sabado Gigante〉에 25년 동안 고정 게스트로 나왔다. 매길은 악어에 물린 상처를 치료하다가 물리치료사인 아내를 만났다.

현재 동물원의 홍보팀장이자 친선대사인 매길은 잊어버리기 어려운 인물이다. 하지만 그의 기억에 가장 깊게 남은 순간, 그가 명성을 얻는 데 도움이 되어준 순간은 1992년 더운 여름날 아침에 일어났다. 그날은 최근 역사상 그 어떤 날보다도 마이애미 같은 도시 생태계에서 외래종 동물의 지속적인 역할을 증명한 날이었다. 또한 우리가 "포획동물"과 "야생동물"이라고 동물군을 나눌 때 쓰는 분류가 유동적이고 유연하고 전혀 영구적이지 않다는 것도 보여주었다.

8월 24일 동이 트기 직전에 허리케인 앤드루가 마이애미 남쪽 약 40킬로미터 지점에 상륙했다. 앤드루는 서아프리카 해안 근처에서 평범한 열대성 저기압으로 출발했으나 멕시코 만류의 따뜻한 물을 거치면서 휘몰아치는 괴물로 변신했다. 앤드루는 8월 23일에 바하마를 분탕질치고, 몇 시간 후에 시속 280킬로미터의 5등급 태풍이 되어 미국 본토를 내달렸다. 추정상 273억 달러의 부동산 피해를 입은 남부 플로리다는 당시로서는 미국 역사상 가장 큰 금전적 재난이라는 타격을 입었다. 가장 심한 공격을 받은 장소 중 하나가 마이애미메트로동물원이 있던 켄달 교외 지역이었다.

태풍이 들이닥치기 전날에 매길은 이상한 것을 알아챘다. 평범한 날에는 동물원에 모여 있는 왜가리, 백로, 가리새, 따오기, 기타 다른 종을 포함한 야생 토착 조류 수십 마리가 다른 외국의 포획종들과 함께 전시관에서 물을 가르고 먹이를 먹었다. 하지만 8월 23일 아침 야생동물들이 갑자기 사라졌다.[1]

동물원 직원들은 태풍에 대비하는 상세한 절차를 따랐고, 그다음에 집으로 서둘러 돌아가서 태풍이 지나가기를 기다렸다. 끔찍한 18시간이 지나고 앤드루는 루이지애나로 이동했고, 매길은 복구를 위해 동물원으로 향했다. 바깥은 끔찍한 난장판이었다. 길거리가 잔해로 뒤덮였고, 랜드마크는 사라졌으며, 대체로 10분쯤 걸리던 길이 한 시간이 넘게 걸렸다. "신이 40킬로미터 너비의 예초기를 몰고 지나간 것 같은 모습이었죠." 그는 후에 이렇게 회고했다.[2]

코럴리프드라이브에서 매길은 여러 기묘한 장면 중 첫 번째를 마주했다. 최소한 10마리 이상의 레서스원숭이 부대가 금요일 밤 풋볼 경기에 가는 시끄러운 십 대들처럼 떠들썩하고 자유롭게 길을 지나가는 거였다. 그가 가장 놀란 것은 플로리다의 길을 지나가는 이 동물들의 모습이 아니라 "녀석들은 심지어 (동물원) 원숭이들도 아니었다!"는 거였다.[3]

동물원에서 매길은 "전쟁터"를 보았다. 앤드루는 차량을 수백 미터나 내던지고, 콘크리트 벽을 무너뜨리고, 5000그루의 나무를 쓰러뜨리고, 모노레일을 망가뜨리고, 여러 건물을 넘기거나 무너뜨렸다. 동물원의 새로운 최신식 새장은 망가진 스노글로브처럼 보였다.[4]

매길이 도착할 무렵 동물원 사육사들은 탈출했을지도 모르는 위험한 동물들로부터 몸을 지키기 위해 총으로 무장한 채 현장을 수색하고 있었다. 동물원의 재난대비계획에 따라 그들은 허리케인이 오기 전에 몇몇 동물들은 화장실에 가두고 나머지는 콘크리트 우리에 넣어두었다. 다른 동물들은 우리 안에 만들어진 벙커 속에 숨어서 태풍이 지나가기를 기다렸다. 이런 대비는 가치가 있었다. 동물원의 1600마리 동물 중에서 겨우 30마리만 죽은 것이다. 300마리가량이 탈출했지만, 대부분 몇 주 안에 직원들이 모을 수 있는 조류였다. 메트로동물원은 난장판이었지만, 거기서 살던 동물들은 전반적으로 괜찮았다.[5]

하지만 동물원은 그 지역에서 포획된 야생동물이 있는 수많은 장소 중 하나일 뿐이었다. 앤드루는 연구소, 사육 시설, 길가의 관광지, 조용한 외관과 달리 미국에서 가장 큰 외래종 애완동물들을 보유하고 있는 집까지도 전부 망가뜨렸다.[6]

태풍 이후 정신없는 나날을 보내는 동안, 메트로동물원 직원들이 마음을 가다듬고 전국의 동물원들에 도움을 청하는 동안, 지역 주민들은 마이애미 교외를 돌아다니는 낯선 동물들을 제보했다. 이국적인 새, 희귀한 사슴, 아프리카사자, 코럴리프드라이브에 있던 시끄러운 원숭이들. 근처 마이애미대학교 유인원센터에서 탈출한 밝혀지지 않은 숫자의 개코원숭이들이 나무에 매달려 이를 드러내거나 차 위로 뛰어내리거나 최소한 한 채 이상의 주택에 불법 침입했다. 녀석들은 심지어 동물원도 방문했다. 하지만 이 카리스마 넘치는 도망자들은 사진을 찍거나 뉴스에 내보내기에는 좋아도 앤드루가 풀어놓은 추정상 5000마리 정도의 포획동물 중 아주 소수일 뿐이었다. 그리고 주의 야생동물 조사관 톰 퀸Tom Quinn의 말처럼 "생태학적 재앙"이었던 앤드루는 플로리다의 외래종 동물이라는 수 세기에 걸친 역사에서 짧은 순간일 뿐이었다.[7]

1980년대에 플로리다에서 자란 나는 종종 뉴욕에서 쫓겨나다시피 이주한 나의 아버지가 이렇게 말하는 것을 듣곤 했다. "살아 있는 거라면 죄다 플로리다에 있다니까!" 나는 아버지가 엄마의 에어컨으로 무장한 집이라는 성채에 종종 침입하는 커다란 바퀴벌레들이나 우리 교외 주택 뒤뜰의 뒤쪽에 있는 운하의 반대편 강둑에서 나른하게 일광욕을 하는 악어들을 이야기한다고 생각했지만, 사실은 좀 달랐다. 대부분의 지역이 바다 밑에서 솟아오른 지 채 7000년도 되지 않은 플로리다반도는 그 짧은 역사 동안 사실상 섬이었다. 동떨어져 있고 고립되었으며, 철새들의 안식처이긴 하지만 비슷한 기후와 육지 면적을 가진 다른 지역에 비해 훨씬 적은 수의 육상동물과 수생동물의 고향이었다.

이것이 1538년에 에르난도 데 소토Hernando de Soto가 미국 남동쪽을 가로지르는 3년에 걸친 열띤 꿈의 여정을 출발하면서 바뀌기 시작했다. 데 소토의 모험은 미시시피의 진흙 강둑에서 죽음으로 끝이 났지만, 그와 그의 추종자들은 오늘날의 야생 레이저백 돼지를 낳게 되는 가축용 유럽 돼지를 남겨두었다. 그 이래로 관찰자들은 플로리다를 자유롭게 돌아다니는 약 500종의 외래종 동물을 기록했다. 2007년 연구에 따르면 최소한 이 중 조류 12종, 포유류 18종, 민물 어류 22종 등을 포함하여 123종이 자리를 잡았다. 즉 최소한 5년 이상 야생에서 번식했고, 인간의 결연한 노력 없이는 사라질 가능성이 없다는 뜻이다. 다수가 확실하게 미국에서 살아남았다.[8]

플로리다의 외래 파충류 및 양서류 목록은 놀랍다. 카리브

해에서 밀항해 최초의 온실개구리가 도착한 1863년 이래로 주에서 최소한 137종의 외래종 파충류와 양서류가 발견되었다. 목록은 꼭 고등학교 지리 시험 같다. 아프리카긴코악어, 아르헨티나테구, 버마왕뱀, 히스파니올라녹색아놀도마뱀, 코끼리코뱀, 온두라스밀크스네이크, 마다가르카르큰낮도마뱀붙이, 말레이시아얼룩개구리, 멕시코검은뾰족꼬리개구리, 나일왕도마뱀, 텍사스뿔도마뱀, 캘리포니아왕뱀 등등. 플로리다는 이제 부인할 수 없는 세계 파충류의 용광로이고, 마이애미국제공항은 엘리스섬인 셈이다.[9]

이 동물 중 얼마나 많은 수가 플로리다에 머물고, 얼마나 많은 수가 앞으로 도착할 거고, 그중에 얼마나 많은 수가 문제를 일으킬 건지 예측하기는 어렵다. 아무도 특정 종이 새로운 환경에서 번성할지 어떨지를 예측하거나, 왜 특정 종은 소수만 들어와 몇 년 만에 갑자기 확 늘어나는지 설명할 수 없다. 쉽게 이동하고 빠르게 번식하는 종은 다양한 생태학적 조건을 견디고, 같은 종의 다른 개체들을 금세 찾아서 사이 좋게 지내고, 사람들 주위에서 편안하게 행동하거나 다른 종들에게는 위험할 만한 거친 지역에서도 번성한다. 생물학자들은 미국에 들어온 5만 가지 이상의 외래종 중 10퍼센트 미만 정도만 "침략종"이라고 생각한다. 하지만 어느 종이 침략적이 되고 나면,

주변을 완전히 망가뜨릴 수도 있다. 확실하게 말할 수 있는 것 한 가지는 우리가 그들을 찾을 무렵이면 이미 늦었을 때가 많다는 것이다.[10]

———

살아 있는 외래종 동물을 교환하는 것은 수천 년을 거슬러 올라간다. 현대의 외래종 거래는 세계화와 경제적 성장으로 (런던, 암스테르담, 뉴욕 같은 도시의) 더 많은 사람이 전 세계에서 온 살아 있는 동물을 구매할 수 있던 18세기 말에 시작되었다. 조류는 항상 가장 인기 있는 외래종 동물이었다. 19세기 말에 북아메리카와 유럽의 판매상들은 해마다 최소한 700종에 해당하는 100만 마리 이상의 살아 있는 새를 수입했다. 살아 있는 새 교역은 1970년경 전 세계의 판매상들이 750만 마리를 판매하면서 정점을 찍었다. 이후로는 1973년 멸종위기에 처한 야생동식물의 국제거래에 관한 협약The Convention on International Trade in Endangered Species of Wild Fauna and Flora(CITES)을 포함한 새로운 법령들 덕에 매년 팔리는 외래 조류의 숫자가 300만 마리 정도로 낮아졌다.[11]

파충류와 양서류는 다른 척추동물 종보다 훨씬 나중에 인기를 얻었다. 플로리다의 판매상들은 1920년대에 살아 있는 파충류를 대량으로 팔기 시작했다. 처음으로 그 주를 방문한 수많은 관광객은 그럴듯한 마케팅 활동에 넘어가서 갓 만든 철도를 타고 와서 번쩍거리는 새로운 리조트에 숙박을 했고, 새끼 악어와 파충류, 양서류를 파는 길가의 명소들은 열대라는 이 지역의 매력을 활용했다. 처음에 산업은 서서히 커졌다. 1970년까지도 미국은 32만 마리의 도마뱀과 176종의 뱀밖에 수입하지 않았다. 하지만 2000년대에 이것은 287종 100만 마리가 넘는 파충류로 급증했다. 이 숫자에는 미국 내에서 포획되거나 번식했고, 다른 나라로 수출되었거나 암시장에 팔린 수백만 마리의 동물들은 포함하지 않은 것이다.[12]

운동이나 애정, 지속적인 관심이 필요하지 않은 파충류와 양서류는 종종 껴안기 좋고 애정을 갈구하는 고양이, 강아지와 비교할 때 유지비가 덜 든다고들 광고한다. 판매상들은 녀석들을 식물에 비유해 손이 많이 가는 양치류보다 돌보기 쉬운 선인장이라고 설명하곤 한다. 하지만 이 동물들을 구매한 많은 사람들이 녀석들을 생산하는 업계와 녀석들의 탈출 능력, 수명, 다 자란 성체의 크기, 혹은 이들이 가하는 위험에 대해서는 잘 모른다.

오늘날의 야생동물 매매 시장은 믿기 어려울 정도로 거대하다. 불법 야생동물 거래만 해도 연간 수입이 230억 달러를 넘어가서 마약, 무기, 사람에 이어 세계에서 네 번째로 큰 밀수 산업이 되었다. 합법과 불법 거래를 합친 전체 거래는 몇 배나 더 크다. 아무도 그 정확한 금액은 모르지만, 종에 관한 규모는 알고 있다. 2006년에서 2012년까지 업계를 수량화한 최근 연구에서는 조류 585종, 파충류 485종, 포유류 113종을 거래한 기록을 발견했다.[13]

외래종 애완동물 매매는 여러 이유 때문에 여기까지 도달했다. 싸고 저렴한 운송으로 외딴곳에 있던 공급자들이 새로운 시장에 접근할 수 있게 되었다. 그리고 이민자들이 전 세계의 인간 외 동물들을 미국 도시로 더 많이 가져왔다. 도시화로 인해 잠재적 애완동물 주인들이 아파트 안에 머물 수 있는 더 작은 동물을 구매하게 되었고, 전 세계적 관광으로 더 많은 사람이 외국 동물들을 알게 되었다. 그리고 이런 노출이 관심을 증가시키고, 애완동물 가게, 텔레비전 쇼, 출판사, 인터넷 인플루언서들의 힘으로 긍정적인 반응이 생겼다. 그 결과 야생동물들이 거의 한 세기가 넘는 기간 동안 가장 많아진 데다 미국의 도시들에도 이제 포획된 외래종 동물의 숫자가 엄청나게 많아졌다. 이 두 개체군은 종종 서로 섞이기도 한다.

포획된 외래종 동물이 탈출하거나 자유롭게 풀려나면 녀석들은 이미 확립된 외래종들의 다양한 면면에 합류한다. 정부 기관들은 유해동물을 통제하기 위해서 새로운 종들을 들여왔다. 애완동물 판매상들은 법적 처벌을 피하기 위해서, 과도한 상품을 버리기 위해서, 나중에 거둘 수 있는 야생동물 종축을 만들기 위해서 동물들을 풀어주었다. 몇몇 종교에는 잡힌 동물을 풀어주는 의식이 있고, 어떤 동물들은 탈출하거나 상업용 야생동물 농장에서, 제약 공장에서, 미끼 판매점에서, 연구 시설에서, 영화 촬영장에서 풀려났다. 개체수가 확립되고 나면 사람들은 같은 종의 동물을 더 많이 풀어주고 싶은 마음을 갖게 되기도 한다.

풀려난 다음에 어떤 동물들은 자기 종의 다른 개체를 찾는데 놀라운 능력을 보인다. 1960년대 이래로 앵무새들은 유럽과 북아메리카 도시들에서 수백 마리나 모여 시끄러운 군집을 형성했다. 여기에는 런던과 시카고 같은 믿을 수 없는 장소들도 포함된다. 오늘날 미국 도시의 외국 앵무새들은 더 온화한 겨울 날씨(기후변화 때문에)와 도시의 열섬현상, 공원과 뜰에 심어놓은 과실수, 음식물 쓰레기, 포식자 결여, 그리고 지속적인 방생을 통한 개체군의 정기적인 보충의 혜택을 본다. 남부 플로리다를 돌아다니며 꽥꽥거리고 뛰노는 20종가량의 외국 앵무새 중에서 여러 종이 자생 활동 영역 내에서는 멸종 우려 상

태이거나 위기 상태인 것으로 여겨진다.[14]

외래종 동물이 야생에 도달하는 경로의 숫자는 계속 늘어나고 있다. 이 경로들은 이제 하도 많고 다양해서 이것을 막으려는 노력이 비현실적으로 여겨질 정도이다. 명확하고 강압적인 정책이 흐름을 저지하는 데 도움이 될 수 있지만, 업계의 로비 집단들이 대부분의 주에서 이런 노력을 가로막았고, 이것도 만병통치약은 아니다(하와이가 주목할 만한 예외이기는 하다). 강력한 규제를 걸어도 일부 동물은 가장 보안이 철저하고 보존을 목적으로 하는 시설에서도 탈출할 수 있다.

우리 대부분은 동물원을 생각할 때 넓고 자연적으로 꾸며진 우리, 전문적인 직원들, 교육 프로그램, 연구소, 잘 갖춰진 매점과 선물 가게가 있는 커다란 시설을 생각한다. 샌디에이고나 브롱크스의 동물원처럼 말이다. 동물원 인가를 받기 위해서는 미국 동물원 · 수족관협회Association of Zoos and Aquariums(AZA)나 유럽동물원 · 수족관협회European Association of Zoos and Aquaria(EAZA) 같은 감독 단체가 정한 동물의 행복과 대중의 안전, 생물 보안, 재난 대비 계획에 관한 엄격한 기준을 맞춰야 한다. 마이애미에 있는 론 매길의 동물원을 포함하여 어떤 동물원들은 심지어 불법으로 수입된 외국 생물종을 가둬두기 위한 안전시설도 갖추고 있다.

하지만 이런 현대적인 대형 기관들은 매우 적다. 전 세계적으로 수천 개의 인가받지 못한 시설들이 외국 동물들을 수용·전시하고 있다. 이런 동물원과 서커스는 상당수가 건물도 제대로 지어지지 않았고, 자금도 부족하고, 제대로 보수되거나 규제를 받지도 않는다. 인가받은 동물원보다 이런 시설의 임시 사육장에서 외국 동물들은 훨씬 높은 비율로 탈출한다. 이런 곳 일부는 그야말로 위험하다.[15]

메릴랜드에 본부를 둔 비영리단체 본프리Born Free는 미국에서 외국 생물종과 관련해 일어난 사고 데이터베이스를 갖고 있다. 이들에 따르면 1990년부터 2018년까지 28년 동안 동물원, 서커스, 다른 외국 동물 시설에서 1286마리의 동물이 탈출했다. 이 사고 중 겨우 128건만이 AZA에서 인가받은 곳에서 일어났다. 하지만 아주 유명한 동물원 몇 곳도 동물을 통제하는 데 애를 먹고 있다. 예를 들어 2000년대 초반에 미국 농무부는 로스앤젤레스의 동물원에서 얼룩말, 침팬지, 캥거루 및 다른 동물들이 줄줄이 잠시 탈출하는 사고 이후 동물원에 2만 5000달러의 벌금을 물렸다.[16]

킬러니와 P-22가 우리에게 상기시켜주듯 포획된 동물을 데리고 있는 시설은 야생동물들을 끌어들이는 경향이 있다. 이제 풍부한 야생동물이 가득한 도시에 있는 많은 미국의 동물원들이 도시의 생태 환경에 더욱 통합되고 있다. 동물원에서 퍼지는 냄새와 소리는 도시를 가로질러 호기심 많은 동물을 부른다. 넓은 야외 우리와 정기적인 먹이 공급은 야생의 방문객을 유혹한다. 공원 같은 동물원 내부는 식물이 무성한 서식지를 제공하기에 많은 동물원이 도시 녹지 가까이에 있다. 남부 캘리포니아의 주요 동물원 다섯 곳(로스앤젤레스, 팜데저트, 샌타바버라에 하나씩, 샌디에이고에 두 곳) 모두 도시 공원, 야생동물 보호시설, 또는 국유림 근처에 있다. 브롱크스동물원 북쪽에는 뉴욕식물원이 있고, 동쪽에는 한때 지저분했으나 오늘날에는 애디론댁산맥 원류 하천이라도 되는 것처럼 야성적이고 근사하게 굽이치며 흐르는 브롱크스강이 있다.

시카고의 링컨파크동물원Lincoln Park Zoo은 야생동물과 포획동물의 관계에서 믿을 수 없는 사례가 되었다. 하늘에서 내려다보면 시카고는 동심원으로 이루어진 깔끔한 반원 형태로 보인다. 공원과 보호림이 이 원과 대체로 평행하게 자리했기 때문에 육상동물이 도시 중심까지 올 수 있는 초록의 통로는 몇 개 없다. 하지만 그래도 동물들은 온다. 코요테는 코요테 748번처럼 사람들의 눈길을 피하면서도 절대로 멀리 벗어나지 않는다. 토끼와 다람쥐는 가끔 동물원 우리에 갇힌 포식자들에게 잡아먹혀서 방문객들에게 끔찍하긴 해도 귀중한 교훈의 순간을 제공한다. 2010년 동물원이 남쪽 연못을 새로 설계한 직후에는 비버가 나타났다. 당연히 이 전설적인 엔지니어들이 신중하게 계획한 장소를 개선하기 위해서 뭔가 할지도 모른다는 우려가 제기됐다. 일리노이에서 멸종위기종으로 등재한 해오라기 역시 연못이 마음에 들었다. 작은 파충류, 양서류, 곤충들이 가득한 뷔페였기 때문이다. 해오라기들은 곧 일리노이에서 유일한 번식지를 연못 북쪽 몇백 미터 지점에, 동물원의 붉은늑대 우리가 내려다보이는 나무에 만들었다. 여기는 자리를 잡기엔 위험한 장소처럼 보일지 몰라도, 해오라기들이 늑대들을 미국너구리 같은 야생의 둥지 습격자들로부터 그들을 지켜주는 경호원으로 고용한 것 같다.

마이애미 동물원은 지역 야생동물과 강력한 인간 이웃의 관계를 관리하는 데 애를 먹고 있었다. 동물원 부지는 파인록랜드pine rockland라는 그 지역만의 독특한 서식지의 자투리를 끼고 있었다. 여기는 최소한 20종의 보호종 식물과 동물의 집이다. 수십 년 동안 마이애미대학교는 동물원 바로 옆의 파인록랜드 구획 약간을 소유하고 있었으나 2014년에 개발업자에게 땅을 팔았다. 개발업자는 조니 미첼의 노래에서 그대로 튀어나온 것처럼 가게, 레스토랑, 900개의 아파트, 월마트 슈퍼가 들어가는 거대한 복합단지를 지을 계획이었고, 여기를 코럴리

프커먼스Coral Reef Commons라고 이름 붙였다. 마이애미 동물원을 소유한 데이드카운티의 정치인들에게 응징을 당할 것을 두려워한 동물원 임원들은 직원들에게 매매에 대해 이야기하지 말라고 지시하고, 동물원이 사용하지 않는 땅에서 조그만 파인록랜드 복원 프로젝트를 화려하게 개시하여 그들의 관심을 다른 데로 돌렸다. 2019년, 생물학자들이 동물원 바로 바깥의 숲에서 여러 가지 희귀 식물과 새로운 거미 종을 발견했는데도 반대파는 프로젝트를 막으려는 중요한 재판에서 패배했다. 줄어가는 토착 서식지에 둘러싸여 있는 대신에 동물원은 새로운 이웃으로 작은 도시 크기의 개발지를 갖게 될 것이다.[17]

동물원들은 세월이 흐르는 동안 여러 차례 모습을 바꾸었다. 18세기 우리에 갇힌 동물쇼가 19세기의 지저분한 테마파크와 이동 서커스에 밀려났다. 20세기 초에 미국의 동물원들은 스스로 과학 지식과 시민 교육의 장이라고 선언했다. 제2차 세계대전 이후에 동물원들은 다시금 전환해서 자연 보존에 대한 자신들의 역할을 강조하고 동물들이 자연 서식지에 있는 모습을 보여주기 위해 넓은 야외 우리를 만들었다. 1980년대에 몇몇 동물원은 전 세계의 야생동물에서 토착종으로 관심을 옮겼다. 21세기에 동물원들은 밀폐된 테마파크가 아니라 풍요로운 도시 서식지가 반영된 구역이라는 아이디어를 받아들이기 시작했다. 마이애미와 시카고의 예가 보여주듯이 동물원들은 다양한 경쟁적 힘을 통제하느라 계속해서 분투하고 있고, 종종 그들이 속한 문화에서 한두 걸음 뒤처진 것처럼 보이기도 한다. 그리고 그들을 둘러싼 생태계를 막아내는 데는 한 번도 성공한 적이 없다.[18]

———

동물원의 최우선순위가 야생동물들을 잡아두는 것이라면, 야생동물 재활센터의 목적은 그들을 풀어주는 것이다. 하지만 이것도 그리 쉬운 게 아니었다.

론 매길처럼 화려하지는 않지만, 제니퍼 브렌트Jennifer Brent 는 모든 면에서 태풍 같은 사람이다. 다운타운 로스앤젤레스 서쪽 약 40킬로미터 지점의 나무가 무성한 경사지에 자리한 동물병원 캘리포니아야생동물센터California Wildlife Center의 이 사인 브렌트는 동물을 상대하느라 늘 바쁘다. 그 동물에는 인간과 인간 아닌 것 모두가 포함된다. 1998년 센터가 설립된 이래로 이곳은 주민들과 다른 비영리단체, 지방 및 주, 연방 기관들과 협력해서 로스앤젤레스와 벤추라카운티의 아프거나 상처 입은 동물들을 보살폈다. 2015년부터 센터는 4500마리 이상의 조류, 포유류, 파충류 및 다른 야생동물들을 받았다. 최근에는 약 56킬로미터 떨어진 말리부 해안에서 바다표범과 바다사자도 받기로 결정했다.

센터의 목표는 사람과 야생동물이 같이 살 수 있도록 하는 것이다. 2017년 1월 내가 센터에 방문했을 때 브렌트는 이렇게 말했다. "우리는 우리에게로 오는 동물들을 구조, 재활, 방생하는 걸 목표로 합니다. 우리의 임무는 보살피는 거지만, 이것은 또한 공존에 관한 거예요. 동물을 간호하는 건 쉬운 부분이죠. 그들과 공존하는 게 더 어려워요." 종종 문제는 사람이다. 그들은 도움이 필요하지 않은 동물들을 신고하거나 데려오고, 야생동물을 자기 집으로 끌어들인 후에 안 좋은 일이 일어나면 대응해달라고 요구하며, 필요한 곳은 많은데 자원은 한정되어 있는 센터 측에 너무 많은 것을 기대한다.

센터는 200명 이상의 자원봉사자들에게 의존하고 있지만, 상근 직원은 항상 부족하다. 여기서 일하는 많은 수의사가 임시직에 무보수로 일하거나 수련 기간 동안 잠시 일할 뿐이다. 수많은 종류의 동물에게 수많은 문제가 일어날 수 있기 때문에 야생동물을 보살피는 건 복잡한 일이다. 하지만 대부분의 수의사들이 별로 경험 없이 들어온다. 야생동물과 일하는 것은 여전히 많은 수의대에서 틈새시장, 심지어는 새로운 직업으로 여겨지고, 가축과 가정용 반려동물에 대한 과학 분야에 비해 수십 년째 제자리이다.

북쪽으로는 칼라바사스, 남쪽으로는 말리부라는 부유한 지역의 중간에 위치한 센터에는 돈이 많고 동물을 사랑하는 이웃들이 대단히 많다. 수년 동안 센터에는 유명하고 돈이 많은 기부자와 유명인사 자원봉사자들이 많이 들렀다. 그중에는 화장품 회사인 폴미첼Paul Mitchell과 모델이자 배우, 동물 복지 지지자인 파멜라 앤더슨Pamela Anderson도 포함된다. 하지만 야생동물을 돌보는 데 드는 돈은 반려동물을 돌보는 데 드는 돈보다 훨씬 적다. 센터는 예산의 3분의 1은 보조금으로, 3분의 1은 기부금으로, 3분의 1은 행사로 얻는다. 대부분의 다른 비영리단체처럼 모금 활동은 한 적이 없다.

캘리포니아야생동물센터가 정확히 뭘 갖고 모금 활동을 하겠는가?

클리닉이 자연보호에 어떤 공헌을 하는지를 밝힌 연구도 별로 없다. 야생동물 개체군은 대체로 생태학적 요인 때문에 그 숫자가 시기에 따라 굉장히 다르다. 여기에는 기온과 강수량 같은 물리적 힘과 다른 종과의 상호작용, 질병에의 노출, 인간으로 인한 공동체와 생태계의 변화 같은 생물학적 힘이 포함된다. 야생동물에게는 적절한 크기에 먹이를 사냥할 수 있는 양질의 서식지가 필요하고, 교류하고 짝을 찾기에 충분한 밀도의 개체군이 필요하다.

대부분 야생동물 클리닉은 종의 개체군을 늘릴 만큼 많은 동물을 치료하지는 않는다. 설령 수가 많다 해도 그들이 받은 동물 대부분은 다시는 자유롭게 돌아다니지 못할 것이다. 몇몇은 완전히 회복하지 못하거나 너무 위험해서 놓아줄 수가 없고, 더 많은 숫자가 치료 중에 죽는다. 이 주제에 관한 몇 안 되는 출판된 연구 중 하나에서 영국야생동물재활의회는 매년 영국의 80개의 야생동물 클리닉에 들어오는 최대 4만 마리의 동물 중 겨우 42퍼센트 정도만이 풀려날 것이라는 사실을 발견했다.[19]

도망친 동물들 대부분은 오래 살아남지 못한다. 영국에서 야생동물 클리닉에 가장 자주 들어오는 종은 유럽고슴도치다. 야생에서 평균 3년 정도 살고 여기저기서 볼 수 있는 흔한 동물이다. 클리닉에서 풀려난 고슴도치의 25퍼센트에서 82퍼센트가 최소 6주에서 8주 정도 살아남는다. 이 큰 간격을 보면 우리가 클리닉에서 풀려난 동물들의 운명에 대해 얼마나 아는 게 없는지를 알 수 있다. 영국에서의 연구들은 긴털족제비의 50퍼센트가량, 그리고 맹금류의 66퍼센트가량만이 풀려난 후 6주 이상 살아남는다는 사실을 발견했다.[20]

클리닉은 죽을 게 뻔한 동물들은 풀어주지 않으려고 하지만, 나머지도 여러 가지 이유로 잘못될 수 있다. 몇몇 동물들은 겉보기에는 건강해진 것 같은 징후를 보여도 실은 아직 살아남기 어려울 만큼 약할 수도 있다. 몇몇은 인간에게 너무 의존하게 되어서 혼자서는 살아남을 수 없다. 몇몇은 돌아갈 방향을 찾지 못하거나 자신들의 무리를 놓쳐버렸다. 몇몇은 활동 영역으로 돌아갔으나 같은 종의 다른 개체가 그 지역을 차지했을 수도 있다. 그리고 몇몇은 애초에 곤란에 처하게 된 위험한 행동을 똑같이 반복하기도 한다.

야생동물 클리닉은 동물 각각의 삶을 개선하는 것을 목표로 하는 동물 복지 단체와 종과 개체군을 유지할 방법을 찾는 자연보호 단체 사이쯤에 있다. 당신의 목표가 각각의 동물을 돕는 것이라면 아프거나 다친 동물들을 돌보는 건 합리적이다. 당신의 목표가 종과 개체군을 보존하는 것이라면, 몇 가지 예외를 제외하면 수의학적 치료를 제공하는 것은 가장 비싸고 가장 비효율적인 방식이다.

캘리포니아야생동물센터에서 내가 이야기했던 직원들은 모두 자연보호에 깊은 관심을 갖고 있었다. 그들은 여러 가지 이유로 클리닉에서 일을 하기로 했다. 몇몇은 동물을 돕고자 하는 단순한 열의가 동기였다. 하지만 대다수는 더 깊이 전념했다. 야생동물을 치료하고 풀어주고 어떤 경우에는 안락사시키는 것은 이 동물들이 위엄 있게 살고 죽도록 만들어주고 연민을 키워주고 사람들이 더 인간적인 기분을 느낄 수 있게 해준다. 직원들은 이것이 올바른 일이라고 믿기 때문에 하고 있었다.

많은 자연보호 활동가들은 별로 납득하지 않는다. 그들은 값비싼 수의학적 치료에는 피할 수 없는 대가가 따른다고 주장한다. 클리닉이 개개의 동물은 도울지 모르지만, 종이나 생태계를 의미 있는 방식으로 돕지는 못한다는 것이다. 이런 시설들은 훨씬 많은 동물을 도울 수 있는 서식지 보호와 복원 프로젝트로부터 자원을 빼앗음으로써 그들의 벽 바깥에 있는 야생동물들에게 해를 끼칠 수도 있다.

하지만 상황은 그렇게 단순하지 않다. 수의학적 치료가 종의 보존에 도움이 될 수 있는 경우가 최소한 두 가지는 있다. 첫 번째는 1987년에 전 세계에 겨우 27마리만 남아 있던 캘리포니아콘도르 같은 절멸위기종과 관련되어 있다. 귀중한 수십 년 동안 수십 마리의 콘도르들이 납중독이나 전깃줄 충돌로 치료를 받거나 사망했다. 이 종을 구하기 위해 관리자들은 모든 성체 콘도르들을 모아 인공 번식 프로그램에 참여시켰다. 콘도르는 철저하고 장기적인 수의학적 치료가 위기종의 회복에 얼마나 중요한지를 보여준다. 두 번째로, 클리닉은 야생동물과 사람들에 대한 건강상의 위협을 추적하는 파수꾼 역할을 한다. 여기에는 새로운 인수공통감염병 같은 생물학적 위협과 특정 도로에서 동물 충돌 사고가 증가하는 것 같은 물리적 위협이 포함된다. 후자의 경우에는 제한속도를 낮추거나, 더 강력한 법률을 적용하거나, 기간시설 개선 등이 필요할 수 있다.

　클리닉에서 동물을 치료하는 것은 사람들을 교육하고 야생동물과의 공존에 관한 어려운 대화를 시작하는 기회를 제공한다. 집고양이가 공격해서 클리닉에 가게 되는 작은 동물들이 대부분 교육을 더 잘 시키고 단순한 사전 대책을 취하면 줄일 수 있는 예방 가능한 학살의 생생한 예다. 풀어주기에 적합하지 않은 카리스마 있는 동물들은 그 지역 야생동물들의 특사가 되어 이런 교육 활동을 도울 수 있다. 내 고향에서는 맥스라는 미국수리부엉이가 20년이 넘게 이 역할을 담당했다. 오자이타운 근처에서 새끼 때 둥지에서 떨어진 맥스는 맹금류구조센터 지부로 이송되어 금세 사람과 친해졌고, 야생으로 돌아갈 수 없게 되었다. 녀석은 나중에 샌타바버라자연사박물관으로 옮겨져서 그 지역 유명인사이자 교육자, 그리고 물론 모금 담당자라는 이력을 쌓기 시작했다.

　맥스 같은 사랑스러운 동물들에 관해서는 논쟁할 게 전혀 없다. 하지만 야생동물을 돕는 것과 관련해 가장 나은 결정을 내리고자 할 때 수의학적 치료와 보존이라는 이 상반된 주장을 어떻게 조사해볼 수 있을까? 그 답을 찾기 위해 나는 세계에서 가장 유명한 윤리학자 중 한 명인 피터 싱어Peter Singer에게 도움을 청했다.

실천윤리학 분야의 실용주의 철학자인 싱어는 1975년 고전이 된 《동물 해방Animal Liberation》을 출간하며 순식간에 명성을 얻었다. 싱어에 따르면 우리에게는 감각이 있는 모든 동물들에 대한 책임이 있다. 녀석들 모두 고통을 느끼기 때문이다. 1970년대에 그는 모든 동물이 아픔을 느낀다는 주장으로 많은 지지를 얻었지만, 오늘날에는 그 증거가 아주 명확하다. "생물이 고통을 느낀다면, 그 고통을 고려하지 않는 것은 절대로 도덕적으로 정당화할 수 없다." 그는 이렇게 결론을 내렸다. 반대로 행동하는 것은 노인차별, 성차별, 인종차별과 다를 바 없는 편견인 "종차별"을 하는 것이다.[21]

싱어는 중요한 경고를 한다. 모든 동물은 고통을 느끼지만, 각기 다른 방식으로 고통을 느낀다. 무척추동물은 괴로움을 더 뚜렷하게 느낄 수 있는 중추신경계가 있는 척추동물보다 통증을 덜 느낄 것이다. 지능이 있고, 기억력이 뛰어나며, 수명이 길고, 공동체와 가족, 자기 자신에게 열중하는 동물들(인간을 포함하여)은 다른 동물들보다 더 많은 고통을 느낄 수 있다. 우리의 임무는 고통의 정도에 따라 달라지지만, 전반적으로 어떤 고통이든 줄이는 것이 올바른 행동이다.

싱어가 1970년대에 내놓은 주장은 고통을 줄이고 모든 동물을 동등하게 치료하는 것이 목표인 캘리포니아 야생동물센터 같은 클리닉들의 목적을 지지하는 것처럼 보이지만, 좀더 최근의 저서들은 그것을 의심하게 만든다. 2015년 저서《효율적 이타주의자The Most Good You Can Do》에서 싱어는 선한 행동을 하는 것만으로는 부족하다고 주장했다. "효율적인 이타주의"는 옳은 것과 그른 것을 구분하는 것이 아니라 이타주의적 선택지 중에서 가장 효과적인 행동 방법이 무엇인지를 정하는 것이라고 그는 설명했다. 예를 들어 재정 기록을 숨기고 어떤 업적을 이뤘는지 명확하게 밝히지 못하는 자선단체보다 일관적이고 확실한 결과를 내보이는 자선단체에 기부하는 것처럼 고통을 가장 크게 줄이는 선택지가 "가장 올바른" 행동이다. 이런 기준에서 보면 비교적 많은 돈이 들고, 풀어준 동물의 생존 비율 데이터가 없고, 더 큰 자연보호라는 목표에 확실한 공헌을 하지 못하는 야생동물 클리닉은 고통을 줄이는 데 좋지 않은 방법 같다.

갈등을 느낀 나는 오스트레일리아에 있는 싱어의 별장으로 영상통화를 걸었다. 70대 초반인 그는 여전히 젊어 보였고, 미국인인 내 귀에는 짜증 내는 것과 약간 즐거워하는 것을 합친 듯한 걸쭉한 오스트레일리아 억양이었다. 그는 화질이 좋지 않은 코로나 이전 영상통화에서, 따뜻한 웃음을 지은 채 40년을 사이에 두고 그가 쓴 두 권의 책에 관한 나의 고민을 인내심 있게 들어주었다. 내가 말을 마치자 싱어는 여러 가지 짧은 이야기들을 시작했다. 그는 대부분의 사람이 종 같은 집단보다는 개개의 존재와 더 많이 연관 짓는 기후변화에 대해서 이야기하고, 위기종 동물들이 보통의 동물들보다 더 많은 고통을 느끼는 건 아니라는 사실을 나에게 상기시켰다. 그다음에 핵심을 말했다. 효율적인 이타주의자는 가장 큰 선을 위해서 자신의 돈을 현명하게 써야 한다. "나도 답은 모릅니다만, 이 클리닉들은 고통을 줄이는 데는 비효율적인 방식인 것 같습니다. 숫자에 집중하세요." 그는 이렇게 말했다.[22]

———

마이애미메트로동물원의 심판의 날이, 즉 포획동물과 야생동물은 떼어놓을 수 없고, 그들의 관계가 도시 생태계를 어떻게 이끌어가는지가 명확해진 날이 1994년 허리케인 앤드루 때였다면, 캘리포니아야생동물센터의 실존적 공포와 통찰의 날은 25년이 더 지난 후에, 똑같이 덥지만 훨씬 건조한 날이었다.

2018년 11월 8일 오후 3시, 센터의 직원들은 울시 화재Woolsey Fire라고 이름 붙인 소규모 화재로 20킬로미터쯤 떨어진 언덕이 타고 있다는 소식을 들었다. 화재가 일어난 때가 너무 안 좋았다. 한 시간쯤 전에 그 지역 소방수들이 근처의 다른 화재 현장으로 출동했기 때문이다. 북부 캘리포니아에서 수십 명이 앞으로 48시간 후면 패러다이스 마을을 전소시키고 주 역사상 가장 사상자가 많은 화재로 기록될 화재 현장으로 달려가는 중이었다. 울시 화재는 느릿느릿 시작되었으나 덥고 건조한 바람이 금세 불길을 퍼뜨렸다. 그날 저녁 공무원들은 그 경로에 있는 약 30만 명의 사람들에게 대피 명령을 내렸다. 새벽 3시경, 직원들은 센터에 모였다. 이후 90분 동안 그들은 아직 치료가 필요한 보브캣, 주머니쥐, 빨간꼬리매, 쇠황조롱이 등 노아의 방주에 태울 동물들을 챙기고 야생에서 살아남을 가능성이 어느 정도 있는 새들을 모두 급히 풀어주었다.[23]

두 시간 후, 울시 화재는 리버티협곡의 101번 고속도로로 옮겨붙었다. 여기는 남부 캘리포니아의 퓨마들을 구하기 위한 야생동물 통로로 제안된 곳이었다. 고속도로의 남쪽 면에서 불길은 약 22.5킬로미터 너비의 불꽃 벽이 되어 험준한 지역

을 지나 남쪽과 서쪽으로 전진하기 시작했다. 곧 불길은 말리
부 해안까지 모든 것을 태워버렸고, 1500채의 집을 망가뜨리
고 수백 채의 상점, 정부 건물, 역사적인 랜드마크에 피해를 입
혔다. 전체적으로 이 불은 샌타모니카산맥 국립휴양지의 88퍼
센트를 포함하여 9만 7000에이커(약 390제곱킬로미터) 가까이
를 태웠다.[24]

캘리포니아야생동물센터는 울시 화재에서 가까스로 살아남
았다. 직원들이 대피하고 몇 시간 후에 불길이 센터에서 겨우
2000미터 정도 거리에 있는 말리부캐니언 도로를 따라 지나
갔다. 이후 며칠 동안 센터에는 발에 화상을 입은 보브캣을 포
함하여 불길에 다친 동물들 여러 마리가 들어왔다. 하지만 허
리케인 앤드루 때와 마찬가지로 그 지역 야생동물들은 인간보
다 훨씬 나은 상황이었다. 시체가 몇 구 발견되었으나 대부분
의 그 지역 퓨마들이 멀쩡하게 나타났다. 야생동물들은 1000
년 동안 겪어온 태풍과 화재로부터 안전하게 숨는 방법을 안
다. 설령 자동차, 창문, 총, 인간 같은 최신식 위험물을 피하는
건 어렵다 해도 말이다.

포획동물들을 데리고 있는 동물원, 클리닉, 그 외 시설들은
정당한 평가를 받지 못하는 도시 생태계만의 특성이다. 이 시
설들은 정당화하기 어려운 위험을 야기하고, 수량화하기 어

려운 이득을 제공하지만, 한 가지 사실만은 분명하다. 그들은 땅과 물, 그들을 둘러싼 야생동물들과 점점 더 긴밀하게 연결되고 있다. 21세기 미국 도시에서 이런 시설들이 마주한 과제는 포획동물들을 포획 상태로 유지하고, 야생동물들을 야생에 놔두고, 아무도 상처 입지 않도록 만들기 위해 노력하는 것이다.

12 피해 대책

땅다람쥐는 유해동물일까?

1980년 고전 슬랩스틱 코미디 〈캐디색Caddyshack〉에서 빌 머리가 연기한 칼이라는 멍청하지만 중무장을 한 골프장 관리인은 시카고 교외에 있는 부시우드컨트리클럽에서 성가신 침입자를 몰아내는 일을 맡는다. 옆 건물의 건설 프로젝트 때문에 살던 집에서 쫓겨난 땅다람쥐는 클럽 골프코스에 살면서 잘 다듬어진 골프장 바닥을 헤집는다. "골프코스에 있는 땅다람쥐를 전부 죽이게." 칼의 성난 보스가 억센 스코틀랜드 사투리로 이렇게 명령한다. "그러겠습니다. 우리한테는 이유도 필요 없습니다." 칼은 이렇게 대답한다.

부시우드는 자연보호지역에 있지만, 변화할 때가 되었다. 신탁 재산으로 사는 쾌락주의자 타이 웹(체비 체이스)은 클럽의 전통과 정중한 매너를 조롱한다. 땅다람쥐의 서식지를 파괴한 회사의 주인인 개발업자 알 체빅(로드니 댄저필드)은 상스러운 행동과 괴상한 짓으로 클럽 대표인 엘리후 스메일스 판사(테드 나이트)를 괴롭힌다. 야심 찬 젊은 캐디인 대니(마이클 오키프)는 코스에서 자신의 실력으로 부시우드의 위계질서를 전복시킬 생각이다. 그리고 교활한 설치류는 자연을 조종해서 클럽의 번지르르한 외면을 파괴하려 한다.

칼과 땅다람쥐의 모험담은 원래 부차적인 이야기였다. 불운한 관리인이 골프코스의 '모비딕'을 상대로 전쟁을 벌이는 것이다. 하지만 40년 후, 그들의 위대한 전투는 사람들이 그 영화에서 가장 많이 기억하는 부분이다.

칼은 연설로 전쟁을 시작한다. "누군가가 이 해로운 동물들에게 도덕성에 관해서, 성실하고 정직한 사회의 일원이 어떤 것인지에 관해 좀 가르쳐야 할 때가 되었습니다." 칼이 굴속으로 손을 넣었다가 물리면서 전쟁이 시작된다. 그는 적을 없애는 가장 좋은 방법이 약 5만 7000리터의 물을 녀석의 동굴로 붓는 거라고 결정했다. 이로 인해 근처 연습용 필드가 간헐천이 되어버렸으나 땅다람쥐는 전혀 다치지 않았다.

그다음으로 칼은 총을 쏘기로 했으나 이 방법은 교외의 컨트리클럽에서는 적절하지 않은 방식임을 알게 된다. 마지막으로 불쌍한 골프장 관리인은 전쟁을 선언한다. 우리는 그가 자기 창고에 틀어박혀 다시금 혼잣말을 하는 장면을 보게 되지만, 이번에는 플라스틱 폭탄을 조립하고 있다. "적을 죽이기 위해서는 적을 알아야 해. 이 경우에 내 적은 야생의 유해동물이고, 야생동물은 절대로 그만두지 않아. 절대로. 놈들은 베트콩이랑 똑같아. 동물콩." 칼은 골프코스를 구하기 위해서 그곳을 파괴해야만 한다.

영화의 절정에서 칼은 폭탄을 터뜨린다. 나무가 쓰러지고, 골퍼들이 숨을 곳을 찾아 달아나고, 부시우드 코스 대부분이 엉망이 된다. 땅이 흔들려서 컵 가장자리에 멈춰 있던 대니의 마지막 퍼트가 들어간다. 그는 스메일스 판사와의 시합에서 이겨서 대학 장학금과 신분 상승이라는 티켓을 얻게 된다. 〈캐디색〉은 여전히 살아 있고 멀쩡한 칼의 땅다람쥐가 유명 록스타 케니 로긴스의 것이 분명한 목소리에 맞춰 기계 동물 특유의 승리의 춤을 추는 장면으로 끝이 난다.

난 괜찮아

아무도 날 걱정하지 않아

왜 넌 나한테 싸움을 걸지?

그냥 놔둘 수 없어?

〈캐디색〉은 도시와 유해동물 통제에 관한 대화를 시작하기에는 엉뚱한 장소 같겠지만, 칼의 불운은 생각보다 현실에 가깝다. 미국에서 척추동물 유해군 통제는 길고 힘겹고 돈이 많이 들고 폭력적이고 비효율적이고 전반적으로 의미 없는 헛짓거리였다. 이것은 바탕에 깔린 원인 대신에 증상에만 초점을 맞추고 있고, 실제 문제를 해결하지 못하고, 문제가 없던 곳에서 새로운 문제를 만들고, 막대한 부수적 피해를 유발하고, 엄청난 고통을 일으키고, 많은 이들을 희생시켜 소수에게만 혜택을 주었다. 현장과 관련된 사람들은 서서히 이 재앙을 깨닫고 있다. 하지만 오늘날까지도 유해동물 통제는 많은 미국 도시에서 야생동물 관리의 주요 형태로 남아 있다. 어떻게 이렇게 됐을까?

———

유해동물에 관해 전 세계적으로 합의된 정의는 없다. 같은 동물이 어떤 상황에서 어떤 사람에게는 유해동물이고, 다른 상황에 다른 사람에게는 온순하고 귀중한 동물이거나 심지어

292

는 위기종일 수도 있다. 유해동물은 특정한 것이 아니라 아이디어이자 관계이고 감정이다. 하지만 많은 사람이 여전히 이게 무슨 뜻인지 아는 것처럼 이 단어를 쓴다. 1964년 외설에 대한 기준으로 직관의 잘못된 금언이 된 전前 대법원 판사 포터 스튜어트Potter Stewart의 말을 좀 바꿔서 말하자면, 유해동물이라는 단어는 정의하기가 어렵지만, 대부분의 사람들이 보면 안다고 생각한다.[1]

어떤 사람들이 유해동물이라고 이름 붙인 동물(누군가의 채소밭을 살피는 사슴이든, 부주의한 해변 방문객의 점심을 먹어치우는 갈매기든)을 볼 때 내 눈에는 야생동물피해관리wildlife damage management(WDM)라는 수십억 달러의 산업이 보인다. 야생동물과 함께 산다는 것은 어려운 일이다. 야생동물들은 매년 미국인들에게 작물과 가축의 손실, 부동산과 기간시설의 피해, 의료비, 공중 보건과 안전에 미치는 다른 피해 등의 형태로 직접적으로든 간접적으로든 수십억 달러의 비용을 지불하게 만든다. 하지만 야생동물로 인한 비용 통계는 찾기가 힘들고, 존재하는 것들도 오차와 경고, 가정으로 가득하다. 아무도 야생동물이 인간의 삶과 생계, 부동산에 얼마나 많은 "피해"를 입히는지 모르고, 아무도 야생동물이 주는 혜택과 피해를 비교하는 설득력 있는 방법을 아직까지 고안하지 못했다.[2]

야생동물피해관리 인터넷센터Internet Center for Wildlife Damage Management에 따르면, WDM은 "인간의 욕구와 야생동물의 욕구에 균형을 맞추어 둘 다 향상시키는 것"을 목표로 한다. 센터의 규정된 목표는 "인간-동물 갈등"에 "과학적 근거를 바탕으로" 한 해결책을 제공하여 WDM을 향상시키는 것이다. WDM의 직원들은 최근 몇 년간 변화하는 사회적 기대와 과학적 지식에 적응하기 위해서 열심히 노력했고, 질병생태학, 외래 유입종, 그리고 여행 안전 같은 분야에서 일하고 있다. 이 모든 것에 대해 우리는 감사할 수 있지만 이런 WDM의 새로운 얼굴은 아직 진행 중이고, 이 분야에는 여전히 대답해야 할 것이 많다.[3]

유해동물을 통제한 역사는 길고도 기묘하다. 사람들은 항상 다른 종과 복잡한 관계를 맺었지만, 인류 역사상 거의 대부분의 시기 동안 인간은 작은 집단이나 마을에서 사냥과 채집으로 먹고살았다. 그때는 전염병이 적었던 것과 같은 이유로 진정한 유해동물이 적었다. 인간은 다른 종에 믿을 만하고 가치 있는 기회를 제공할 만큼 큰 집단으로 살거나 오랫동안 한 장소에 머무르지 않았다. 하지만 이것은 인간이 정착해서 작물을 키우고 도시를 만들기 전의 이야기다.

고대 사회에서 유해동물은 신의 개입의 징조로 여겨졌다. 이것은 종종 징벌의 형태로 나타났으나, 강력한 신은 인간 외 동물을 통해서 인간을 도울 수도 있었다. 예를 들어 고대 이집트 신화에서 시간보다 먼저 태어났으며 우주를 창조했다고 알려진 멤피스의 프타Ptah는 펠루시움을 공격한 아시리아인 병사들과 싸우기 위해 쥐로 이루어진 군대를 모았다고 한다.

유럽 민담과 철학에서는 인간과 그 이웃인 동물 사이의 드문 휴전을 추구한다. 그리스 기록에서는 농부들에게 유해동물과 계약을 맺고 곤충과 설치류를 위한 몫을 떼어놓으라고 충고한다. 로마의 가장 유명한 자연사학자인 가이우스 플리니우스 세쿤두스Gaius Plinius Secundus(대플리니우스)는 월경이 작물을 먹는 해충을 막는다고 믿었다. 플리니우스는 서기 79년에 베수비우스화산에서 뿜어져 나온 독가스 때문에 질식해서 사망했다. 같은 화산의 그 유명한 폭발로 과열된 증기와 잔해의 화성쇄설물이 흘러나와 폼페이 아래에 수천 마리의 쥐들을 파묻었고, 이것은 고대부터 쥐가 들끓었다는 명백한 증거가 되었다. 14세기, 흑사병 시기에 기록된 독일 하멜른의 피리 부는 사나이 이야기 같은 이후의 민담에서는 질병과 굶주림이 언제나 곁에 있던 중세 사회를 사로잡은 해충에 관한 두려움을 이야기한다.[4]

빅토리아 시대에 영국과 다른 곳에서 도시의 성장은 새로운 유해동물 통제자 군단을 만들었다. 자칭 여왕의 쥐잡이였던 잭 블랙Jack Black 덕에 현대의 해충 구제업자는 화려한 자기 홍보자, 출세주의자, 가짜 약장수로 정의되었다. 그는 말 많은 크리스마스트리처럼 초록색 외투와 자홍색 조끼, 하얀 반바지, 무쇠로 만든 쥐가 새겨진 두꺼운 가죽 허리띠 차림으로 런던을 돌아다녔다. 설치류를 죽이는 것 외에도 블랙은 쥐를 키우고, 애완동물로서 새로운 종을 홍보했다. 그는 비어트리스 포터Beatrix Potter, 심지어는 빅토리아 여왕 본인 같은 명망 있는 고객들에게 자신의 "멋진 쥐"를 팔았다는 소문이 있다.[5]

1840년대에 직업적 쥐잡이들은 뉴욕과 필라델피아 같은 미국 도시에서 일하라는 제안을 받았다. 뉴욕에서 가장 유명한 초기 쥐잡이 중 한 명은 1857년에 브루클린에 가게를 연 월터 "슈어 팝" 아이작센Walter "Sure Pop" Isaacsen이었다. 사냥감을 잡기 위해서 아이작센은 잘 훈련된 흰담비와 코끼리도 죽일 수 있다는 소문이 도는 독을 넣은 먹이를 이용했다.[6]

1885년 미국에서 현대적인 야생동물 관리 분야가 시작되었을 때 그 주된 초점은 유해동물에 있었다. 최초로 야생동물을 분류하고 통제하는 전문 연방 기관이었던 경제조류학 · 포유류학부Division of Economic Ornithology and Mammalogy는 미국 산업과 납세자들에게 피해를 미치는 "해로운" 동물들과 경제적

이득을 주는 야생동물을 구분하는 일을 시작했다. 피해액과 이득이 수량화된다면 판단을 내릴 수 있고, 그러면 공무원들이 그에 따라 각 종을 관리할 수 있을 것이다. 수십 년이 흐른 후 부서는 이름을 바꾸고 임무를 늘려서 1905년에는 생물조사국Bureau of Biological Survey이, 1940년에는 미국어류·야생동물관리국이 되었다.

이 기관의 활동은 현대 농업의 유해동물을 통제하려는 헛된 임무에 집중하는 수십 개의 주가 하는 일을 그대로 반영한다. 19세기에 중서부와 대초원지대의 농부들은 세계에서 가장 생산적인 곡창지대를 만들었다. 그 지역의 숲과 초원을 파괴하는 것은 수십 종의 생물을 절멸시키는 것이고, 남은 몇 종과 새로운 외래종과 병원체들은 오랫동안 개체군을 억누르던 포식자들이 없는 틈에 급증했다. 병충해, 기생충 감염, 영역 전쟁, 지나친 경작으로 인한 건조 지대의 발생 등이 그 뒤를 따랐다.[7]

도시도 시골 지역과 마찬가지로 유해동물을 통제하기가 생각보다 훨씬 어렵다. 두 가지 주된 장애물이 존재한다. 첫 번째는 도시가 몇몇 유해동물 후보들에게 이상적인 서식지를 제공한다는 것이다. 쥐나 빈대를 죽이는 것은 최상의 조건에서도 쉬운 일이 아니지만, 자원이 가득한 도시 지역에서는 거의 불가능하다. 두 번째 장애물은 편견이다. 정치인들과 전문가들은 유해동물이 이민자와 유색인들이 많은 가난한 동네에 가장 많다고 믿고, 그런 동네를 더러운 사람들이 더러운 유해동물을 끌어들이는 더러운 장소로 묘사한다. 이런 생각 자체는 없애기가 힘들다. 2019년 도널드 J. 트럼프Donald J. Trump 대통령은 엘리야 커밍스Elijah Cummings 의원의 지역구였던 메릴랜드를 "쥐와 설치류로 가득한 혐오스러운 난장판"이라는 인종차별적인 말을 썼다. 가난한 공동체가 종종 불청객 동물들과 함께 살며 많은 고통을 받는 건 사실이지만, 그들이 자발적으로 그런 상황을 만든 것은 아니다. 정부의 무시와 무관심, 태만 탓에 상황이 악화되고 유해동물에 노출되면서, 더 깨끗하고 안전한 환경의 이득을 즐기는 부유한 백인 공동체보다 훨씬 더 취약한 상황에 놓이게 된 것이다.[8]

1920년부터 1950년 사이에 현대 유해동물 관리의 새로운 시대를 여는 여러 가지 개발이 시작되었다. 1920년대에는 뉴욕시티의 부둣가를 따라 쥐가 들어올 수 없는 장벽을 만든다는 제안 같은 비현실적이고 괴상한 프로젝트들이 나타났다 사라졌다. 그 자리에 새로운 세대의 야생동물 전문 관리자들에 의해 생태학적 상태가 특정 지역에 야생동물이 몇 마리나 살 수 있는지를 결정한다는 새로운 인식이 자리 잡았다. 이런 논리에 따르면 유해동물을 포함하여 야생동물을 관리하는 가장 좋은 방법은 그들의 서식지를 관리하는 것이다.[9]

생태학자 데이비드 E. 데이비스David E. Davis는 이런 대단한 아이디어를 조그만 쥐에게 적용해보았다. 그는 1939년 하버드 대학교에서 박사학위를 받고 존스홉킨스대학교, 펜실베이니아 주립대학교, 그리고 노스캐롤라이나주립대학교에서 연구하며 3권의 책과 230편 이상의 논문을 출간했다. 그는 도시에서 쥐를 연구하는 방법을 개발하고, 뉴욕시티에 사람 1명당 쥐 1마리가 있다는 도시 전설을 논박해 실제로는 사람 30명당 쥐 1마리에 더 가깝다는 비율을 내놓았다. 데이비스는 쥐를 통제하는 유일한 방법은 그들의 서식지를 관리하는 것이라고 주장했다. 그의 접근법은 더 인도적이고 실용적이고 효과적으로 유해동물을 통제할 수 있었지만, 세 가지 요인이 그의 아이디어를 엇나가게 만들었다.[10]

1930년대에 대부분 독일이나 유대인 이민자들이 운영하던 사설 해충 방제 회사들은 다 함께 모여서 전미해충방제연합 National Pest Control Association을 영향력 있는 로비 단체로 만들었다. 이 연합은 살충제를 규제하려는 활동과 싸우고, 해충 방제 업자에게 자격증을 요구해야 한다는 법을 가로막고, 대공황 시대의 노동법을 우회하는 창의적인 방법들을 찾아냈다.

이런 회사들의 소유주들은 미국의 도시들을 깨끗이 청소하고 현대화하는 데 있어서 자신들의 역할에 자부심을 가졌고, 개인사업체로서 독립적인 지위를 유지하려고 했다. 그들은 대부분에서 성공했다.[11]

1931년에 의회가 개입해서 미국 농무부 장관이 재가한 법을 통과시켰다. 이것은 "해로운 동물종에 대해서도 존중하는 마음으로 야생동물 관리 프로그램을 시행하고, 장관이 이 프로그램을 시행하는 데 필요하다고 생각되는 어떤 조치든 취할 수 있다"는 것이다. 이 새로운 법이 정부의 "성가신" 야생동물 관리 활동의 범위를 확장했고, 1985년에 맹수·설치류통제국 Division of Predatory Animal and Rodent Control을 만드는 것으로 이어졌다. 이것은 1997년에 농무부 동식물검역소Animal and Plant Health Inspection Service의 야생동물관리국Wildlife Service이 되었다. 오늘날 이 기구는 연구 활동뿐 아니라 다른 기관들이 침입종을 관리하는 것을 돕는다. 하지만 주된 임무는 사설 해충방제 회사들과 마찬가지로 고객들이 문제 동물을 없애는 것을 돕는 것이고, 관리국은 과학적 근거와 명확하거나 설득력 있는 보존 목표는 거의 없고 최소한의 규제나 감독만을 하며 임무를 수행했다. 2019년에만 야생동물관리국은 대략 120만 마리의 동물을 죽였다.[12]

기술도 현대식 해충 방제가 부상하는 데 핵심적인 역할을 했다. 스트리키닌처럼 널리 쓰이는 몇 가지 살충제는 19세기부터 존재했지만, 제2차 세계대전 동안, 그리고 이후에 군과 산업, 농업 연구로 싸고 찾기 쉽고 새롭고 강력한 화학물질이 만들어졌다. 소듐 플루오로아세테이트Sodium Fluoroacetate, 또는 화합물 1080은 1942년 시장에 출시되었다. 이것은 세포가 탄수화물 대사를 못 하게 막아서 에너지를 빼앗는다. 1945년에 살충제로 널리 사용 가능해진 DDT는 신경계의 소듐 이온 통로를 열어서 자발적·반복적으로 이온이 유입되어 결국 세포가 죽게 만든다. 1948년에 상업적으로 처음 판매된 쥐약인 항응혈제 와파린은 희생양이 과다 출혈로 죽게 만든다. 다른 동물들을 통제하려는 목표를 좇다가 전후 시대 미국인들은 자신들의 서식지와 몸을 산업용 독약이라는 유독 화합물로 가득 채웠다.[13]

그 후 상황이 바뀌었지만, 약간뿐이었다. 예를 들어 1972년에 닉슨 행정부가 연방 소유지에서 화합물 1080의 사용을 금지했다. 하지만 이 금지령은 주 소유지나 사유지에는 적용되지 않았고, 현재 나와 있는 제품들을 회수해야 하는 것도 아니었다. 다른 해충방제법들처럼 여기에도 예외와 허점이 넘쳐났다. 한편 사설 해충 방제 업계는 계속 커지고 대부분의 주에서 계속해서 거의 규제를 받지 않았다. 오늘날 이 분야는 각 고객의 요구를 맞춰주는 주와 연방 기관들, 그리고 거의, 혹은 전혀 과학에 기반을 두지 않은 효율성을 외치는 사설 업체들, 생태학적 피해를 계속 입히며 동물들에게 산업적 규모로 고통을 주는 기술과 사고방식으로 점철되어 있다.

해충 방제 업계의 가장 골치 아픈 폐단 중 하나는 이들이 엄청난 피해를 일으키면서도 진짜 문제는 찾아내지도 못한다는 것이다. 야생동물과 관련된 갈등의 숫자가 빠르게 늘어나고 있는 도시에서도 마찬가지다. 1994년부터 2003년까지 딱 10년 동안 야생동물관리국은 도시 야생동물과 관련해서 연간 손실액이 약 1000만 달러에서 거의 1억 달러로 10배 증가했다고 보고했다. 숫자 자체는 정확하지 않을 수 있어도 증거를 보면 이런 경향이 진짜라는 것을 알 수 있다.[14]

손실은 여러 가지 형태로 일어난다. 자동차, 집, 정원 등 재산 피해는 가장 자주 보고되는 것들이다. 더 넓은 환경에 미치는 악영향 역시 흔하다. 여기에는 듣기 싫은 소리와 냄새부터 침입종이 일으키는 숲이나 수원에 대한 피해 같은 더 심각한 문제에 이르기까지 여러 가지가 포함된다. 공중 보건과 안전상의 위험에는 질병에 대한 노출, 야생동물의 위협적인 행동과 심지어는 물리적 다툼, 가끔은 반려동물과 아이들이 입는 상처 등이 포함된다.

야생동물과 관련된 가장 무서운 공중안전상의 위험은 자동차나 비행기가 동물을 치는 사고다. 2008년부터 2018년까지 연방항공국의 야생동물 충돌 데이터베이스에는 24만 4162건이 기록되었고, 관련된 동물은 박쥐부터 황조롱이, 독수리, 심지어는 마멋에까지 이른다. 가장 흔한 비행기 충돌 사고의 희생양은 캐나다기러기다. 놀랄 일도 아니지만 자동차는 비행기보다 훨씬 자주 동물을 친다. 보험 회사 스테이트팜State Farm이 출간한 통계에 따르면, 2018년 6월까지 1년 동안 미국에서 133만 건의 자동차 사고에 사슴, 엘크, 말코손바닥사슴이나 순록이 관련되었고, 사고당 평균 4341달러가 소비되었다. 동물과 관련된 사고는 캘리포니아에서 제일 적어서 운전자 1125명당 1건 정도이고, 가장 흔한 웨스트버지니아에서는 무려 운전자 46명당 1건씩 이런 사고가 보고되었다.[15]

다른 종류의 자산 피해는 지역과 종에 따라 다양하다. 1994년부터 2003년 사이에 미국너구리는 미국에서 야생동물 관련 피해 신고에서 가장 많은 건수를 차지했다. 코요테, 스컹크, 비버, 사슴, 기러기, 다람쥐, 주머니쥐, 여우, 찌르레기가 10위권을 차지했다. 서부에서는 스컹크가 냄새를 피워 상위권에 진입했다. 중부 지방에서는 코요테, 찌르레기, 사슴이 가장 문제를 많

이 일으켰다. 동부에서는 비버와 기러기가 각각 수천 가지 두통거리를 만들어내서 앞자리를 차지했다.[16]

미국에서 불편한 동물들과 마주하면 우리의 전통적인 해결책은 쏘거나, 덫을 놓거나, 약을 먼저 먹이고 질문은 나중에 하는 것이다. 이것이 주와 연방 기관들이 창설 이후 내내 해온 방식이고, 오늘날에도 공공기관과 사설 해충 방제 업체의 흔한 사고방식으로 남아 있다. 야생동물을 죽이는 방식을 사용하는 것은 절대로 안 된다거나 정당화되지 않는다고 말할 수는 없다. 가끔은 긴급 상황이 있다. 가끔은 몇 마리를 죽이는 게 다수에게 이득이 된다. 가끔은 이것이 관련 동물들에게 최선의 방법이다. 가끔은 관리 프로그램이 신중하게 규제된 사냥을 중심으로 설계되기도 한다. 그리고 가끔은 다른 좋은 선택지가 없을 때도 있다. 하지만 도시 야생동물이 관련된 문제에 숨겨진 원동력을 흘깃 쳐다보기만 해도 유혈의 해결책이 대체로 효과가 없거나 심지어는 역효과를 낳는다는 것을 알 수 있다.

야생동물을 죽이면 단기적으로는 개체수가 줄어들지만, 그 지역에서 완전히 몰아내지 않는 한 개체수는 기회가 생기자마자 도로 늘어날 것이다. 이 말은 퇴치를 기반으로 한 야생동물 관리 프로그램은 무엇이든 부족한 시간과 자원을 쏟아부으면서 무기한으로 계속해야 한다는 뜻이다. 이것은 특히 빠르게 번식하는 동물들의 경우 더 심하다. 도시 지역에는 여기에 가장 잘 적응한 종, 우연히도 가장 사람들을 괴롭히는 종들이 포함된다. 미국너구리, 주머니쥐, 쥐, 찌르레기, 비둘기, 솜꼬리토끼가 재빨리 대응해서 살아남은 개체군 중 번식력이 더욱 증가하는 동물의 예이다. 오늘 한 마리를 죽이면 내일 두 마리가 더 나타날 것이다.

수명이 긴 사회적 동물의 경우 몇 마리 고위 개체를 죽이면 개체군 속에서 대혼란이 일어날 수 있다. 이들을 대체한 개체들은 더 젊고 경험이 적으며, 확립된 영역이 없고, 그 뭔가를 가르치거나 규칙을 따르게 만들 성체가 더 적을 수 있다. 이것이 문제를 일으킬 가능성이 가장 높은 종류의 동물들이다. "베어 옐러" 스티브 설스는 1990년대에 캘리포니아 매머드레이크스에서 해로운 곰들을 죽이기 시작하면서 그것을 알게 되었다. 그러니까 개체군을 없애는 것은 야생동물의 출산율을 높이는 경향이 있을 뿐만 아니라 사회 구조와 영역의 경계를 망가뜨리고, 동물들을 사람과 함께 살기에는 너무 예측 불가능하고 강인하게 만든다.[17]

퇴치는 또한 시골 지역보다 도시에서 더 어렵다. 도시 주민은 사슴이나 곰처럼 크고 카리스마 있는 동물들에 대해서는 더더욱 퇴치에 반대할 가능성이 높다. 그리고 많은 도시가 총기 사용을 금지하고 있다. 몇몇 동네에서는 활로 사냥을 할 수도 있지만, 그러면 상처 입고 고통스러워하면서 사람들의 집 뒤뜰을 필사적으로 헤집고 다니며 피를 흘리다 죽는 동물이라는 끔찍한 장면을 연출하게 된다. 도시는 쥐약으로 가득하지만, 이것 역시 주민들이 쥐약이 아이들과 반려동물들에게 가하는 위험을 인식하면서 점점 더 논쟁에 휩싸이고 있다.

퇴치라는 방식으로 동물을 통제하는 방법이 지닌 최악의 면 중 하나는 부수적 피해다. 덫에는 종종 엉뚱한 동물이 잡힌다. 쥐약은 그것을 먹은 동물들이 죽기까지 시간이 걸리고, 그래서 녀석들이 아파서 혼란스러워하면 손쉬운 먹잇감이 된다. 독은 먹이그물에 축적되어 보브캣, 코요테, 매, 부엉이, 퓨마 같은 포식자들에게도 해로운 수준까지 도달한다. 예를 들어 캘리포니아에서 수행한 어느 연구에 따르면 85퍼센트의 보브캣을 포함하여 70퍼센트의 포유류가 쥐약에 양성 반응을 보였다. 또 다른 연구에서는 뉴욕에서 81퍼센트의 수리부엉이를 포함하여 49퍼센트의 맹금류가 비슷한 결과를 보였다. 아이러니는 이 독으로 고통받는 동물들이 바로 쥐들을 잡아먹는 포식자라는 것이다. 그들은 유해동물을 먹음으로써 우리를 돕는데, 우리는 녀석들에게 독약으로 은혜를 갚는다.[18]

방정식의 반대편에는 이 약의 목표물인 종에서 다수의 개체가 이 약에 더 큰 면역을 얻게 된다는 사실이 있다. 1970년대부터 일찌감치 시궁쥐는 항응혈제에 저항을 보이기 시작했다. 직후에 나온 2세대 항응혈제는 이제 널리 사용되고 있으나 초기의 화학물질보다 더 유해하고 살아 있는 조직과 환경에 더 오래 남는다.

동물을 죽이는 대신에 그들의 행동을 바꾸는 비살상 방식은 종종 돈이 많이 들고 비실용적이다. 장기적으로 소음과 밝은 빛, 고무 총알에 노출된 끝에 인간이 무시무시하고 짜증 나고 약간은 미쳤고 꼭 피해야만 하는 존재라는 결론을 내린 흑곰의 경우에는 혐오 요법이 효과가 있었던 것 같다. 하지만 1950년대 스타일의 레트로한 과학을 연습하는 행동심리학자가 아니라면 누구도 쥐에게 혐오 요법을 실험하지는 않을 것이다. 야생동물을 한 곳에서 다른 곳으로 옮기는 것은 행복하게 끝나는 법이 거의 없다. 대부분 야생동물은 낯선 장소에 잘 적응하지 못하고, 따라서 이것은 대체로 문제를 다른 사람의 정원으로 옮기는 것뿐이다. 불임 프로그램은 값이 비싸다. 동물을 그냥 죽이는 것보다 경비가 열 배까지도 더 들고, 게다가 비효율적이다. 하지만 어떤 곳에서 어떤 종들에게는 이것이 마지막 선택지이기도 하다. 예를 들어 스태튼섬의 흰꼬리사슴이 그렇다. 하지만 이것은 주민들이 다른 선택지에 동의하지 못하는 경우에만 할 수 있다.

대규모의 퇴치 프로그램이 필요한 사례 중 하나는 엄청난 논쟁거리이기도 하다. 미국에는 6000만에서 1억 마리의 들고양이가 있는 것으로 추정된다. 고양이는 고기를 먹도록 진화했고, 다수가 뛰어난 포식자들이다. 마이클 술레가 샌디에이고에서 알아챈 것처럼 녀석들은 사냥 본능이 강해서 배가 고프든 아니든 먹이를 몰래 따라다녀야 한다든지, 먹을 수 있는 것보다 훨씬 많은 동물을 죽인다든지 하는 강박증세가 있는 것 같다. 녀석들에게 먹이를 주는 것으로는 도움이 안 된다. 어디든 자유롭게 돌아다니는 집고양이들은 매년 수십억 마리의 야생동물을 죽인다. 작은 양서류, 어류, 파충류, 포유류, 특히 조류를 많이 죽이고, 그보다 많은 동물에게 상처를 입히거나 감염을 시킨다. 이런 희생양 대다수가 천천히 고통스러운 죽음을 맞이하고, 상당수가 캘리포니아야생동물센터 같은 클리닉으로 가게 된다. 그리고 거기서 부족한 시간과 돈을 잡아먹는다. 야외의 고양이들 역시 실내에 사는 집고양이들보다 훨씬 짧고 더 고통스러운 삶을 산다. 하지만 길고양이 개체군을 줄이고 반려동물을 집 밖으로 나오지 못하게 하라고 설득할 필요성이 분명함에도 불구하고, 반대파는 맹렬하다. 강력하고 단

호한 후원자가 있는 사랑스럽지만 흉포한 포식자를 무찌르기
란 굉장히 어렵다.[19]

———

칼은 땅다람쥐와의 전쟁에서 졌지만, 털북숭이 난적을 없애
려던 그의 강박적인 싸움은 중요한 사실을 몇 가지 드러냈다.
귀찮은 야생동물과 함께 사는 데 간단한 해결책은 없지만, 가
장 큰 죄가 누군가를 불편하게 만드는 것뿐인 동물 수백만 마
리에게 사형을 언도하는 사회는 잘못된 방향으로 가고 있다는
것이다. 가끔은 죽이는 걸 피할 수 없지만, 서식지를 복원하고
토착 포식자들을 회복시키는 것 같은 체계적인 해결책에 몰두
할수록 우리 모두의 삶이 더 나아질 것이다. 도시는 역사상 처
음으로 야생동물과 공존하기 위해 더 합리적이고 인도적이고
효과적인 접근법을 개발하는 데 앞장설 수 있는 독특한 위치
를 점유했다. 골프장 관리인 칼의 지당하신 말씀을 빌리자면,
"우리는 할 수 있습니다." 이 경우에는 그래야 하는 이유가 있
지만 말이다.

13 앞으로 빨리감기

그 많던 참새는 모두 어디로 갔을까?

1990년대와 2000년대 초기에 조류 관찰자들은 아무도 예상하지 못한 경고의 말을 했다. 수천 년 동안 전 세계 도시에 살았던 집참새들이 사라졌다는 거였다. 런던에서 뭄바이, 필라델피아까지, 집참새 개체군은 20세기의 정점과 비교해서 95퍼센트까지도 줄어들었다. 왜 이런 일이 일어났는지 아무도 정확히 알지 못했지만, 많은 사람이 이 문제에 격한 감정을 느꼈다. 몇몇 조류 애호가들은 토착종에게 해롭다고 여기던 외래종에 대해 "속이 시원하다"고 말했다. 하지만 집참새의 갑작스러운 실종에 많은 생태학자들과 전염병학자들은 우려를 표했다. 그들은 녀석들을 도시의 환경적 건강을 보여주는 지침으로 여겼기 때문이다. 세계에서 가장 강인하고 가장 적응력이 뛰어난 명금 중 하나인 집참새가 사라졌다면 뭔가가 굉장히, 굉장히 잘못된 게 분명했다.[1]

집참새는 인간과 굉장히 가까이 관계를 맺고 있어서 심지어는 그 이름도 인간이 만든 환경을 연상시키는 소수의 생물종(굴뚝새, 외양간올빼미, 집쥐, 빈대를 포함하여) 중 하나다. 집참새와 인간의 관계는 녀석들의 운명을 바꾸었고 심지어는 그 본성까지 바꾸었다. 수천 년 동안 거의 모든 집참새는 농장이나 도시에 정착했고, 인간에게 의존하면서 길거리에서의 삶에 완벽하게 어울리는 생물로 진화했다. 인간 사이에서 사는 능력 덕에 집참새는 전 세계로 퍼질 수 있었지만, 인류를 받아들이면서 녀석들은 달걀을 한 바구니에 전부 담는 실수를 저지른 셈이다.[2]

인간은 이제 우리 지구에서 가장 강력한 진화의 원동력 중하나다. 우리가 서식지를 바꿀 때면 거기 사는 동식물에게 새로운 압력을 주고, 새로운 기회를 만들어서 자연선택의 힘을 뒤죽박죽으로 만들어놓는다. 많은 종이 적응이 아주 어렵거나 불가능하다는 걸 알게 되지만, 몇몇은 "인간유발 급속진화 human induced rapid evolution"라는 과정을 통해서 적응하게 된다. 집참새가 그중 하나이고, 대부분의 생물학자가 오랫동안 무시했던 도시는 진화상의 변화를 연구하는 실험실로 점점 더 각

광을 받고 있다. 몇몇 종이 빠르게 적응한다는 견해는 많은 수가 줄어들거나 사라져가는 시대에 희망을 가질 이유가 될 것 같기도 하다. 하지만 변화에 대처하는 자연계의 가장 위대한 메커니즘인 진화가 자연이 만들어낸 것 중에서 가장 가만히 못 있고 독창적이고 파괴적인 종으로 인해 초래된 변화를 따라잡지 못할 거라는 걱정을 할 만한 이유가 몇 가지 있다.[3]

———

세계에서 가장 흔한 새 중 하나가 워낙 개성이 없어서 대부분의 사람들이 잘 알아보지도 못한다는 건 약간 이상하기도 하다. 집참새는 옥양목 색깔의 통통한 명금으로, 팔짝팔짝 뛰어서 돌아다니며 전 세계 도시의 거리나 보도, 피크닉 테이블에 있는 음식 부스러기와 씨앗을 쪼아 먹는다. 당신이 도시에 있고 지금 바깥에 있다면, 주위를 둘러보라. 한 마리쯤 발견할 가능성이 꽤 높다.

집참새는 참새목 중 하나인데, 이 목에는 유럽, 북아프리카, 아시아에서 자생하는 20종의 "진짜 참새"들이 포함된다. 집참새와 닮은 새들은 현재의 베들레헴 근처 동굴에서 출토된 40만 년 전의 화석 기록에서 처음 나타난다. 녀석들은 시끄러운 집

단 속에서 살도록 진화했고, 당시 중동 지역에 흔했던 초원과 숲에서 먹이를 찾았다.[4]

1만 1000년쯤 전에 집참새는 인간들이 경작을 시작하면서 곡식과 씨앗을 쉽게 획득할 수 있는 이상적인 장소를 발견했다. 이후 1000년 안에 대부분의 집참새가 인간 정착지 안이나 근처에서 살게 되었다. 녀석들이 얹히게 된 인간들과 마찬가지로, 하지만 같은 목에 속한 다른 모든 종과는 다르게 집참새들은 이주를 멈췄다. 이주를 계속하는 소수는 이 마을에서 저 마을로 옮겨 다니며 그 와중에 새로운 개체군을 만들었다. 3000년쯤 전에 녀석들은 현재의 스웨덴이 있는 먼 북쪽의 청동기 유적지에서 모습을 보였다.[5]

집참새는 학명을 얻은 첫 번째 종 중 하나로 1758년 현대 분류학을 만들어낸 스웨덴인 칼 폰 린네Carl von Linné가 직접 지어주었다. 그 무렵 이들은 항상 곁에 있는 상징처럼 되어서 식량으로 사냥하고, 애완동물로 잡아두고, 유명한 문학, 종교서, 민담에서 캐릭터나 상징으로 등장하게 되었다.

집참새가 북아메리카에 도착한 시기는 명확하지 않다. 1850년에 오늘날 브루클린 박물관의 전신인 브루클린대학교가 영국에서 집참새를 배로 수입해 이듬해에 풀어주었다. 1852년과 1853년에 뉴욕에서, 1854년과 1881년에는 중서부에서 또다시 집참새를 풀어준 것으로 보이지만, 기록은 분명하지 않다. 첫 번째 무리는 겨우 16마리였지만 그걸로도 이 외국 땅에서 기반이 되기에 충분했다. 1870년대에 녀석들은 시카고, 덴버, 갤버스톤, 샌프란시스코에 도착하거나 전래되었다. 오늘날 집참새는 북아메리카의 모든 주요 도시에 살고 있으며 여섯 개 대륙의 마을과 도시에 전부 산다.[6]

박물관과 클럽들은 아름다울 뿐 아니라 농경으로 인해서 조류 포식자와 곤충 먹이 사이의 균형이 뒤집힌 미국 일부 지역에서 해충 방제에 도움이 될 거라고 생각한 회원들 때문에 집참새를 수입했다. 하지만 상황은 계획처럼 흘러가지 않았다. 집참새가 곤충을 먹긴 하지만 작물도 먹었기 때문에 녀석들의 가치에 대해 논쟁이 일어났다. 참새전쟁Sparrow War이라고 알려진 이 논쟁은 녀석들이 주위에 있는 걸 즐기는 취미 조류 관찰자들을 상대로 집참새를 위협으로 보던 미국 농무부와 미국 조류학자 연합에 상처를 남겼다. 참새의 가치를 깎아내리는 사람들은 끈질겼다. 그들은 이 새를 "부랑자", "약탈자", "날개 달린 산적"이라고 부르며 총을 가진 사람들에게 "사냥 시즌이든 아니든 놈들을 발견하면 죽여라"라고 부추겼다. 크리스마스 버드 카운트를 만든 걸로 유명한 프랭크 채프먼은 집참새가 그저 악취가 난다고 여겼다. 녀석들이 주위에 있으면 마치 "우

리의 초원과 숲의 향기를 어떤 악취가 영원히 더럽히는 것 같았다"라고 그는 적었다.[7]

1889년, 농무부의 경제조류학·포유류학부의 월터 배로스 Walter Barrows는 집참새의 뱃속 내용물에 관한 연구를 출간했다. 그는 집참새가 여러 토착종 새들보다 우위에 있고, 해충보다 곡식을 훨씬 많이 먹는다고 결론을 내렸다. 집참새는 또한 전염병을 갖고 있는 것으로 의심되었다. 실제로 이어진 연구에서 녀석들이 웨스트나일바이러스, 파라믹소바이러스, 아프타바이러스, 결막염, 세인트루이스 뇌염, 조류인플루엔자를 유발하는 바이러스, 병아리에도 감염되는 클라미디아 등 인간과 다른 동물들에게 전염되는 최소 29개의 병원체를 갖고 있다는 사실이 밝혀졌다. 이 병원체들을 갖고 있는 능력 때문에 집참새는 뛰어난 생물지표가 되고, 공중보건상의 위협을 미리 알리는 경고가 되지만, 19세기에 과학자들은 이 새들의 유익한 역할을 인정할 생각이 전혀 없었다. 녀석들은 악당으로 여겨졌고, 집참새에 관한 미국의 전쟁은 집참새를 상대로 한 스트리크니네 전쟁으로 변화했으며 그 전선은 북아메리카, 유럽, 아시아였다.[8]

이 논쟁이 벌어지면서 집참새들도 변화하게 되었다. 1896년, 브라운대학교의 발생학자 허몬 C. 범퍼스Hermon C. Bumpus는 북아메리카에서 집참새들이 퍼진 것이 진화학적 사건이라고 주장하는 강의를 했다. 그는 영국의 참새 알 868개와 매사추세츠의 참새 알 868개를 비교하고서 북아메리카의 알이 더 작고 색깔과 크기가 더 다양하다는 사실을 발견했다. 범퍼스는 진화가 일어났음을 보여주었지만, 그 원인은 밝혀내지 못했다.[9]

2년 후에 범퍼스는 자연적 실험을 활용할 기회를 얻었다. 1898년 2월 1일, 뉴잉글랜드에 혹독한 겨울 폭풍이 불었다. 그의 동료들 대부분은 실내에서 불가에 앉아 차를 마셨지만, 범퍼스는 프로비던스를 돌아다니며 폭풍 속에서 꼼짝 못하게 된 참새 136마리를 채집했다. 실험실로 돌아왔을 때 64마리가 죽었다. 남은 72마리의 새는 평균적으로 더 작고 몸무게도 덜 나가는 반면, 두개골은 더 두껍고 날개뼈, 다리뼈, 앞가슴뼈는 더 길었다. 범퍼스는 폭풍의 선택으로 뉴잉글랜드의 변덕스러운 날씨에 잘 적응하지 못한 개체가 죽었다는 결론을 내렸다. 그의 연구는 과학적으로 중요한 기여를 했고, 그가 자신의 데이터와 분석 내용을 함께 출간했기 때문에 공개 자료의 고전이 되었다. 그 뒤로 수십 명의 생물학자가 범퍼스의 데이터를 재분석해서 집참새는 진화생물학 연구의 표본이 되었다.[10]

1964년, 캔자스대학교의 리처드 존스톤Richard Johnston과 로버트 셀랜더Robert Selander는 집참새가 미국 해안에 도착한 이

래로 "색깔과 크기 면에서 뚜렷한 적응 분화"를 보였다고 보고했다. 놀랍게도 이 변화는 진화생물학의 두 가지 원리에 들어맞았다. 온혈동물종은 범퍼스의 고향 뉴잉글랜드처럼 비교적 추운 환경에 있을 때 더 크게 자라고(베르그만 법칙) 색깔이 더 밝아지는 경향(글로거의 법칙)이 있다는 것이다. 당시 대부분의 조류학자와 진화생물학자는 조류가 진화하려면 수천 년이 필요하다고 믿었다. 존스턴과 셀랜더는 집참새의 경우에는 "50년이 채 걸리지 않았다"라고 결론내렸다.[11]

진화를 비롯해 모든 것이 엄청난 속도로 달려가는 듯한 오늘날에는 대단한 일처럼 보이지 않을 수도 있다. 하지만 1960년대에 존스턴과 셀랜더는 급진적인 아이디어를 퍼뜨리고 있었다. 찰스 다윈은 진화가 느리고 점진적인 과정이라고 믿었다. 굉장히 느려서 그가 알기로는 겨우 몇억 년밖에 되지 않은 행성에 어떻게 이렇게 많은 생물학적 다양성이 생겼는지 설명할 수가 없을 정도였다. 물론 지구는 다윈이 생각한 것보다 훨씬 오래되었다는 사실이 밝혀졌다. 45억 년은 놀랄 만큼 풍부한 생물권을 만들고, 대멸종을 통해 그것을 여러 번 전멸시키기에 충분한 시간이다. 하지만 존스턴과 셀랜더에게 다윈의 딜레마는 핵심이 아니었다. 특정 종에서 적절한 상황이 되면, 진화에는 엄청난 세월이 걸리지 않는다. 수십 년이면 충분하다.

존스턴과 셸랜더는 집참새를 급속진화rapid evolution의 대표로 만들었지만, 야생에서 이런 변화를 관찰한 사람으로 그들이 처음은 아니었다. 1860년대에 영국 북서부 맨체스터 주변의 동식물 연구자들은 짙은 색소를 가진 회색가지나방이 그 지역에 오랫동안 번성했던 밝은 색깔의 종보다 더욱 많아지고 있음을 깨달았다. 수십 년 동안 석탄을 쓰는 엔진과 용광로에서 나온 검댕으로 새카매진 나무 둥치에 앉으면 밝은색 나방이 더 잘 보였던 것이다. 그래서 잡아먹히기가 더 쉬워졌다. 앨버트 B. 판Albert B. Farn은 이것이 동식물 연구자들의 눈앞에 펼쳐진 진화의 예임을 추측한 첫 사람들 중 한 명이었다. 1896년, 제임스 윌리엄 투트James William Tutt는 지금은 종종 공업흑화industrial melanism라고 불리는 "흑화melanism"의 사례라고 이름 붙인 회색가지나방 이야기를 학교 생물학의 필수 내용으로 만들었다. 하지만 2016년이 되어서야 리버풀의 연구진이 이 변화의 유전적 해명을 찾아냈다. 이 연구팀에 따르면 1819년쯤에 2만 2000개의 염기서열을 가진 "점핑" DNA가 나방의 날개 색깔을 통제하는 유전자에 삽입되었고, 곧 모든 개체군으로 퍼져나갔다. 생물학사에서 가장 유명한 진화의 사례 중 하나가 생물학자들이 무엇이 이런 상황을 유발했는지 제대로 이해하기 한 세기도 더 전에 나타났던 것이다.[12]

투트가 흑화에 대한 설명을 출간하고 1년 후에 워싱턴주립대학교의 연구원들이 관련된 관찰을 했다. 그들은 깍지벌레, 진딧물, 응애 같은 작물 해충을 통제하는 데 있어서 석회황합제의 효과가 점점 떨어지고 있다는 걸 알아챘다. 1914년에 악셀 레너드 멜란데르Axel Leonard Melander는 저항을 획득한 범인을 찾아냈다. DDT를 포함한 합성 살충제는 1940년대에 개발되었고 이 문제를 해결할 거라고 선전했지만, 그것들은 일시적으로 문제를 유예했을 뿐이다. 1954년까지도 과학 논문들은 살충제에 저항을 얻은 사례가 겨우 12건만 있다고 말했으나 이 숫자는 1960년쯤 137건으로, 1980년에는 428건으로 증가했다. 지금은 500종 이상이 최소한 하나의 화학적 살충제에 별로 영향을 받지 않고, 그 유명한 콜로라도감자잎벌레는 살충제 50종 이상을 버틸 수 있다. 오늘날 해충 관리자들은 해충 자체를 억제하는 것만큼이나 살충제에 대한 저항 획득을 늦추는 데 초점을 맞추고 있다.[13]

이런 사례들은 급속진화가 흔한 것임을 암시한다. 하지만 과학자들은 회의적이고 신중하고 보수적인 경향이 있다. 많은 과학자가 공업 흑화와 살충제 저항성 획득이 예외라고 믿었고, 급속진화는 실험실 밖에서 일어나는 드문 현상이라고 생각했다. 하지만 1980년대부터 수확, 오염, 새로운 질병, 외래종, 기후

변화, 서식지 소실에 대응하여 야생에서 실시간으로 진화가 일어나는 것을 발견하기 시작했다. 급속진화의 가능성은 자연계에서 일반적인 일이나 야생의 개체군이 진화를 일으킬 만한 생태학적 변화 대부분을 일으키는 것은 인간이었다.[14]

2000년대 초반에 과학자들은 도시를 진화의 실험실로 보기 시작했다. 그들은 도로의 배수로에 삼색제비가 둥지를 지으면서 날개가 짧아져 차에 치일 위험을 줄이고 민첩하게 먹이를 낚아챌 수 있게 되었음을 발견했다. 미국 동부 해안 염수에서 자주 볼 수 있는 강인하고 작은 물고기인 은연어는 단백질 수용체를 이용해서 폴리염화바이페닐, 혹은 PCBs라고 하는 해로운 산업용 화학물질로부터 자신들의 연약한 배아를 지킨다. 아놀도마뱀은 콘크리트 벽처럼 매끄러운 표면에 달라붙기 위해서 다리가 더 길어지고 발바닥이 더 끈적끈적해졌다. 메기는 남부 프랑스에서 비둘기를 사냥하기 시작했다. 녀석은 물 밖으로 뛰어올라 잠시 물가로 나와서 깜짝 놀란 먹이를 흙탕물 속으로 끌어들인다. 런던 지하철에는 이제 지하철에서만 사는 모기종이 있다. 녀석들은 동굴 같은 집에 어울리는 뱀파이어 같은 생활방식을 갖고 있다.[15]

새들은 도시 환경에 있는 척추동물 중에서 급속진화에 관해 가장 많이 연구된 사례다. 도시 소음은 수많은 새에게 심각한 문제가 될 수 있다. 새들은 소리로 의사소통을 하는데, 도시의 소음은 그들의 지저귐을 파묻어버릴 수 있기 때문이다. 어떤 종들은 이런 이유 때문에 도시를 피하지만, 어떤 종들은 크기, 음조, 운율, 간격, 소리의 강도를 바꾸며 도시에 계속 남는다. 인간부터 범고래까지 목소리를 내는 대부분의 동물은 시끄러운 환경에서 무의식적으로 목소리를 높인다. 하지만 강도의 변화는 다른 높이로 이것을 듣도록 진화한 종들에게는 전혀 다른 노래로 들릴 수 있다. 이런 경우에 전체 개체군은 노래하는 방식과 듣는 방식을 바꾸어야 한다. 찌르레기와 박새처럼 어떤 종들은 러시아워의 소음에 묻히는 걸 피하기 위해 목소리의 강도를 올리거나 이상한 시간에 우는 식으로 행동을 바꾸었다. 개구리와 몇몇 곤충 등 또 다른 종들은 비슷한 방식으로 적응하며 진화의 열차에 함께 올라탔다.[16]

급속진화가 야생동물에게 무엇을 의미하는지 이해하기 위해서 몇 가지 화려한 사례를 넘어서서 좀더 일반적으로 급속진화가 어떤 의미인지 결정해야 한다. 대부분의 사람은 진화를 자연선택으로 인해서 종의 특성, 즉 유전자 코드와 물리적 외형이 변하는 것이라고 생각할 것이다. 이런 변화가 일어나는 이유는 이것이 번식의 성공률을 더 높여서 다음 세대에 이 특성이 전달되도록 만드는 몇몇 장점을 부여하기 때문이다. 종이 이런 식으로 진화하는 것을 우리는 적응했다고 말한다. 이것은 진화의 교과서적 버전이고, 현장에서 상황은 금세 복잡해진다.

어떤 종들은 강한 선택hard selection이라는 진화 과정을 밟는다. 이것은 돌연변이가 유전자의 DNA 염기서열을 바꿔 그 유전자의 효과를 크게 교란할 때 일어난다. 이 새로운 유전자를 물려받은 개체가 이것이 없는 개체보다 더 많은 자손을 낳게 되면 유전자가 퍼져서 개체군이 진화하게 된다. 이것이 맨체스터의 회색가지나방에게 일어난 일이다. 진화의 두 번째 방식은 약한 선택soft selection이라는 것으로, 이미 개체군 내에 존재하는 유전자가 자연선택을 통해서 더욱 흔해지는 것이다. 새로운 돌연변이는 필요하지 않다. 약한 선택은 많은 종에서 항상 일어난다. 유전자는 일반적으로 개체군 전반에 다른 빈도로 존재하는 대립유전자라는 대안 형태를 갖고 있기 때문이다. 개체군 내에서 대립유전자의 종류가 많을수록 유전적 다양성과 약한 선택의 가능성이 더 커진다.

많은 경우 진화는 작은 개체군에서 일어날 가능성이 높고 우연히 발생하는 다양성 상실이라는 유전적 부동genetic drift의 부정적인 결과처럼, 자연선택의 긍정적인 산물이 아닐 수도 있다. 분열된 도시 서식지에서 유전자 부동은 위협이다. 도시의 야생동물 개체군이 쉽게 줄어들고 더 고립될 수 있기 때문이다. 이 개체군들은 우연과 자연적 감소로 유전적 다양성을 잃고 구성원들은 가까운 친족과 더 자주 번식을 하게 되어 해로운 특성을 물려줄 가능성이 더 높아진다. 런던 지하철 모기처럼 고립된 몇몇 개체군은 새로운 종으로 갈라지기도 한다. 하지만 남부 캘리포니아의 퓨마처럼 대부분은 성공하기보다 더 나빠지는 경우가 훨씬 많다.

어떤 종은 최소한 단기적으로는 진화하지 않고도 도시 환경에서 사는 데 적응할 수 있다. 이것은 개체군을 이루는 각 개체가 예를 들어 도시 안팎을 왔다 갔다 하며 지내거나 좀더 야행성으로 생활 방식을 바꾸는 것처럼, 자신들의 행동을 변화시키는 경우다. 어떤 동물들은 그런 변화를 수행할 능력이 없는 반면에 어떤 동물들은 선택지가 훨씬 넓다. 덕분에 이 동물들은 배우고 적응하고 자손들을 가르치는 능력이 더 높아진다. 행동 변화가 진화로 이어질 수도 있지만, 유전적 진화 압력은 행동이 더 유연한 종에게는 그렇게 좋은 일이 아닐 수도 있다.[17]

가끔 진화처럼 보이는 게 진화가 아닐 때도 있다. 고층건물에 둥지를 틀고 비둘기를 잡아먹는 붉은꼬리매, 아메리카황조롱이, 송골매를 생각해보자. 이 도시의 맹금류는 시골에 있는 그들의 친족들과 비교할 때 진화한 것일 수도 있지만, 건물에 둥지를 틀고 공원에서 사냥하는 것 자체는 진화의 예가 아니다. 몇몇 건물은 그 높이와 전면부의 특징 때문에 많은 맹금이 자연스럽게 둥지를 트는 자연 절벽과 비슷하게 보이고, 비둘기는 많은 초원에서 발견되는 새와 작은 설치류의 완벽한 대체물이다. 이 맹금들이 해야 하는 일은 그저 옛날 기술들을 새로운 장소에 적용하는 것뿐이다. 식물도 이렇게 한다. 예를 들어 자연적으로 중금속이 많은 토양에서 자라도록 진화한 몇몇 종은 똑같은 유독물질로 오염된 도시 토양에서 번성할 수 있다. 이것을 새로운 생태계에 대한 적응으로 생각하고 싶긴 하지만, 실은 그저 기술 이전과 운일 뿐이다.

이 책에 나오는 몇몇 동물은 영리하고 사회적이고 수명이 긴 잡식성으로, 여러 다양한 일들을 잘 해낼 수 있다. 하지만 그중 몇몇 역시 인간이 유발한 급속진화를 겪을 수 있다. 뉴저지의 흑곰은 야생의 친척들보다 동면을 더 짧게 한다. 북동부의 흰꼬리사슴은 도시 지역에서 식성을 바꿔서 공원과 마당에 있는 많은 종류의 식물들을 이것저것 맛보아 정원사들을 짜증 나게 만들었다. 시카고에 사는 대도시 코요테들은 근처 숲에 있는 코요테보다 더 야행성이다. 14만 개 이상의 기록을 살핀 2021년 연구에서는 도시 서식지에 사는 북아메리카 포유류 종의 넓은 활동 영역이 시간이 흐를수록 더욱 넓어졌음을 알아냈다. 이 모든 사례를 볼 때 도시의 야생동물이 진화하고 있을 수도, 아니 그럴 가능성이 아주 높다.[18]

하지만 진화가 전 세계 수많은 생태계에서 일어나고 있는 생물다양성 위기의 해결책일까? 도시 환경의 진화에 관해서 네덜란드의 생물학자 메노 스힐트하위전Menno Schilthuizen만큼 많은 책을 쓴 사람도 없을 것이다. 2018년 저서 《도시에 살기 위해 진화 중입니다Darwin Comes to Town》에서 스힐트하위전은 인간이 유발한 급속진화를 자연의 신비이자 자연의 잠재적 구세주라고 설명했다. 우리는 최대한 많은 야생 지역을 보존해야 한다고 그는 말한다. 하지만, "전 세계적 재앙을 막거나 독재적인 산아제한을 해도 인간은 도시로 지구를 숨 막히게 만들 것이다. … 이번 세기가 끝나기 전에 말이다." 생존 투쟁에서 많은 생물종이 이겨내지 못할 것이기 때문에 우리는 남은 종을 존경해야 한다. 스힐트하위전과 다른 사람들이 대번에 지적하듯이 우리가 많은 해를 입혔으나 그들은 우리에게 길게 보라고 말한다. 자연은 조정하고 적응하고 스스로 치유할 것이다. 우리는 잃은 생명들을 안타까워할 게 아니라 우리와 함께 있는 생명들을 사랑해야 한다.[19]

희망은 전혀 잘못되지 않았지만, 이 발랄한 설명은 우리를 어두운 진실로부터 눈 돌리게 만들 수도 있다. 진화란 대단히 기적적이지만, 생물학적 다양성의 상실을 벌충하지는 못한다. 간단한 이유는 시간이다. 급속진화를 보여주는 놀라운 사례들이 무척 많지만, 새롭고 더 잘 적응하는 종을 키워내는 것보다 종들을 멸종으로 내모는 것이 인간에게는 훨씬 더 쉽다. 어떤 사람들은 유전공학이 시간 문제를 해결하고, 인간이 모두에게 득이 되는 방향으로 진화를 인도하는 더 능동적인 역할을 맡는 미래를 열어줄 거라고 믿는다. 하지만 근사한 새 생명체를 만드는 우리 능력은 우리의 진짜 행성에서 진짜 생태계에서 사는 데 잘 적응한 생명을 만드는 능력보다 거의 확실하게 앞서 있다. 런던 지하철의 모기 뒤에는 거의 멸종 상태인 수천 종의 동물들이 있다. 인류가 현대의 방향으로 계속해서 나아가는 한 멸종은 진화를 훨씬 앞설 거고, 우리 세계는 점점 다양성이 사라질 것이다.

진화라는 낙관론에는 우리를 멈추게 만드는 또 다른 측면이 있다. 진화에 믿음을 건 저자들은 생태학과 경제학을 헷갈리는 경향이 있다. 특히 미국인들, 그리고 네덜란드인들도 다수가 열심히 일하고 경쟁에 이겨서 위대한 것을 이루는 이야기를 좋아한다. 하지만 우리가 진화를 믿게 되면, 비인간 종들을 특정한 인간적 관점으로 바라보게 된다. 현대 세계에 적응할 수 있는 종들은 성공할 자격이 있는 승자인 반면, 적응하지 못하는 종들은 불운하고 좀 부적당하고 능력이 떨어지는 패자라는 식이다. 이런 논리는 어떤 분야에는 잘 맞을 수 있지만, 생태학이나 진화생물학의 기반은 아니다. 이것은 거꾸로 된 사회진화론이다. 이 주제를 경제적인 면으로 보자고 주장하는 사람들을 위한 좀더 나은 접근법은 네덜란드인들이 자국의 꼼꼼하게 유지되는 물리적 기간시설과 촘촘하게 짜인 사회 안전망에 접근하는 방법과 비슷하게 보존에 대해 생각하는 것이다.

자본주의자들이 흔히 떠들듯이, 팔리는 것에 가치가 있다는 것은 실은 권력이 있다는 것이다. 우리는 현대 세계에 어울리지 않는 종들을 없앰으로써 자연에 호의를 베풀고 있다고 자화자찬할 수 있지만, 우리가 실제로 하는 일은 갖지 못한 자보다 가진 자를 편드는 것이다. 도시 지역에서 잘 지내지 못하는 종은 이 새로운 생태계에 적응할 가능성이 낮다. 반면에 도시에서 이미 잘 지내는 종은 새로운 생태계에 더욱 잘 맞는 방향으로 변화하게 될 것이다. 우리가 뛰어난 적응력을 가진 새로운 도시 착취종이 지배하는 생태학적 독점 체제를 만들어내는 동안 생물학적 다양성은 점점 줄 것이다. 여기까지 읽었다면 당신은 내가 까마귀, 비둘기, 쥐에 아무 악감정이 없다는걸 알았을 것이다. 나는 그들을 존경하고, 그들에게서 배울 것이 많다고 믿는다. 하지만 그들이 주위에 있는 유일한 야생동물인 세상은 누구도 원하지 않는 미래일 거라고 생각한다.

———

집참새의 감소는 아직 풀리지 않은 미스터리로 남아 있지만, 아마 여러 요인이 기여했을 것이다. 1918년 철새조약법으로 대부분의 명금류를 애완동물로 삼는 것이 불법이 되었다. 이것은 선한 의도로 만들어졌고 성공한 방침이지만, 몇 가지 의도하지 않은 결과가 따랐다. 당시 두꺼운 부리와 분홍색 머리를 가진 다채로운 색의 작은 새인 멕시코양지니는 미국 남서부와 태평양 연안의 토착종으로 인기 있는 가정용 애완동물이었다. 1930년대와 1940년대에 뉴욕 같은 도시의 공무원들이 이 법을 적극적으로 시행하기 시작했고, 많은 소유자가 근처 공원에 새를 놓아주었다. 멕시코양지니는 집참새처럼 도시 착취종은 아니었지만, 그 이름(영어 이름은 house finch다 — 옮긴이)처럼 대체로 사람들 주위에서 잘 지냈다.

멕시코양지니 개체군은 1960년대까지 작은 상태로 유지되었으나 교외가 커지면서 녀석들에게 새로운 개척지가 열렸다. 곧 멕시코양지니가 새로 들어온 지역에서는 녀석들이 집참새를 이긴다는 연구 결과가 나왔다. 1990년대에 미국 동해안의 멕시코양지니 최소한 1억 마리가 호흡기 질환, 부비강염, 결막염을 일으키는 박테리아 감염으로 죽으면서 참새는 잠깐 쉴 틈을 얻었다. 하지만 멕시코양지니는 곧 회복해서 활동 영역을 미국 서해안까지 확장했고, 북아메리카에서 14억 마리에 달하는 것으로 추정되었다.[20]

1920년부터 도시에서 노동 동물로서 말이 감소하고 농장에 더 좋은 곡물 저장고가 생기면서 집참새가 넘치는 음식에 접근할 기회가 줄어든 것도 녀석들의 문제에 기여했다. 대기오염, 현대식 건물의 한정된 둥지 자리, 고양이와 맹금류의 포식도 모두 한몫했을 것이다. 과학자들이 지금에 와서야 알게 된 바지만 집참새가 씨앗만큼이나 곤충도 먹었기 때문에 곤충의 수가 감소했고, 이것 역시 한 가지 요인이었을 것이다.

집참새가 가까운 시기에 없어질 것 같지는 않다. 녀석들은 지난 빙하기 말부터 사람과 함께 살았고, 전 세계에서 우리와 함께 살고 있다. 녀석들은 도시 환경에서 이점이 될 만한 특성을 가졌고, 뛰어난 변화 능력을 보여주었으며, 많은 도시에서 흔한 존재로 남아 있다. 하지만 녀석들의 미래가 확실한 것은 아니다. 인간이 지배하는 한 환경은 계속해서 변화한다. 새로운 위협이 나타나고 오래된 자원은 사라진다. 많은 조류 애호가가 여전히 집참새를 유해동물이나 침입종으로 여기고 있어서 참새 전쟁도 계속되고 있다. 오늘날에는 열렬한 전쟁이라기보다는 냉전에 가깝지만 말이다. 하지만 집참새를 가장 싫어하는 사람들조차도 이들이 놀라운 작은 새라는 데 동의할 것이다. 녀석들은 강인하고 유연하고 두려움을 모른다. 하지만 무적은 아니다.

14 도시 야생동물 받아들이기
바다사자 그리고 도시의 야생동물과 살아가기

1980년대 초에 허셸Hershel이라는 이름의 바다사자, 아니 더 정확하게는 유쾌한 지역 주민들이 허셸이라는 이름을 붙여준 청소년기의 캘리포니아바다사자 무리가 시애틀의 발라드 지역 내 워싱턴십캐널호수Lake Washington Ship Canal의 하이럼 M. 치텐든Hiram M. Chittenden 갑문 주위에 나타나기 시작했다. 자유롭고 야외 생활을 좋아하기로 유명한 도시인 시애틀은 장난꾸러기 바다사자 무리가 안전한 항구로 찾을 만한 곳이라고 생각하는 사람도 있을 것이다. 하지만 그들은 주 대 주, 기관 대 기관, 자연보호 활동가 대 자연보호 활동가, 종 대 종이라는 수십 년에 걸친 전쟁을 일으켰다. 1990년대 중반쯤에는 가장 열렬하던 지지자들까지도 발라드의 바다사자들이 지나치게 오래 머물렀다는 데 동의했다.

캘리포니아바다사자는 오징어, 물고기, 그리고 종종 조개를 먹는다. 워싱턴십캐널호수에는 오징어나 조개는 별로 없었겠지만, 매년 연어가 알을 낳기 위해서 회유했다. 수문에 도착하면 녀석들은 물고기 사다리로 몰려든다. 물고기 사다리는 21개의 작은 웅덩이 혹은 둑으로 이루어진 계단이고, 한 단의 높이는 약 30센티미터 정도다. 물고기는 웅덩이에서 웅덩이로 뛰어올라 폭포를 거슬러 올라가고, 둑을 넘을 때마다 점점 더 신선한 민물을 발견하다가 수문 안쪽에 도달한다. 하지만 우선은 사다리 그 자체에 들어와야만 한다. 제일 밑단, 물살이 느려지는 곳에서 그들은 방향을 잡고 소금기 없는 물의 충격에 대비하고, 자기 차례가 오기를 기다려야 한다. 바로 여기서 그들이 쉬운 먹잇감이 된다.

허셸이 이 사실을 알아내기까지는 그리 오랜 시간이 걸리지 않았다. 바다사자들은 굉장히 영리하다. 그 덕에 다양한 해양 서식지에서 번성하고, 포획 상태에서 고리를 통과해 코 위에 비치볼을 올리는 묘기를 배울 수 있고, 시애틀 같은 도시의 수로에서 살아갈 수 있었다. 우두머리 수컷들은 약 500킬로그램 이상까지 자랄 수 있고, 그들의 4분의 1에서 3분의 1 정도 크기인 암컷들로 이루어진 하렘을 차지한다. 더 작은 수컷들은 종종 자기들끼리의 집단을 형성하고, 계절에 따라 캘리포니아와 멕시코의 번식지와 퓨젓사운드 같은 먹이가 풍부한 지역을 오간다. 이 술집 저 술집을 돌아다니는 독신남 모임의 바다 판인 셈이다.

유럽인들이 태평양에 도착했을 때만 해도 캘리포니아바다사자의 수는 수십 만이었다. 1900년대 사냥으로 녀석들은 외딴 지역 몇 군데에 고립되었고, 그 숫자는 1만여 마리 정도로 급감했다. 1911년 물개류보호조약으로 녀석들에 대한 압력이 좀 줄었고, 1972년 해양포유류보호법으로 더 크게 보호받게 되었다. 2012년 즈음에 녀석들의 숫자는 최소한 150년 만에 처음으로 30만 마리를 넘어서서 물갯과 14종의 바다사자와 물개 중 가장 수가 많은 종이 되었다. 이렇게 1980년대 초반까지 쭉 회복되다가 허셸이 시애틀에 도착하게 된 것이다.[1]

발라드 갑문은 도시를 다시 배수시키기 위한 40년 노력의 초석이었다. 1917년 발라드 갑문이 완공되기 전에 시애틀 북서쪽의 샐먼만에는 도시의 큰 담수원인 워싱턴호수와 유니언호수로 이어지는 통로가 없었다. 토머스 머서Thomas Mercer가 1854년 연결로를 제안했지만, 1883년이 되어서야 굴착기가 "컷cut"이라고 하는 서쪽 방향을 향한 일련의 운하들 중 첫 번째를 팠다. 1906년에 미국 육군 공병단 지역 관리자인 하이럼 치텐든이 논쟁에 휩싸인 프로젝트의 지휘를 맡게 되었다. 많은 지역민은 이것이 설계가 형편없고, 진행도 형편없거나 아니면 돈이 너무 많이 든다고 여겼다. 10년 후에 공병단이 마침내 수문 공사를 끝마치자 워싱턴호수의 수위가 2.7미터가량 낮아지고 갑문 안쪽의 대형 선박용 운하는 유니언호수의 높이에 맞춰 평균 4.8미터가 높아졌다. 갑문이 완성되자 배가 해협과 호수를 잇는 운하를 오갈 수 있게 되었다. 갑문을 따라 만들어진 사다리는 회유어들에게도 같은 일을 해주었다.[2]

캘리포니아바다사자처럼 스틸헤드steelhead도 퓨젓사운드의 토착종이다. 연어과의 일종인 스틸헤드는 무지개송어와 같은 종이다. 둘의 차이는 무지개송어가 평생 민물에서만 사는 반면 스틸헤드는 민물에서 바닷물로 이주한다는 것이다. 바다에서 2-3년 정도 살아남은 스틸헤드는 친족인 무지개송어와 함께 새끼를 낳기 위해 태어난 하천으로 돌아온다. 역사는 스틸헤드보다 무지개송어에 더 관대했다. 19세기 말 이래로 무지개송어는 양식장에서 수백만 마리가 양식되어 여섯 개 대륙의 호수와 하천에 자리를 잡아 세계에서 가장 널리 퍼진 척추동물종 중 하나가 되었다. 하지만 댐과 취수 시설이 건설되면서 회유로가 막힌 스틸헤드는 거의 모든 활동 영역에서 사라져

이제는 샌디에이고부터 시애틀까지 미국 서해안 전역에서 우려종이나 위기종으로 올라 있다.[3]

육군 공병단이 1976년 발라드 갑문의 물고기 사다리를 손본 뒤 10년 안에 매년 3000마리나 되는 스틸헤드가 사다리를 타고 올라와서 알을 낳았다. 수만 명의 관광객이 구조물 안으로 들어와서 수중 창문으로 스틸헤드와 그 가까운 친족인 은연어와 왕연어가 워싱턴호를 향해 헤엄쳐가는 것을 구경했다. 과학자, 어부, 자연보호 활동가들은 토착 어류 보존의 보기 드문 성공 사례라고 말했다. 하지만 이것은 영원하지 않았다. 1993-94년 시즌에 허셜이 갑문 하단에서 신나게 녀석들을 먹어치워서 생물학자들은 겨우 76마리의 스틸헤드만이 그곳을 통과했음을 확인했다.[4]

그전부터 몇 년간 칼을 갈아왔지만, 이제 지역민들은 행동에 나섰다. 시애틀 신문들은 발라드의 바다사자들을 "무전취식자"라고 불렀고, 태평양어부연합회Pacific Coast Federation of Fishermen's Association는 녀석들을 약탈자 "갱단"이라고 불렀다. 국가적으로 이민, 복지 개혁, 조직폭력, 범죄에 강경 대처하는 치안 조직에 초점을 맞춘 시대에 이것은 강렬한 비난이었다. 바다사자의 이름에서 캘리포니아라는 단어 역시 그들을 침입자로 낙인찍었다. 1990년대 초는 깊은 불경기, 시민들의 폭동,

오클랜드힐스 화재, 노스리지 지진으로 골든스테이트(캘리포니아의 별명)에 힘든 시기였다. 수만 명의 주민이 짐을 싸서 떠나는 바람에 교통, 오염, 높은 집값 같은 캘리포니아의 문제가 번질까 봐 워싱턴 같은 근처의 다른 주들이 두려움에 떨었다. 캘리포니아인들에 대한 혐오는 야생동물에까지 미쳤다. 곧 발라드의 바다사자들을 "그들이 속한" 남부로, 혹은 더 나쁜 곳으로 돌려보내자는 목소리가 높아졌다.[5]

1972년 해양포유류보호법은 특별한 상황에서만 보호종에 대한 "살상 포함 통제"를 허용했다. 의회에서 1994년에 이 법을 재인증하면서 야생동물 관리자들에게 다른 보호종을 위협하는 해양 포유류를 도태시킬 자유를 더 많이 주라는 워싱턴 주의원들의 제안을 법안에 삽입했다. 발라드의 바다사자들은 이제 등에 과녁 표시를 달고 있는 셈이었다.[16]

동물 복지 및 환경 단체들은 싸워보지도 않고 이 상황을 받아들일 마음이 없었다. 그들은 스틸헤드가 바다사자 때문이 아니라 서식지 파괴와 훨씬 더 위험한 종의 잘못된 관리 때문에 고통받는 거라고 주장했다. 해양포유류 지지자인 윌 앤더슨Will Anderson과 토니 프로호프Toni Frohoff는 과학 논문이 포식자를 도태시키는 것이 장기적으로 먹이인 종을 도와준다는 생각을 별로 뒷받침하지 않고, 따개비로 가득한 날카로운 갑문 자체가 수백 종의 물고기들을 "멸절시키고", 거길 지나는 물고기들을 죽이거나 상처를 입힌다고 주장했다. 그들은 이렇게 이야기했다. "물고기 급감의 진짜 범인을 마주하고 인정할 때가 되었습니다. 바로 우리 자신입니다."[7]

야생동물 관리자들은 실제로 허셸을 죽이지 않으면서도 그들을 막기 위해서 몇 년이나 애를 썼다. 1989년에 공무원들은 39마리의 발라드 바다사자에게 안정제를 쏘고 태그를 달았다. 두 마리가 죽었지만 37마리는 남쪽으로 약 480킬로미터 떨어진 지점으로 성공적으로 옮겨졌다. 하지만 일주일 안에 29마리가 돌아왔다. 수중 폭발물과 200데시벨의 "음향 장벽"도 바다사자들을 단념시키지 못했고, 쓴맛 나는 화학물질을 바른 물고기로 유인하는 것도 실패했다. 공무원들은 고무탄 사용을 제안했다가 살해 위협을 받기도 했다. 캘리포니아해안위원회California Coastal Commission는 바다사자를 샌타바버라 근처 채널제도로 옮기자는 제안을 거부했다. 시애틀 라디오 방송국은 이 일화를 선전용으로 삼아서 1993년 범고래를 소재로 한 영화 〈프리윌리Free Willy〉를 따라서 실물 크기의 섬유유리 고래에 가짜 윌리라는 이름을 붙여 샐먼만에 집어넣었다. 1995년 공무원들은 약 405킬로그램의 수컷 혼도Hondo를 잡았다. 그들은 이 녀석이 범죄 동물 중 최악의 놈이라고 생각했고, 스틸

헤드의 산란기가 끝날 때까지 잡아둘 생각이었다. 하지만 혼도는 우리를 탈출해서 약 0.8킬로미터를 갔다가 당국에 체포되었다.[8]

상황은 순조롭지 않았다.

1996년 워싱턴 주당국과 미국해양대기청은 시월드와 계약을 맺고 혼도와 그 공모자인 빅프랭크Big Frank, 밥Bob을 올랜도로 옮겨 공원의 퍼시픽포인트보호전시관Pacific Point Preserve에 넣기로 했다. 공무원들은 동물들을 잡아서 타코마에 있는 포인트데피언스동물원·수족관Point Defiance Zoo and Aquarium으로 보냈다. 수의사들은 녀석들을 검진하고 검역소에 넣어두었다가 연방 특급을 이용해 플로리다로 보냈다. 세 마리의 바다사자는 독립기념일인 7월 4일에 퍼시픽포인트에 있는 8000제곱미터의 바닷물 수영장에 처음으로 들어갔다. "녀석들이 만족했다고 생각하길 바랍니다. 그게 쏘아 죽이는 것보다는 나으니까요." 시월드의 동물 담당 부팀장인 브래드 앤드루스Brad Andrews는 이렇게 말했다.[9]

9월 2일에 혼도는 이전에 진단되지 않은 병으로 죽었다. 타코마에서 검진할 때는 아무런 질병의 징후가 없었기 때문에 수의사들은 녀석이 플로리다로 이송되는 중에 병에 걸렸을 거라고 결론 내렸다. 발라드에서 최악의 범죄자가 사라지자 몇몇 구경꾼은 성공이라고 외쳤다. 환경뉴스네트워크The Environmental News Network는 더 나아가 시애틀의 바다사자 문제가 "해결되었다"고 말할 정도였다. 하지만 이것은 상처뿐인 승리였다. 수천 마리의 은연어, 왕연어, 홍연어가 대형 선박용 운하를 통해서 회유했지만 혼도가 죽고 25년이 지나도록 겨우 몇십 마리의 스틸헤드만이 매년 워싱턴호수로 돌아온다.[10]

———

야생동물은 많은 이유로 도시 지역으로 왔지만 지금은 대단히 많은 수가 머무르고 있고, 우리에게 주어진 과제는 함께 사는 것이다. 붐비는 도시에서는 다른 사람의 발을 밟기 쉽다. 아니, 발라드 바다사자의 경우에는 다른 사람의 물고기를 먹기가 쉽다고 해야 할 것이다. 시애틀의 바다사자 문제는 세세한 부분에서 독특했지만, 그 이야기와 이 책에 실린 다른 수많은 이야기에서 제기된 함께 살기의 어려움은 이제 사실상 보편적이다. 우리는 도시 생태계에 실제로 무엇을 원하는 것일까? 그리고 인간과 야생동물이 21세기의 도시에서 공존하려면 무엇이 필요할까?

엄격한 과학 논문을 넘어서서 도시 야생동물에 관해 글을 쓴 대부분의 작가는 이 질문에 대해서 두 진영 중 하나에 속한다. 《자연의 전쟁Nature Wars》이나 《정원의 짐승The Beasts in the Garden》 같은 불길하고 과장된 제목의 책을 쓴 작가들은 공존이란 자연에 대해 아는 게 별로 없는 특권층 교외 거주자들의 환상일 뿐, 대체로 공존을 감독하기 위해서는 엄청난 노력이 필요하다고 생각한다. 반면 《보이지 않는 도시Unseen City》라든지 《도시 동물들The Urban Bestiary》 같은 좀더 보기 좋고 심지어는 기발한 제목의 책을 쓴 작가들에게 도시는 이미 공존의 현장이다. 공통의 서식지에서 수많은 종이 번성하는 모습을 보려면 그저 눈을 크게 뜨기만 하면 된다.[11]

진실은, 야생동물과의 공존은 다른 모든 관계처럼 힘든 일이라는 것이다. 여기에는 시간과 돈, 노력, 조직, 지식, 인내심, 미래상, 꾸준함이 필요하다. 하지만 환상은 아니다. 크고 작은 도시들, 보수적인 지역과 진보적인 지역 등 미국 전역에서 국공립기관, 사설 업체, 시민단체들이 토대를 다지고 깨달음을 얻는 중이다. 그들의 목표는 대부분의 야생동물이 원래 하던 일을 한다고 해서 사람들에게 해를 입지 않고, 자기 삶을 살 수 있는 다양한 사회를 키우는 것이다. 이 동물들 중 일부는 문제를 일으키겠지만, 그보다 더 자주 이들은 인간을 교육시키고, 영감을 주고, 모든 것이 잘 흘러간다면 인간 이웃들을 무시한 채 살게 될 것이다. 가장 부유하고 가장 야심 차고 가장 진보적인 미국 도시들조차 여전히 갈 길이 멀다. 하지만 우리가 공원을 만들고, 동물들을 구하고, 획기적인 환경법을 통과시키기 위해서 애를 썼던 사람들에게 감사하듯이 언젠가는 지금 야생동물 친화적인 도시를 만들려고 노력하는 사람들에게 감사하는 날이 올 것이다. 심지어는 도시를 예상치 못했던 노아의 방주로, 대멸종 시대에 생물다양성을 보호하는 은신처로 여기는 날이 올 수도 있다.[12]

야생동물들을 도시 지역으로 끌어들이는 것은 별로 좋은 생각이 아니다. 하지만 우리가 보았듯이 우리와 함께 사는 동물들은 많은 이점을 제공한다. 녀석들은 우리를 교육하고, 우리의 상상력을 자극하고, 우리를 질병으로부터 보호할 뿐 아니라 새롭게 나타난 질병에 대해 경고하고, 우리의 서식지를 망가뜨리는 세력을 저지하도록 만들고, 우리가 더 유연하고 협조적이고 동정심 많은 사람이 되도록 이끈다. 가끔은 귀찮은 동물들을 상대해야 할 수도 있지만 그래도 야생동물에게서 좋은 부분을 보는 것, 그리고 야생동물과 공존하기 위해 노력하는 것은 인류에게서 좋은 면을 보는 것이자 더 공정하고 인도적이고 지속 가능한 미래를 향해서 노력하는 것이다. 야생동물에게 더 친화적인 도시는 또한 사람들에게도 더 친화적인 도시인 법이다.

하지만 우연이 아니라 적극적으로 야생동물에 친화적이 되고자 하는 도시들은 엄청난 과제에 직면한다. 첫째는 경제지질학의 기본적 사실이다. 시간이 흐를수록 도시 내부와 주위의 땅은 대체로 줄어들고, 더 비싸지고, 개발 가치가 높아진다. 미국에서 이는 두 가지 상충하는 경향을 만들어냈다. 1970년대 이래로 도시는 인간과 야생동물 양쪽 모두에 혜택을 주는 수십만 제곱킬로미터의 공원과 다른 야외 공간을 사들이거나 복원하거나 재설계하는 데 수십억 달러를 썼다. 한편으로는 건설 사업이 추가적인 녹지 공간을 대량으로 집어삼켰다. 대부분의 사람은 아마 지저분한 생울타리와 빈 땅보다는 잘 가꾸어진 공원을 선호하겠지만, 야생동물도 같은 식으로 느끼는지는 확실치 않다.

야생동물 지지자들이 직면하는 또 다른 과제는 지역 계획을 결정하는 데 발언권을 가진 법률과 기관, 이해당사자 무리다. 도시 하천 복원 프로젝트는 10여 개 이상의 기관이 승인해야 추진할 수 있다. 거기에는 도시의 공원휴양부, 카운티의 홍수통제부, 주의 어류·사냥위원회, 그리고 연방정부의 육군 공병단 등이 포함된다. 지방자치정부 내부에서도 여러 부서가 종종 반대되는 목적으로 일을 하곤 한다. 선로 작업자들이 조경

업자가 심은 나무를 베는 것처럼 말이다. 대부분의 개발 계획이 카운티 선에서 진행되기 때문에, 카운티가 야생동물과 관련된 목표를 이루는 데 가장 중요한 곳이다. 하지만 알맞은 가격의 주택을 승인하는 것부터 위험물질이 포함된 쓰레기를 다루는 것과 교통 혼잡을 감소시키는 것을 맡은 카운티 위원회들은 얼마 안 되는 자원을 야생동물 관련 프로젝트에 할당하는 데 머뭇거릴 수도 있다. 그럴 경우 주와 연방정부로부터 법적 권한과 경제적 보상이 합해진 그 지역 보통 사람들의 조직이 아주 중요해진다.

하지만 이 조직이 아무리 중요하다 해도 도시의 야생동물을 지지하는 보통 사람들은 구조적 약점에 부닥친다. 시골 지역에서 공유지에 들어가는 표를 사고 사냥 및 낚시 허가증을 구입하는 돈은 자연을 보존하는 데 도움이 된다. 하지만 사냥이 대체로 불법이고, 먹을 것을 구하기 위한 낚시가 대체로 권할 만한 일이 못 되고, 대부분의 공원은 입장료를 받지 않는 도시에서, 야생동물에게는 확실한 수입원과 돈을 내는 지지층이 없다. REI처럼 자연보호라는 화려한 명성을 누리고 있는 회사들을 포함하여 아웃도어산업협회Outdoor Industry Association를 대표하는 장비 제조 업체들은 이 회사들이 가장 많은 돈을 벌어들이는 도시 안팎의 인기 있는 휴양 공간에 도움이 될 만한 공공 공간 보존 프로그램을 후원하기 위해 그들의 수익에 약간의 "배낭 세금"을 부과하려는 법안에 오랫동안 저항해왔다. 미래에 도시 야생동물들을 보존하는 데는 더 크고 더 예측 가능한 수입원 및 자신들이 공동체의 생태학적 건강에 투자한다고 생각하는 착실한 납세자들이 필요할 것이다.

이런 과제에도 불구하고 몇 가지 경향을 보면 미국 도시에서 야생동물들의 밝은 미래를 상상해볼 수 있다. 그 이유 중 하나는 우리가 여전히 도시 생태계와 거기서 함께 사는 동물들에 관해서 굉장히 많은 것을 배우는 중이라는 것이다. 종종 도시 야생동물에 관한 과학적 발견이 신문 표제를 장식하곤 한다. 예를 들어 2012년에 생물학자들은 뉴욕시티 자유의 여신상에서 약 16킬로미터도 떨어지지 않은 곳에서 새로운 종의 참개구리를 발견했다. 이런 종류의 이야기는 놀랍고 고무적이지만, 사실은 도시생태학 연구 대부분은 놀라운 발견을 이끌어내지 못한다. 그저 도시 자연에 관한 우리의 지식을 더해주는 기본적인 데이터와 작은 통찰력을 만들어낼 따름이다. 하지만 이 작은 통찰력은 대단히 중요하다. 우리가 우리의 서식지에 함께 사는 동물들에 관해 더 많은 것을 알수록, 그들과 공존할 수 있는 가능성이 더 높아지기 때문이다.[13]

이런 연구 붐에 더불어 수많은 교육의 기회와 더 나아가려는 노력이 나타나게 되었다. 미국의 주요 도시 전부와 수많은 작은 도시에 이제는 그 지역 야생동물에 대해서 교육하는 프로그램을 진행하는 기관, 동물원, 학교, 박물관 등이 있다. 뉴욕시티에서 공원휴양국은 현장 기반의 설명 프로그램과 근사한 광고 캠페인을 앞장서서 진행하고 있다. 링컨파크동물원의 도시야생동물연구소Urban Wildlife Institute는 연구와 다양한 도시 각 구역에서의 노력을 합칠 때 시카고를 모범으로 삼았다. 남부 캘리포니아에서 국립공원관리청National Park Service, 로스앤젤레스카운티 자연사박물관, 국립야생동물연합, 그리고 다른 단체들이 시민 대상의 과학 프로젝트, 콘퍼런스, 책 출간, 축제, 전시를 조직해서 수십만 명의 사람들에게 이 주제에 대해 알렸다.

도시계획가들도 야생동물을 더 진지하게 받아들이기 시작했다. 그렇게 하는 가장 중요한 이유 중 하나는 서식지를 보호하고 복원하는 것이 종종 다른 목표를 성공시킨다는 사실을 알게 되었기 때문이다. 서식지를 확보하면 사람들이 이용하고 즐길 수 있는 녹지 공간이 생기고, 공중 보건에 이득이 되고, 삶의 질이 높아진다. 나무를 심는 것은 새와 곤충, 작은 포유동물을 끌어들이는 방법이면서 기후변화로 악화되고 있는 도시의 열섬현상도 어느 정도 막아준다. 도시 하천을 복원하면 수질이 개선되고, 지하수가 다시 차고, 새로운 수변 공원을 지을 공간을 만들 수 있고, 홍수의 위험이 줄어든다. 도시 가 장자리에 건강하고 잘 관리된 숲을 키우면 자연에서 도심지 로 점점 더 이동하는 화재를 막는 데 도움이 된다. 기후에 맞 는 토착종이나 다른 초목을 심으면 거기 의존하는 다양한 생 물종을 도울 수 있고, 라스베이거스 같은 건조 기후의 도시는 수십억 리터의 물을 아낄 수 있다. 서식지가 이 중 일부 혹은 전부 다 하기 때문에 도시는 야생동물 친화적인 서식지를 단 순한 생활편의시설 이상으로 보기 시작했다. 이런 서식지들은 잘 설계하고 가꾸면 그 비용을 훨씬 웃도는 혜택을 제공하는 "생태학적 기간시설"의 일종이다.

땅이나 물을 확보하는 것 외에도 어쨌든 야생동물에게 아 주 중요하지만 무시되어온 도시 서식지의 특성들에도 다 른 혁신적인 노력들이 집중되기 시작했다. 예를 들어 2001년 에 애리조나의 플래그스태프는 세계 최초의 국제밤하늘공원 International Dark Sky Place이 되었다. 새와 박쥐, 곤충, 그리고 물 론 인간을 위해서 가로막힌 곳 없는 하늘을 유지하려는 노력 을 인정받은 도시는 선구적인 설계 규정과 관련 프로그램을 통해 하늘로 향하는 쓸모없는 빛을 줄이고 공중 안전을 유지 하며 에너지 소비를 절감했다. 플래그스태프는 약 2100미터의 탁 트인 고지대에 있어서 특수한 사례인 것 같지만, 다른 많은 도시가 이 선례를 따랐다. 2021년, 고도가 훨씬 낮은 도시 필라델피아가 봄과 가을 철새 이동 기간에 자정 이후로 고층건물에서 조명을 줄이는 자발적 프로그램을 시작했다. 이 조치는 2020년 10월 2일에 1500마리로 추정되는 새들이 도시에서 가장 높고 가장 밝은 건물들에 충돌한 사건처럼 무시무시하지만 굉장히 흔한 일 때문에 생기게 되었다. 이튿날 아침에 필라델피아 도심 거리에는 죽거나 상처 입은 새들이 우르르 흩어져 있어서 대중의 격렬한 반응을 불러일으켰고, 정책적 대응이 나왔다. 이런 종류의 사건들은 우리에게 도시 환경이 공기와 물, 그곳을 지나가는 동물들을 통해서 좀더 자연에 있는 서식지와 깊이 연관되어 있음을 상기시켜준다.[14]

도시 서식지를 보호하고 복원하는 것은 확실히 투자 가치가 있다. 하지만 다양한 사람들이 혜택을 공유할 수 있어야 하고, 그 경비가 가장 지불하기 어려운 사람들에게 돌아가서는 안 된다는 사실은 아주 중요하다. 백인 위주의 더 부유한 공동체는 더 건강하고 더 깨끗하고 더 푸른 환경을 즐기는 경향이 있다. 도시생태학에서 "사치 효과"라고 알려진 패턴이다. 그들은 또한 산업오염 같은 환경적 어려움도 더 적게 겪는다. 빈곤한 공동체도 똑같은 것을 원할 거라고 추측하는 사람도 있을 것이다. 하지만 언제나 그런 것은 아니다. 생태학적 젠트리피케이션ecological gentrification이라는 말은 환경의 향상이 생활비를 증가시켜서 삶을 더 힘들게 만들고, 심지어는 장기 거주자를 몰아내는 경향이 있다는 견해를 뜻한다. 공원과 나무는 가끔 멋진 커피숍이나 고급 식품점과 마찬가지로 의심스러운 존재로 여겨지기 때문에 역사적으로 빈곤한 공동체의 많은 주민이 현재 자신들은 "그냥 적당히 푸른" 동네를 원한다고 말한다. 이것은 주민들이 오염물에 중독되지 않고, 그렇다고 쫓겨나지도 않을 정도의 동네라는 뜻이다. 정책 입안자들의 과제는 생활비를 낮게 유지하면서도 안전하고 건강하고 양육 가능한 환경을 제공하는 것이다.[15]

이런 공간을 만들기 위해서는 리더십과 협력이 필요하다. 적절한 비용의 모범 사례는 아니지만, 콜로라도 볼더는 야심 찬 야생동물과 서식지, 녹지 공간 프로그램을 선도했고, 이곳을 미국에서 가장 매력적인 소도시들 중 하나로 만들어냈다. 서쪽으로는 로키산맥, 동쪽으로는 대평원 사이에 끼어 있는 볼더는 많은 미국 도시들처럼 생태학적 교차로를 점유하고 있다. 1970년대에 이곳은 다양한 사회적·생태학적 가치를 지닌 지역들을 보존하기로 결정했다. 또한 이 지역들 사이의 연결을 유지하기 위해서 노력했다. 예를 들면 맹금류가 산에 있는 숲에 둥지를 만들고, 근처 초원에서 사냥을 할 수 있게, 즉 양쪽 모두에 머물 수 있도록 만들었다. 마을을 가로질러 흐르는 볼더 하천이 돌발홍수를 일으키곤 했기 때문에 도시계획가들은 사업체와 기간시설들을 강둑에서 떨어진 곳에 놔두면서 점점 더 늘어나는 더운 여름날에 시원하게 쉬는 데 딱 맞는 도심 공원을 기다랗게 만들었다. 볼더는 수십 년 동안 유지된 정치적 리더십과 많은 기관의 협력을 통해서 이 목표들을 이루었다. 이것은 더 적은 자원이 있는 도시에서도 이루기 어렵지 않은 전법이다.[16]

자원이 풍부하고 잘 통제되는 도시에서도 사람들의 생계가 달려 있을 경우에는 변화가 굉장히 어렵다. 하지만 도시, 카운티, 주는 더 큰 선을 목표로 해야 하고, 도시의 야생동물을 관리하기 위해 목표와 기준을 높이는 일에 앞장서야 한다. 이를테면 해충 방제 산업을 더 잘 규제하는 일 등이다. 많은 도시에 유기동물 처리부서가 있고, 몇몇은 동물과 관련된 서비스를 처리하기 위해 주나 연방기관과 협약을 맺고 있다. 하지만 그 역사 전반을 봤을 때 미국의 도시들은 야생동물에 대한 책임의 많은 부분을 사설 업체에 위탁해왔다. 규제가 별로 없기 때문에 이 업체들은 야생동물 관리를 사업으로 바꿨다. 방역 회사들이 해야 하는 일이 분명 있지만, 그들의 일은 제대로 규제를 받고, 과학을 기반으로 해야 하며, 그 지역 환경 기준과 목표를 따라야 한다. 그다지 위험하지 않은 건강한 동물들을 죽이는 것은 언제나 최후의 수단이고, 절대로 사업 계획이나 서비스 업계의 기반이 되어서는 안 된다.

———

나는 2017년 7월의 습하고 무더운 어느 토요일 오후에 처음으로 발라드 갑문에 방문했다. 시설 완공 100주년 기념식을 하던 중이었다. 거기 가기 위해서 나는 축제 분위기의 레게 음악이 흐르는 길거리를 따라 오래된 벽돌 건물이 가득한 세련된 동네를 지나서, 끝없이 늘어선 요가 스튜디오와 커피숍, 대마초 판매점, 수제 맥주 양조장을 지나쳐 걸어갔다. 중간중간 몇 군데 들르는 바람에 걸어가는 데 예상보다 오래 걸렸다. 갑문 바로 옆에 있는 칼S.잉글리시주니어식물원Carl S. English Jr. Botanical Garden에 도착했을 때는 오후 중반쯤이었다. 새로운 식물종 세 개를 찾아낸 식물학자이자 원예가인 잉글리시는 공병단을 위해서 이 장소를 설계했고, 1931년부터 1974년까지 이곳을 관리했다. 오늘날, 그늘진 2만 8000제곱미터의 식물원에는 전 세계에서 온 약 500종 1500여 가지 식물이 산다. 야자

나무가 시애틀에서 살 수 있을 줄 누가 알았을까?

그 이국적인 식물들에도 불구하고 식물원의 가장 인기 있는 명물은 육군의 공학적 걸작으로 바로 남쪽에 있다. 내가 방문했던 날에 갑문 주변 지역은 물이 찼다가 비워졌다 다시 차는 걸(나이아가라폭포 아래로 떨어지는 물만큼이나 넋을 빼놓는 장면이다) 보기 위해서 온 관광객들로 가득했다. 관광객들은 지나갈 타이밍을 기다리는 요트의 갑판에서 모히토를 마시며 일광욕하는 사람들을 빤히 구경했다.

사람들은 물고기를 보러 온 것이기도 했다. 일련의 금속 통로들이 식물원에서 갑문 남쪽 면으로 이어져 있는데, 관광객들은 거기서 대담한 공학적 미덕에 대해 읽을 수 있었다. 그들은 아래 있는 둑을 보고, 그다음에 구조물 그 자체에 들어갔다. 두꺼운 창문 덕분에 물고기 사다리는 콸콸 소리가 나는 수족관이 되었다. 물론 둑에는 물고기가 가득했으나 녀석들은 스틸헤드는 아니었다. 대부분은 아마 약 96킬로미터 상류에 있는 체다강 양식장에서 5년 전쯤 태어난 홍연어일 것이다. 녀석들은 생태학적이면서도 산업적인 거대한 인공 시스템의 산물이었다. 하지만 그래도 물고기고, 녀석들의 외골수적인 투지는 감탄할 만했다.

갑문의 동굴 같은 내부에서 타오르는 오후의 햇살 속으로 빠져나오자 설명용 표지판이 시야에 얼핏 들어왔다. 거기에는 바다사자와 바다표범의 차이가 쓰여 있었다. 아래쪽의 글자 상자에 "허셸에 대해 들어본 적 있나요?"라는 질문이 있었다. 표지판에는 허셸이 1980년대에 운하의 스틸헤드가 오는 시기에 맞춰 해마다 이동하는 법을 익힌 360킬로그램의 바다사자라고 설명되어 있었다. 워싱턴어류·야생동물국의 "유도 노력"에도 불구하고 다른 바다사자들까지 녀석의 뒤를 따랐다. "허셸과 그 친구들은 이 유역으로 돌아오는 스틸헤드의 수가 급감한 것에 책임이 있다는 논쟁에 휩싸여 있다." 표지판은 냉정하게 말한다.

이 이야기를 하면서 공병단은 흥미로운 사실을 거의 전부 빼놓았고, 어떤 것은 틀리게 써놓았으며(워싱턴십캐널호수는 정확하게는 유역流域이 아니다), 잘못된 결론에 이르렀다. 이것은 멋진 이야기를 형편없이 써놓은 표지판이었다. 좀더 새롭고 더 나은 이야기를 할 날이 올 것이다.

하지만 아직은 거기 도달하지 못했다.

1970년대 이래로 태평양 북서부의 연어 종은 급감했다. 댐, 오염, 영농, 벌목, 어업, 기후변화가 큰 타격을 준 것이다. 하나하나는 시스템 전체를 파괴할 정도는 아닐지 몰라도 다 합쳐지자 위기 상황을 일으켰다. 대도시를 넘어서서 작은 해안가 공동체, 캐나다 원주민 집단, 여러 동물종, 먼 생태계에까지 피해가 미쳤다. 바다에 도달하는 연어 수가 워낙 적어서 퓨젓사운드의 남부에 사는 특별한 범고래 같은 해양 포식자들은 전통적인 식량 하나를 잃게 되었다. 그리고 상류의 산란지에 도착하는 연어의 수가 워낙 적어서 대륙 내부 깊은 곳의 생태계는 바다로부터 오는 중요한 영양분을 잃었다.

연방 기관들은 이런 문제들에 대해 원인이 아니라 증상에만 집중해서 대처하는 경향이 있다. 한 가지 해결책은 대부분 양식장에서 태어난 물고기를 보호하기 위해서 수천 마리의 야생 새와 해양 포유류를 죽이는 것이었다. 2015년부터 2017년까지 공병단은 세계에서 가장 큰 쇠가마우지 떼를 절멸시켰다. 그들은 최소한 6181개의 둥지를 부수고 포틀랜드 서쪽 컬럼비아 강에서 연어를 마음껏 먹는다고 지적된 바닷새 5576마리를 죽인 것으로 보고되었다. 이로 인해 우연히도 군집이 통째로 사라졌다. 2020년 미국해양대기청은 같은 강 유역에서 똑같은 죄로 바다사자를 무려 716마리나 죽이는 계획을 승인했다. 한편 발라드 갑문에서는 공무원들이 굶주린 포식자들을 몰아내기 위해서 수십 번째 최신식 소음 발생기를 시험하고 있었다. 이번에는 바다표범들이 악당이었다.[17]

이 전쟁담이 거의 40년째인데, 여전히 좋은 결과는 나오지 않았다.

　이런 복잡한 상황을 해결할 단순한 방법은 없지만, 우리의 집단적 대응을 해서는 안 될 일의 견본으로 여겨도 괜찮을 것 같다. 기술자들은 바다사자 같은 동물들을 끌어들이기에 딱 좋은 조건을 만들어놓고는 그들이 오면 왔다는 이유로 벌을 주었다. 자연보호 활동가와 기자들은 어떤 종은 축복하면서 어떤 종은 악마 취급을 했다. 관료들은 멸종위기종보호법 같은 어떤 법은 글자 하나하나까지 따르면서 해양포유류보호법 과 철새조약법 등의 정신은 위반했다. 국회의원들은 이런 삐걱 거리는 오래된 법을 그대로 놔두기로 결정했다. 이것을 바꾸는 게 잘못돼서가 아니라 바꾸기가 어렵기 때문이다. 정치인들은 거의 자리를 비우고, 어떤 동물을 보호하기 위해서 다른 동물 을 죽이는 끔찍한 상황에 처한 힘없는 전문가 패널들과 화난 판사들, 사기가 꺾인 관리자들에게 어려운 결정을 떠넘겼다. 이런 리더십과 윤리의 공백 속에서 기관들은 더 큰 목표를 추 구하기 위해 협력하는 대신에 한정적이고 자기 본위적인 정책 만 따랐다. 그리고 이 모든 상황에 있어서 우리는 이런 문제들 을 하루하루 더 악화시키는 근본적인 원인조차 파악하지 못 하고 있다. 이 모든 것이 전혀 공존으로 보이지 않는다. 그저 난장판일 뿐이다.

카를 마르크스Karl Marx는 사람들이 자기 자신의 역사를 만들지만, 자신이 원하는 대로 만들지는 못한다는 유명한 말을 했다. 마르크스는 현재 사건에 대한 역사의 영향을 언급한 것이지만, 도시 생태계에 대해서도, 심지어 우리가 현재 인류세라고 부르는 전 세계적인 생태학적 파괴의 시대에 대해서도 비슷한 말을 할 수 있다. 인간이 자연을 바꿀 수 있다 해도 완전히 통제할 힘은 없다. 하지만 그렇다고 해서 우리가 자연과 상호작용하고, 자연을 키우고, 우리의 공통된 미래를 계획하는 방식을 좀더 의도적으로 이끌 수 없는 것은 아니다. 우리가 자연을 지배하고 조작하고 소소한 것까지 전부 통제하려 하는 옛날 방식에 집착하거나 단편적인 해결책으로 전체적인 문제를 계속 풀려고 하면, 도시에서든 다른 곳에서든 사람과 야생동물 사이에 공존 같은 건 이룰 수 없을 것이다. 공존에는 통제가 아니라 보살핌이 필요하다. 응징이 아니라 호혜가 필요하다. 상황이 항상 계획대로 흘러가는 게 아니라는 걸 이해하는 겸손함을 갖고서 상호 번성을 위한 배경을 만들어야 한다.[18]

이를 시작하는 방법은 우리가 도시 생태계와 거기서 함께 사는 동물들에게 실제로 무엇을 원하는지를 물어보는 것이다. 이 책에서 설명한 긴 역사에도 불구하고 가장 중요한 이 질문을 하는 경우는 거의 없었다. 하지만 여기에 대답함으로써 우

리는 도시 야생동물 역사에서 우연의 시대로부터 더 의도를
가진 시대로 넘어갈 수 있다. 이 이야기는 끝이 아니다. 야생동
물들이 미국 도시로 돌아왔다고 해서 그들이 계속 여기 머문
다는 의미는 아니다. 우리는 먼 길을 왔지만, 아직도 갈 길이
한참 남았다.

분실물 보관소: 지속 가능한 공존의 도시를 위해

당신이 도시를 집어들고서 거꾸로 뒤집은 다음 흔들면, 거기서 떨어지는 동물들에 경탄할 것이다. 고양이와 개만 떨어지지는 않을 거라고 장담한다. 보아뱀, 코모도도마뱀, 악어, 피라냐, 타조, 늑대, 링크스, 왈라비, 매너티, 고슴도치, 오랑우탄, 멧돼지. 이게 당신의 우산에 떨어질 거라고 예상되는 빗방울들이다.

—얀 마텔, 《라이프 오브 파이》

2020년 3월, 폭발적으로 번지는 코로나-19 전염병과 싸우기 위한 공중 보건 명령에 따라 전 세계 수억 명의 사람들이 집에 가만히 머물러야 했다. 그 끔찍한 시기를 거친 우리들 대부분은 아마 남은 평생 그 일을 기억할 것이다. 록다운이 내려졌을 때 나는 이 책의 마지막 장을 쓰던 참이었다. 그 시기에 대해 내가 절대로 잊지 못할 일 하나는 그 당황스러운 순간에 세계가 도시 야생동물에 관심을 집중했다는 것이다.

조용하고 텅 빈 거리에서 집안에 모인 도시 거주자들은 창문 밖으로 야생동물이 자유롭게 돌아다니는 모습을 보았다. 소셜미디어에 올라온 사진과 동영상에는 한두 주 전만 해도 차와 보행자로 북적거렸으나 지금은 황량한 동네에서 플라밍고, 멧돼지, 퓨마, 코요테, 산양, 법석을 떠는 짧은꼬리원숭이 무리가 돌아다니는 모습이 있었다. 여섯 개 대륙의 뉴스는 야생동물들이 도시를 "재점유했다"고 발표했다. 얀 마텔Yann Martel의 말을 빌리자면 마치 전 세계의 도시를 거꾸로 뒤집어 흔든 것만 같았다. 며칠 사이에 동물들이 비처럼 떨어지기 시작했다.[1]

한때 유명세를 떨친 말끔한 베네치아의 운하에서 즐겁게 노는 큰돌고래 사진처럼 이 이야기와 이미지는 종종 가짜로 밝혀졌다. 수십 년 동안 《인간 없는 세상The World Without Us》(2007) 같은 베스트셀러와 〈12 몽키즈Twelve Monkeys〉(1995), 〈나는 전설이다I Am Legend〉(2007) 같은 할리우드 블록버스터 영

360

화를 본 사람들은 종말 이후의 세상에서 자연이 순식간에 인간의 자리를 차지할 거라고 믿었다. 수많은 사람이 엄청난 스트레스를 받고 있었으니 많은 사람이 쉽게 속아 넘어간 것도 놀랄 일은 아니다.[2]

하지만 이 보고와 사진 중 많은 수는 진짜였다. 야생동물들은 인간이 사라진 것을 알아채고, 그리고 많은 경우 인간이 보통 공급해주던 자원도 함께 사라진 것을 깨닫고 평소답지 않게 멋대로 밖으로 나온 거였다. 생물학자들은 여전히 계획에 없던 이 거대한 실험이 동물의 행동과 도시 생태계에 관해 우리에게 무엇을 말해주는지 이해하려고 노력하고 있다. 확실히 말할 수 있는 것은 2020년 봄에 많은 도시에서 잠시 우르르 나타난 야생동물이 전염병 때문이라기보다 그 이전 한 세기동안 도시 야생동물 개체군이 늘어난 결과라는 것이다.

몇 주 후에 나는 친구에게서 문자를 받았다. "쇼어라인공원으로 와봐. 네가 보고 싶어 할 만한 걸 찾았어." 나는 스스로 좀 불쌍하게 여기며 집에 있었다. 격리 이후로 내 첫 번째 외출이었던 로스파드레스 국유림으로의 하이킹이 허리 통증과 상처 입은 자존심으로 끝났기 때문이었다. 내 친구는 자기가 찾은 것을 보면 기분이 좀 나아질 거라고 장담했다. "나 해변 피크닉 테이블 근처에 있어. 이쪽으로 와." 친구가 말했다.

한 시간 후에 우리는 모래밭에서 몇 미터 떨어진 야자수 나무 밑동의 꾀죄죄한 관목 옆, 갈색 잔디 위에 서 있었다. 바깥은 후텁지근했고, 수술용 마스크를 쓰고 있어도 공원 주차장 맞은편의 화장실 냄새가 느껴졌다. 내 기분은 아직 나아지지 않은 상태였다.

"관목 안쪽을 봐." 친구가 말했다. 나는 신음하며 몸을 좀 굽혔다. 하지만 아무것도 보이지 않았다. "다시 봐." 친구가 말했지만 역시나 아무것도 없었다. "다시 보라니까." 그제야 그것이 시야에 들어왔다. 나는 몸을 내밀어 내가 본 것 중에서 가장 아름다운 것을 조심스럽게 들어 올렸다. 이것 같은 물체에 관한 기록을 엄청나게 많이 읽었다. 하지만 지금 내 손에 있으니 내가 읽은 걸 제대로 이해하지 못하고 있었다는 사실을 깨달았다. 그게 어떤 의미인지, 어떤 느낌인지.

나는 개똥지빠귀, 휘파람새, 벌새가 매년 봄에 짓는 종류의 평범한 컵 모양 둥지를 들고 있었다. 옆의 야자나무에서 떨어진 것처럼 보였다. 하지만 이것은 내가 도감이나 로스파드레스에서 본 둥지들과는 달랐다. 그리고 내가 읽은 도시의 둥지에 대해 설명한 과학 논문은 이 놀라운 현대 건축물을 비슷하게도 묘사하지 못했다.

이튿날 나는 식탁에 앉아서 둥지를 만든 재료들을 목록으로 작성했다. 우산소나무의 뾰족한 잎, 카나리아제도의 대추야자 몸통의 섬유질, 오스트레일리아 유칼립투스나무의 잔가지, 거기에 이끼, 깃털, 유럽과 아시아 토착종 풀 등이 둥지에 들어 있었다. 또 갈색 모직, 파란 끈, 보라색과 오렌지색, 노란색, 하얀색, 검은색 실도 있었다. 냅킨과 페이퍼타월 조각에 둥지에 기생하는 동물들을 쫓기 위해서인지 항균성이 있는 몇 개의 담배꽁초도 있었다. 알루미늄 포일과 원래는 텐트 조각이었던 걸로 보이는 박음질 된 회색 나일론 천 조각도 있었다. 거기에 대여섯 개 정도의 종이나 플라스틱으로 된 빨대 일부, 베개 속에 들어가는 합성 물질 등도 있고, 장식용 반짝이는 근사한 덤이었다.

마침내 뭔가를 깨달았을 때는 앉아 있어서 천만다행이었다. 이 멋진 둥지, 요람의 형태를 한 포스트모더니즘 콜라주는 도시 생태계와 야생동물에 대해서 내가 지난 5년 동안 쓴 책(바로 이 책이다)보다 많은 것을 알려주었다.

둥지의 크기, 형태, 위치로 보건대 이것을 지었을 가능성이 가장 높은 건축가는 미국개똥지빠귀다. 개똥지빠귀는 북아메리카에서 네 번째로 흔한 새다. 그 위로 붉은어깨검정새, 유럽찌르레기, 멕시코양지니가 있다. 개똥지빠귀는 다양한 먹이를 먹는 잡식성이고, 숲이나 들판이 있는 어느 지역에서든 살 수 있고, 사람들 주위에서 편안하게 지내기 때문에 도시 생활에 잘 어울린다. 개똥지빠귀가 지렁이처럼 땅에 사는 무척추동물을 대량으로 먹기 때문에 어떤 과학자들은 녀석들이 토양과 수질을 알려주는 유용한 지표라고 생각한다.

하지만 이런 존경스러운 특성과 녀석들을 유명하게 만든 자장가에도 불구하고-

붉은가슴개똥지빠귀
난간 위에 앉았네
머리를 꾸벅꾸벅거리면서
꼬리를 흔들흔들한다네

녀석들은 그리 존중받지 못한다. 녀석들의 라틴어 학명인 투르두스 미그라토리우스*Turdus migratorius*도 어딘가 수동 공격성이 있어 보인다. 하지만 도시 개똥지빠귀 둥지의 설계나 구조, 기능, 엉뚱함을 보자니 자연에서는 어떤 것도 낭비되지 않는다는 사실을 다시금 깨닫게 되었다. 또한 인간이 만든 쓰레기 중 몇몇은 절대로 완전히 사라지지 않는다는 사실도 알게 되었다. 개똥지빠귀는 호모 사피엔스가 도도와 같은 길을 가고 나서 한참 후에도 우리의 쓰레기로 둥지를 지을 것이다.

이 책에서 나는 수십 년의 세월이 흐르는 동안 도시가 어떻게 예기치 못하게 야생동물로 가득 찼고, 이것이 이 도시 서식지를 공유하고 있는 사람들과 다른 동물들에게 어떤 의미인지를 설명하려고 했다. 2020년 전염병 격리 기간에 쏟아져 나온 야생동물들이 이 생태학적 변화의 범위를 보여준다면, 개똥지빠귀의 둥지는 함께 사는 것이 어떻게 우리 모두에게 영향을 미치고 영감을 주는지를 보여준다. 다른 생물들은 다른 현실을 경험하겠지만, 우리 집을 공유한다는 것은 우리 삶을 공유한다는 것이고, 우리는 절대로 예전으로 돌아갈 수 없다. 우리는 변하고 적응하고 타협하고 즉흥적으로 처리하고 진화한다.

지금 도시에서 살고 있는 미국인의 80퍼센트 이상이 드문 기회를 얻은 셈이다. 자연보호 역사에서 가장 큰 승리 중 하나는 거의 우연히 이루어졌다. 18세기와 19세기에 거의 절멸했던 야생동물이 20세기와 21세기에 수많은 신참과 함께 도시 지역으로 돌아온 것이다. 이것은 인간이 수십 년 전에, 전혀 다른 이유로 내린 결정 덕분이었다. 현재 대부분의 미국인은 전보다 훨씬 더 사람과 야생동물이 모두 많아진 도시에서 살고 있다. 어떤 면에서 이 도시들은 스스로 "재야생화"된 셈이다. 야생동물과 함께 사는 데는 해결할 문제가 많이 따라오지만, 엄청난 혜택도 생긴다. 이제 우리는 이것을 선물로 받아들이고, 도시 생활의 모든 면에서 야생동물에 대한 배려를 통합하기 시작한 생태학과 자연보호, 환경과학, 도시계획, 그 외 다른 분야의 선구자들을 따라야 한다. 물론 쉽지 않을 것이다. 하지만 과학을 바탕으로 한 정책을 도입하고, 공동체의 개입과 지지로 이를 시행하고, 믿을 만한 공공투자로 이를 유지하고, 우리 중 가장 궁핍하고 취약한 사람들을 위해 신중하게 설계한다면 언젠가 우리 모두가 다양성과 공존으로 정의되는 더 깨끗하고 더 푸르고 더 건강하고 더 공정하고 더 지속 가능한 사회에서 살 수 있을 것이다.

주석

들어가는 말

1. Sharon M. Meagher, ed., *Philosophy and the City: Classic to Contemporary Writings* Albany: State University of New York Press, 2008).

2. M. Grooten and R. E. A. Almond, eds., *Living Planet Report—2018: Aiming Higher* (Gland, Switzerland: World Wildlife Fund, 2018); Kenneth V. Rosenberg et al., "Decline of the North American Avifauna," *Science* 366, no. 6461 (October 4, 2019), 120–24; E. S. Brondizio et al., eds., *Global Assessment Report on Biodiversity and Ecosystem Services of the Intergovernmental Science-Policy Platform on Biodiversity and Ecosystem Services* (Bonn, Germany: IPBES, 2019).

3. See, e.g., Michael L. McKinney, "Urbanization as a Major Cause of Biological Homogenization," *Biological Conservation* 127 (2006): 247–60; Jim Sterba, *Nature Wars: The Incredible Story of How Wildlife Comebacks Turned Backyards into Battlegrounds* (New York: Broadway, 2013).

4. For examples, see Emma Marris, Rambunctious Garden: Saving Nature in a Post-wild World (New York: Bloomsbury, 2011); Menno Schilthuizen, Darwin Comes to Town: How the Urban Jungle Drives Evolution (New York: Picador, 2018); Chris D. Thomas, Inheritors of the Earth: How Nature Is Thriving in an Age of Extinction (New York: Penguin, 2018).

5. U.S. Census Bureau, *Geographic Areas Reference Manual* (Washington, DC: U.S. Department of Commerce, Economics and Statistics Administration, and Bureau of the Census, 1994), ch. 12; N. E. McIntyre, K. Knowles-Yánez, and D. Hope, "Urban Ecology as an Interdisciplinary Field: Differences in the Use of 'Urban' between the Social and Natural Sciences," *Urban Ecosystems* 4 (2000): 5–24; Karen C. Seto et al., "A Meta-analysis of Global Urban Land Expansion," *PLOS One* 6, no. 8 (2011): 1–9.

6. Peter Coates, *American Perceptions of Immigrant and Invasive Species: Strangers on the Land* (Berkeley: University of California Press, 2007).

1 핫스팟

1. Eric W. Sanderson, *Mannahatta: A Natural History of New York City* (New York: Abrams, 2009), 138.

2. Sanderson, *Mannahatta*, 36–39.

3. Jelena Vukomanovic and Joshua Randall, "Research Trends in U.S. National Parks, the World's 'Living Laboratories.'" *Conservation Science and Practice* 3, no. 6 (2021): e414.

4. William J. Broad, "How the Ice Age Shaped New York," *New York Times*, June 5, 2018.

5. Sanderson, *Mannahatta*.

6. William Cronon, *Nature's Metropolis: Chicago and the Great West* (New York: W. W. Norton, 2009).

7. Ethan H. Decker et al., "Energy and Material Flow through the Urban Ecosystem," *Annual Review of Energy and the Environment* 25 (2000): 685–740.

8. Thomas Edwin Farish, *History of Arizona*, vol. 6 (San Francisco: Filmer Brothers Electrotype, 1918), 70; Charles L. Camp, "The Chronicles of George C. Yount: California Pioneer of 1826," *California Historical Society Quarterly* 2, no. 1 (April 1923): 3–66.

9. Karin Bruilliard, "Harvey Is Also Displacing Snakes, Fire Ants and Gators," *Washington Post*, August 28, 2017.

10. Clark County Multiple Species Habitat Conservation Plan (2000), available at https://www.clarkcountynv.gov/government/departments/environment_and_sustainability/desert_conservation_program/current_mshcp.php.

11. Urban areas with "very high" biodiversity were mapped by the author using publicly available spatial data from The Nature Conservancy. See also Erica N. Spotswood et al., "The Biological Deserts Fallacy: Cities in Their Landscapes Contribute More Than We Think to Regional Biodiversity," *BioScience* 71, no. 2 (February 2021): 148–60; Mark W. Schwartz, Nicole L. Jurjavcic, and Joshua M. O'Brien, "Conservation's Disenfranchised Urban Poor," *BioScience* 52, no. 7 (2002): 601–6; Sanderson, *Mannahatta*, 142.

12. Norbert Müller and Peter Werner, "Urban Biodiversity and the Case for Implementing the Convention on Biological Diversity in Towns and Cities," in *Urban Biodiversity and Design*, ed. Norbert Müller, Peter Werner, and John G. Kelcey (Chichester, UK: Wiley-Blackwell, 2010), 3–34; Gary W. Luck, "A Review of the Relationships between Human Population Density and Biodiversity," *Biological Reviews* 82, no. 4 (2007): 607–45.

13. W. Jeffrey Bolster, *The Mortal Sea* (Cambridge, MA: Harvard University Press, 2012).

14. David R. Foster et al., "Wildlife Dynamics in the Changing New England Landscape," *Journal of Biogeography* 29, nos. 10–11 (October 2002): 1337–57.

2 도시의 마당농장

1. Ashley Soley-Cerro, "Runaway Cow Captured in Brooklyn after Hours-Long Chase," PIX 11, October 17, 2017, https://pix11.com/news/watch-cow-on-the-loose-in-brooklyn/.

2. Alex Silverman, "Child Injured after Bull Runs Loose in Prospect Park, Brooklyn," WLNY–CBS New York, October 17, 2017, https://newyork.cbslocal.com/2017/10/17/cow-on-the-loose-in-brooklyn/.

3. Ellen McCarthy, "Jon Stewart Just Saved a Runaway Bull in Queens. Here's the Backstory," *Washington Post*, April 2, 2016.

4. Peter J. Atkins, *Animal Cities: Beastly Urban Histories* (Farnham, Surrey: Ashgate, 2012).

5. Thomas Jefferson, *Notes on the State of Virginia*, "Query XIX" (1787), available at https://teachingamericanhistory.org/library/document/noteson-the-state-of-virginia-query-xix-manufactures/; Jefferson to Uriah Forrest, with Enclosure, December 31, 1787, available at https://founders.archives.gov/documents/Jefferson/01–12–02–0490.

6. Clay McShane and Joel A. Tarr, *The Horse in the City: Living Machines in the Nineteenth Century* (Baltimore: Johns Hopkins University Press, 2007).

7. Catherine McNeur, *Taming Manhattan: Environmental Battles in the Antebellum City* (Cambridge, MA: Harvard University Press, 2014), 161–72.

8. Frederick L. Brown, *The City Is More Than Human: An Animal History of Seattle* (Seattle: University of Washington Press, 2016), 82.

9. Jessica Wang, "Dogs and the Making of the American State: Voluntary Association, State Power, and the Politics of Animal Control in New York City, 1850–1920," *Journal of American History* 98, no. 4 (2012): 998–1024.

10. McShane and Tarr, *Horse in the City*, 105.

11. McNeur, Taming Manhattan, 101–20; McShane and Tarr, *Horse in the City*, 26.

12. McNeur, Taming Manhattan, 136–39; Atkins, *Animal Cities*, 95–103.

13. Melanie A. Kiechle, Smell Detectives: *An Olfactory History of Nineteenth-*

Century Urban America (Seattle: University of Washington Press, 2017), 5.

14. "The Water Question Again," *Chicago Tribune*, March 5, 1862, quoted in Kiechle, *Smell Detectives*, 143–55.

15. Dawn Day Biehler, *Pests in the City: Flies, Bedbugs, Cockroaches, and Rats* (Seattle: University of Washington Press, 2013).

16. McShane and Tarr, *Horse in the City*, 103, 128–29, 169; Horse Association of America, "Grain Surplus due to Decline in Horses" leaflet (1930), National Agricultural Library.

17. McNeur, *Taming Manhattan*, 170.

18. McNeur, *Taming Manhattan*, 19–20.

19. Katherine C. Grier, *Pets in America: A History* (Chapel Hill: University of North Carolina Press, 2010).

20. Andrew A. Robichaud, *Animal City: The Domestication of America* (Cambridge, MA: Harvard University Press, 2019), 170.

21. Kiechle, *Smell Detectives*.

3 자연 보살피기

1. "New-York City: An Unusual Visitor," *New-York Daily Times*, July 4, 1856, p. 6; Etienne Benson, "The Urbanization of the Eastern Gray Squirrel in the United States," *Journal of American History* 100, no. 3 (2013): 691–710.

2. Benjamin Franklin to Georgiana Shipley, September 26, 1772, in *The Two-Hundredth Anniversary of the Birth of Benjamin Franklin: Celebration by the Commonwealth of Massachusetts and the City of Boston in Symphony Hall, Boston, January 17, 1906* ([Boston]: Printed by order of the Massachusetts General Court and the Boston City Council, 1906), 106.

3. Benson, "Urbanization of the Eastern Gray Squirrel," 694.

4. Vernon Bailey, "Animals Worth Knowing around the Capitol" (1934), unpublished manuscript, p. 1, folder 5, box 7, record unit 7267, Vernon Orlando Bailey Papers 1889–1941 and undated, Smithsonian Institution Archives, Washington, DC, quoted in Benson, "Urbanization of the Eastern Gray Squirrel," 691.

5. Peter Hall, *Cities of Tomorrow: An Intellectual History of Urban Planning and Design in the Twentieth Century*, 3rd ed. (Oxford: Blackwell, 2002).

6. Benjamin Heber Johnson, *Escaping the Dark, Gray City: Fear and Hope in Progressive-Era Conservation* (New Haven: Yale University Press, 2017).

7. Justin Martin, *Genius of Place: The Life of Frederick Law Olmsted* (New York: Hachette Books, 2011).

8. Simon Parker, *Urban Theory and the Urban Experience: Encountering the City* (New York: Routledge, 2015).

9. Parker, *Urban Theory*; Bill Steigerwald, "City Views: Urban Studies Legend Jane Jacobs on Gentrification, the New Urbanism, and Her Legacy," Reason, June 2001.

10. Ian L. McHarg, *Design with Nature* (New York: J. Wiley, 1992); Frederick Steiner, "Healing the Earth: The Relevance of Ian McHarg's Work for the Future," *Philosophy and Geography* 23, no. 2 (February 2004): 75–86.

11. "Central Park's Creator Tells of Its Beginning," *New York Times*, August 11, 1912; Roy Rosenzweig and Elizabeth Blackmar, *The Park and the People: A History of Central Park* (Ithaca, NY: Cornell University Press, 1992).

12. Paul H. Gobster, "Urban Park Restoration and the 'Museumification' of Nature," *Nature and Culture* 2, no. 2 (Autumn 2007): 95–114; Matthew Klingle, *Emerald City: An Environmental History of Seattle* (New Haven: Yale University Press, 2007).

13. Henry W. Lawrence, *City Trees: A Historical Geography from the Renaissance through the Nineteenth Century* (Charlottesville: University of Virginia Press, 2008).

14. Cook County Forest Preserve District Act (70 ILCS 810/), sec. 7, available at https://www.ilga.gov/legislation/ilcs/ilcs3.asp?ActID=876&ChapterID=15; Liam Heneghan et al., "Lessons Learned from Chicago Wilderness— Implementing and Sustaining Conservation Management in an Urban Setting," *Diversity* 4 (2012): 74–93.

15. Gerard T. Koeppel, *Water for Gotham: A History* (Princeton: Princeton University Press, 2001).

4 밤비 붐

1. Ralph H. Lutts, "The Trouble with Bambi: Walt Disney's Bambi and the American Vision of Nature," *Forest and Conservation History* 36, no. 4 (October 1992): 160–71.

2. Miles Traer, "The Nature of Disney," interview with Richard White, May 13, 2016, in *Generation Anthropocene*, produced by Leslie Chang, Mike Osborne, and Miles Traer, podcast, 29:45, https://www.genanthro.com/2016/05/13/the-nature-of-disney/.

3. Lutts, "Trouble with Bambi"; Jim Sterba, *Nature Wars: The Incredible Story of How Wildlife Comebacks Turned Backyards into Battlegrounds* (New York: Broadway, 2013).

4. Aldo Leopold, Lyle K. Sowls, and David L. Spencer, "A Survey of Over-populated Deer Ranges in the United States," *Journal of Wildlife Management* 11, no. 2 (April 1947): 162–77.

5. Steeve D. Côté et al., "Ecological Impacts of Deer Overabundance," *Annual Review of Ecology, Evolution, and Systematics* 35, no. 1 (2004): 113–47.

6. Timothy J. Gilfoyle, "White Cities, Linguistic Turns, and Disneylands: The New Paradigms of Urban History," *Reviews in American History* 26, no. 1 (1998): 175–204.

7. Peter Hall, *Cities of Tomorrow: An Intellectual History of Urban Planning and Design in the Twentieth Century*, 3rd ed. (Oxford: Blackwell, 2002), 319.

8. Hall, *Cities of Tomorrow*, 316–28; James F. Peltz, "It Started with Levittown in 1947: Nation's 1st Planned Community Transformed Suburbia," *Los Angeles Times*, June 21, 1988.

9. Adam Rome, *The Bulldozer in the Countryside: Suburban Sprawl and the Rise of American Environmentalism* (Cambridge: Cambridge University Press, 2001); Kenneth T. Jackson, *Crabgrass Frontier: The Suburbanization of the United States* (Oxford: Oxford University Press, 1987).

10. Stephen DeStefano and Richard M. DeGraaf, "Exploring the Ecology of Suburban Wildlife," *Frontiers in Ecology and the Environment* 1, no. 2 (March 2003): 95–101; Hall, *Cities of Tomorrow*, 330–33.

11. Larry R. Brown, M. Brian Gregory, and Jason T. May, "Relation of Urbanization to Stream Fish Assemblages and Species Traits in Nine Metropolitan Areas of the United States," *Urban Ecosystems* 12, no. 4 (2009): 391–416.

12. Rachel Surls and Judith B. Gerber, *From Cows to Concrete: The Rise and Fall of Farming in Los Angeles* (Los Angeles: Angel City Press, 2016).

13. Hall, *Cities of Tomorrow*, 303–8, 350.

14. Eric D. Stein et al., *Wetlands of the Southern California Coast: Historical Extent and Change Over Time*, Southern California Coastal Water Research Project Technical Report 826, San Francisco Estuary Institute Report 720, August 15, 2014.

15. Eric D. Stein et al., *Historical Ecology and Landscape Change of the San Gabriel River and Floodplain*, Southern California Coastal Water Research Project

Technical Report 499, February 2007.

16. V. C. Radeloff et al., "Rapid Growth of the U.S. Wildland-Urban Interface Raises Wildfire Risk," *Proceedings of the National Academy of Sciences* 115, no. 13 (March 27, 2018): 3314–19.

17. Louis S. Warren, *The Hunter's Game: Poachers and Conservationists in Twentieth-Century America* (New Haven: Yale University Press, 1999).

18. Thomas Heberlein and Elizabeth Thomson, "Changes in U.S. Hunting Participation, 1980–90," *Human Dimensions of Wildlife* 1, no. 1 (1996): 85–86; U.S. Department of the Interior, U.S. Fish and Wildlife Service, and U.S. Department of Commerce, U.S. Census Bureau, *2016 National Survey of Fishing, Hunting, and Wildlife-Associated Recreation*, available at https://www.census.gov/content/dam/Census/library/publications/2018/demo/fhw16-nat.pdf.

19. Sterba, *Nature Wars*, 89–90.

20. U.S. Department of the Interior, Fish and Wildlife Service, and U.S. Department of Commerce, U.S. Census Bureau, *2006 National Survey of Fishing, Hunting, and Wildlife-Associated Recreation*, available at https://www.census.gov/content/dam/Census/library/publications/2006/demo/fhw06-nat_rev_new.pdf.

21. Côté et al., "Ecological Impacts of Deer Overabundance."

5 돌아다닐 공간

1. Lee Jones, "Cooperation Is Key," *Los Angeles Times*, August 28, 1991. I use the term *Southern California* here to refer to the region that encompasses Santa Barbara, Ventura, Los Angeles, Riverside, San Bernardino, Orange, Imperial, and San Diego Counties. This area is considerably larger than the gnatcatcher's coastal sage scrub range. For an extended discussion of the gnatcatcher and development in Southern California, see Audrey L. Mayer, *Bird versus Bulldozer: A Quarter-Century Conservation Battle in a Biodiversity Hotspo*t (New Haven: Yale University Press, 2021).

2. J. L. Atwood and D. R. Bontrager, "California Gnatcatcher (*Polioptila californica*)," in the Cornell Lab of Ornithology's Birds of the World (database), ed. A. F. Poole and F. B. Gill, https://birdsoftheworld.org/bow/home; Joseph Grinnell, "Birds of the Pacific Slope of Los Angeles County," *Pasadena Academy of Sciences* 11 (1898): 50; Joseph Grinnell and Alden H. Miller, "The Distribution of Birds of California," *Pacific Coast Avifauna* 27, no. 1 (1944):

369–70.

3. J. T. Rotenberry and T. A. Scott, "Biology of the California Gnatcatcher: Filling in the Gaps," *West Birds* 29 (1988): 237–41; J. L. Atwood et al., "Distribution and Population Size of California Gnatcatchers on the Palos Verdes Peninsula, 1993–1997," *West Birds* 29 (1988): 340–50.

4. Department of the Interior, U.S. Fish and Wildlife Service, "Determination of Threatened Status for the Coastal California Gnatcatcher," *Federal Register* 58 (March 20, 1993): 16742–57.

5. Daniel Pollak, *Natural Community Conservation Planning (NCCP): The Origins of an Ambitious Experiment to Protect Ecosystems* (Sacramento: California Research Bureau, March 2001).

6. Pollak, *Natural Community Conservation Planning.*

7. California Department of Fish and Wildlife, Summary of Natural Community Conservation Plans (NCCPs), October 2017.

8. Cristina E. Ramalho and Richard J. Hobbs, "Time for Change: Dynamic Urban Ecology," *Trends in Ecology and Evolution* 27, no. 3 (March 2012): 179–88.

9. Galen Cranz, *The Politics of Park Design: A History of Urban Parks in America* (Cambridge, MA: MIT Press, 1982); Richard A. Walker, *The Country in the City: The Greening of the San Francisco Bay Area* (Seattle: University of Washington Press, 2013).

10. Walker, *Country in the City.*

11. Matthew Booker, *Down by the Bay: San Francisco's History between the Tides*(Oakland: University of California Press, 2020).

12. Walker, *Country in the City.*

13. Hadley Meares, "A Cast of Characters: The Creation of the Santa Monica Mountains National Recreation Area," KCET (website), June 25, 2015, https://www.kcet.org/shows/california-coastal-trail/a-cast-ofcharacters-the-creation-of-the-santa-monica-mountains-national-recreationarea.

14. Rebecca Coleen Retzlaff, "Planning for Broad-Based Environmental Protection: A Look Back at the Chicago Wilderness Biodiversity Recovery Plan," Urban Ecosystems 11, no. 1 (2008): 45–63.

15. Peter Simek, "Dallas May Now Get Two New Trinity River Parks," *D Magazine*, September 19, 2018, https://www.dmagazine.com/frontburner/2018/09/dallas-may-now-get-two-new-trinity-river-parks/.

16. Joe Trezza, "Where Coyotes, Foxes and Bobolinks Find a New Home: Freshkills Park," *New York Times*, June 9, 2016.

17. Cait Fields, Fresh Kills research director, interview with the author, New York, April 28, 2017; Kate Ascher and Frank O'Connell, "From Garbage to Energy at Fresh Kills," *New York Times*, September 15, 2013.

18. Virginia H. Dale, "Ecological Principles and Guidelines for Managing the Use of Land," *Ecological Applications* 10, no. 3 (June 2000): 639–70.

19. George R. Hess et al., "Integrating Wildlife Conservation into Urban Planning," in *Urban Wildlife Conservation*, ed. Robert A. McCleery, Christopher E. Moorman, and M. Nils Peterson (New York: Springer, 2014), 239–78.

20. Mark Hostetler and Sarah Reed, "Conservation Development: Designing and Managing Residential Landscapes for Wildlife," in McCleery, Moorman, and Peterson, *Urban Wildlife Conservation*, 279–302.

21. Cranz, *Politics of Park Design*.

22. *Natura Urbana: The Brachen of Berlin*, directed by Matthew Gandy (UK and Germany, 2017), 72 min.

23. Ellen Pehek, New York City Parks wildlife biologist, interview with the author, New York, May 1, 2017.

24. Joseph Berger, "Reclaimed Jewel Whose Attraction Can Be Perilous," *New York Times*, July 19, 2010.

6 그림자 밖으로

1. For more about the Kelly Keen case, see Stuart Wolpert, "Killing of Girl Underlines Urban Danger of Coyotes," *Los Angeles Times*, August 28, 1981.

2. Dan Flores, *Coyote America: A Natural and Supernatural History* (New York: Basic Books, 2016); Stephen DeStefano, *Coyote at the Kitchen Door: Living with Wildlife in Suburbia* (Cambridge, MA: Harvard University Press, 2010).

3. D. Gill, "The Coyote and the Sequential Occupants of the Los Angeles Basin," *American Anthropologist* 72 (1970): 821–26; William L. Preston, "Post-Columbian Wildlife Irruptions in California: Implications for Cultural and Environmental Understanding," in *Wilderness and Political Ecology: Aboriginal Influences and the Original State of Nature*, ed. Charles E. Kay and Randy T. Simmons (Salt Lake City: University of Utah Press, 2002), 111–40.

4. Joy Horowitz, "Urban Coyote: Prairie Wolf Has Become Citified," *Los Angeles Times*, August 19, 1980.

5. Sid Bernstein, "County Will Renew War against Coyote," *Los Angeles Times*, July 29, 1982.

6. "County Bans Coyote Feeding," *Los Angeles Times*, November 11, 1981.

7. Jianguo Wu, "Urban Ecology and Sustainability: The State-of-the-Science and Future Directions," *Landscape and Urban Planning* 125 (May 2014): 209–21.

8. Clark E. Adams and Kieran J. Lindsey, *Urban Wildlife Management*, 2nd ed. (Boca Raton, FL: CRC Press, 2010), 68.

9. Ethan H. Decker et al., "Energy and Material Flow through the Urban Ecosystem," *Annual Review of Energy and the Environment* 25 (2000): 685–740.

10. Kirsten Schwarz et al., "Abiotic Drivers of Ecological Structure and Function in Urban Systems," in *Urban Wildlife Conservation*, ed. Robert A. McCleery, Christopher E. Moorman, and M. Nils Peterson (New York: Springer, 2014), 55–74; S. T. A. Pickett et al., "Urban Ecological Systems: Linking Terrestrial Ecological, Physical, and Socioeconomic Components of Metropolitan Areas," *Annual Review of Ecology and Systematics* 32 (2001): 127–57.

11. Christopher J. Walsh et al., "The Urban Stream Syndrome: Current Knowledge and the Search for a Cure," *Journal of the North American Benthological Society* 24, no. 3 (2005): 706–23; Seth J. Wenger et al., "Twenty-Six Key Research Questions in Urban Stream Ecology: An Assessment of the State of the Science," *Journal of the North American Benthological Society* 28, no. 4 (2009): 1080–98.

12. Matthew Gandy, "Negative Luminescence," *Annals of the American Association of Geographers* 107, no. 5 (2017): 1090–107; Jeremy Zallen, *American Lucifers: The Dark History of Artificial Light* (Chapel Hill: University of North Carolina Press, 2019).

13. Travis Longcore, *Ecological Consequences of Artificial Night Lighting* (Washington, DC: Island Press, 2005).

14. J. L. Dowling, D. A. Luther, and P. P. Marra, "Comparative Effects of Urban Development and Anthropogenic Noise on Bird Songs," *Behavioral Ecology* 23, no. 1 (January–February 2012): 201–9.

15. S. S. Ditchkoff, S. T. Saalfeld, and C. J. Gibson, "Animal Behavior in Urban Ecosystems: Modifications due to Human-Induced Stress," *Urban Ecosystems* 9 (January 2006): 5–12.

16. Robert B. Blair, "Land Use and Avian Species Diversity along an Urban Gradient," *Ecological Applications* 6, no. 2 (1996): 506–19; J. D. Fischer et al., "Categorizing Wildlife Responses to Urbanization and Conservation

Implications of Terminology: Terminology and Urban Conservation," *Conservation Biology* 29, no. 4 (August 2015): 1246–48. For examples of the extensive literature building on Blair's study, see Solène Croci, Alain Butet, and Philippe Clergeau, "Does Urbanization Filter Birds on the Basis of Their Biological Traits?," Condor 110, no. 2 (2008): 223–40; several chapters in McCleery, Moorman, and Peterson, *Urban Wildlife Conservation*.

17. Joy Horowitz, "Urban Coyote: Prairie Wolf Has Become Citified," *Los Angeles Times*, August 19, 1980; S. R. Kellert, "American Attitudes toward and Knowledge of Animals: An Update," *International Journal for the Study of Animal Problems* 1, no. 2 (1980): 107.

18. Hal Herzog, *Some We Love, Some We Hate, Some We Eat: Why It's So Hard to Think Straight about Animals* (New York: HarperCollins, 2010), 1.

19. Andrew Flowers, "The National Parks Have Never Been More Popular," FiveThirtyEight, May 25, 2016, https://fivethirtyeight.com/features/the-national-parks-have-never-been-more-popular/; Oliver R. W. Pergams and Patricia A. Zaradic, "Evidence for a Fundamental and Pervasive Shift Away from Nature-Based Recreation," *Proceedings of the National Academy of Sciences* 105, no. 7 (2008): 2295–300; Kristopher K. Robison and Daniel Ridenour, "Whither the Love of Hunting? Explaining the Decline of a Major Form of Rural Recreation as a Consequence of the Rise of Virtual Entertainment and Urbanism," *Human Dimensions of Wildlife* 17, no. 6 (2012): 418–36.

20. Benjamin Mueller and Lisa W. Foderaro, "A Coyote Eludes the Police on the Upper West Side," *New York Times*, April 22, 2015.

21. Heather Wieczorek Hudenko, William F. Siemer, and Daniel J. Decker, *Living with Coyotes in Suburban Areas: Insights from Two New York State Counties*, HDRU Series No. 08–8 (Ithaca, NY: Human Dimensions Research Unit, Department of Natural Resources, Cornell University, 2008), iv, https://ecommons.cornell.edu/bitstream/handle/1813/40431/HDRUReport08–8.pdf.

22. Christine Dell'Amore, "Downtown Coyotes: Inside the Secret Lives of Chicago's Predator," *National Geographic* (website), November 21, 2014, https://www.nationalgeographic.com/animals/article/141121-coyotes-animals-science-chicago-cities-urban-nation.

23. Coyote 748's history is detailed in Stan Gehrt and Shane McKenzie, "Human-Coyote Incident Report, Chicago, IL, April 2014," Max McGraw Wildlife Foundation, July 22, 2014, https://urbancoyoteresearch.com/sites/default/files/resources/Bronzeville%20Hazing%20Final%20Public%20Report.pdf.

7 가까운 만남

1. Greg Macgowan, "Oak ridge nj bipedal bear," YouTube, posted July 19, 2014, https://www.youtube.com/watch?v=vuJlsmTG2ik.

2. John McPhee, "Direct Eye Contact: The Most Sophisticated, Most Urban, Most Reproductively Fruitful of Bears," *New Yorker*, February 26, 2018.

3. In North America, brown bears (*Ursus arctos*) include both "grizzlies" and "Kodiak bears," which are part of the same species. For more about New Jersey's black bears, see the New Jersey Division of Fish and Wildlife's "Know the Bear Facts: Black Bears in New Jersey," updated January 21, 2021, https://www.state.nj.us/dep/fgw/bearfacts.htm.

4. Michael R. Pelton et al., "American Black Bear Conservation Action Plan (*Ursus americanus*)," in *Bears: Status Survey and Conservation Action Plan*, compiled by Christopher Servheen, Stephen Herrero, and Bernard Peyton (Gland, Switzerland: IUNC, 1999), 144–56.

5. Jon Mooallem, *Wild Ones: A Sometimes Dismaying, Weirdly Reassuring Story about Looking at People Looking at Animals in America* (New York: Penguin, 2014), 62–71.

6. See, e.g., Joseph Dixon, "Food Predilections of Predatory and Fur-Bearing Mammals," *Journal of Mammalogy* 6, no. 1 (February 1925): 34–46.

7. Sterling D. Miller, "Population Management of Bears in North America," *Bears: Their Biology and Management* 8 (1990): 357–73.

8. Richard West Sellars, *Preserving Nature in the National Parks: A History* (New Haven: Yale University Press, 1999), 78–80.

9. Hank Hristienko and John E. McDonald Jr., "Going into the 21st Century: A Perspective on Trends and Controversies in the Management of the American Black Bear," *Ursus* 18, no. 1 (2007): 72–88.

10. David L. Garshelis and Hank Hristienko, "State and Provincial Estimates of American Black Bear Numbers versus Assessments of Population Trend," *Ursus* 17, no. 1 (2006): 1–7.

11. D. L. Lewis et al., "Foraging Ecology of Black Bears in Urban Environments: Guidance for Human-Bear Conflict Mitigation," *Ecosphere* 6, no. 8 (August 2015): article 141.

12. Jon P. Beckmann and Joel Berger, "Rapid Ecological and Behavioural Changes In Carnivores: The Responses of Black Bears (*Ursus americanus*) to Altered Food," *Journal of Zoology* 261, no. 2 (2003): 207–12; Clark E. Adams and Kieran J. Lindsey, *Urban Wildlife Management*, 2nd ed. (Boca Raton, FL: CRC

Press, 2010), 258.

13. Beckmann and Berger, "Rapid Ecological and Behavioural Changes."

14. Jon P. Beckmann and Joel Berger, "Using Black Bears to Test Ideal-Free Distribution Models Experimentally," *Journal of Mammalogy* 84, no. 2 (May 2003): 594–606.

15. Wildlife Conservation Society, "Urban Black Bears 'Live Fast, Die Young,'" *ScienceDaily*, October 1, 2008, https://www.sciencedaily.com/releases/2008/09/080930135301.htm; Beckman and Berger, "Using Black Bears."

16. Kerry A. Gunther, "Bear Management in Yellowstone National Park, 1960–93," *Bears: Their Biology and Management* 9 (1994): 549–60.

17. Sellars, *Preserving Nature*; Joseph S. Madison, "Yosemite National Park: The Continuous Evolution of Human–Black Bear Conflict Management," *Human-Wildlife Conflicts* 2, no. 2 (Fall 2008): 160–67.

18. Gunther, "Bear Management."

19. Mary Meagher, "Bears in Transition, 1959–1970s," *Yellowstone Science* 16, no. 2 (2008): 5–12.

20. Galen A. Rowell, "Killing and Mistreating of National-Park Bears," *New York Times*, March 23, 1974.

21. Rachel Mazur, *Speaking of Bears: The Bear Crisis and a Tale of Rewilding from Yosemite, Sequoia, and Other National Parks* (Guilford, CT: Rowman and Littlefield, 2015), 181.

22. Mazur, *Speaking of Bears*, 193.

23. John B. Hopkins et al., "The Changing Anthropogenic Diets of American Black Bears over the Past Century in Yosemite National Park," *Frontiers in Ecology and the Environment* 12, no. 2 (March 2014): 107–14.

24. Sarah K. Brown, "Black Bear Population Genetics in California: Signatures of Population Structure, Competitive Release, and Historical Translocation," *Journal of Mammalogy* 90, no. 5 (2009): 1066–74.

25. Bill Billiter, "6-Foot Bear Killed in Granada Hills," *Los Angeles Times*, June 22, 1982, C-1.

26. Stephen R. Kellert, "Public Attitudes toward Bears and Their Conservation," *Bears: Their Biology and Management* 9 (1994): 43–50.

27. Chris Erskine, "It's Words, Not Bullets, for the 'Bear Whisperer' of the Eastern Sierra," *Los Angeles Times*, February 12, 2020.

28. Steve Searles, interview with the author, Mammoth Lakes, CA, September 17, 2019.

29. For more data on New Jersey's bear hunt, see "New Jersey's Black Bear Hunting Season," New Jersey Department of Environmental Protection, Division of Fish and Wildlife, updated June 14, 2021, https://www.nj.gov/dep/fgw/bearseason_info.htm; Frank Kummer, "At 700 Pounds, Black Bear Killed in New Jersey Sets World Record, Says National Hunting Group," *Philadelphia Inquirer*, February 14, 2020.

30. Branden B. Johnson and James Sciascia, "Views on Black Bear Management in New Jersey," *Human Dimensions of Wildlife* 18, no. 4 (2013), 249–62.

31. Jon Mooallem, "Pedals the Bear," *New York Times*, December 21, 2016.

32. Daniel Hubbard, "NJ Releases Disturbing Photos Believed to Be 'Pedals,' Bear Feared Dead," Patch (website), October 17, 2016, https://patch.com/new-jersey/mahwah/state-releases-alleged-photos-killed-bipedalbear-pedals.

33. Mooallem, "Pedals the Bear."

8 올라앉을 집

1. Mark V. Barrow Jr., "Science, Sentiment, and the Specter of Extinction: Reconsidering Birds of Prey during America's Interwar Years," *Environmental History* 7, no. 1 (January 2002): 69–98.

2. John Hayes, "Bald Eagles Thriving in Southwestern Pa.," *Pittsburgh Post-Gazette*, April 24, 2016; Marcus Schneck, "How Bald Eagles Returned to Pennsylvania," *Patriot-News*, August 6, 2013.

3. John Hayes, "Burghers of a Feather," *Pittsburgh Post-Gazette*, March 12, 2013, B1.

4. James Parton, "Pittsburg [sic]," The Atlantic, January 1868.

5. Hayes, "Burghers of a Feather."

6. Hayes, "Burghers of a Feather."

7. John Hayes, "Bald Eagles Tending Second Egg," *Pittsburgh Post-Gazette*, February 25, 2014, B-2; "Eagle vs. Raccoon," *Pittsburgh Post-Gazette*, March 2, 2014, D-11.

8. John Hayes, "Close-Ups of Eagles Bring Dose of Reality," *Pittsburgh Post-Gazette*, March 9, 2014, A-1.

9. Molly Born, "Mom and Dad Know Best—Experts Trying to Calm Public Fear for Eaglets," *Pittsburgh Post-Gazette*, May 6, 2014, A-9; Mahita Gajanan,

"Memorial Springs Up in Hays for Eagle Eggs That Didn't Hatch," *Pittsburgh Post-Gazette*, March 31, 2015, B-1.

10. John Hayes, "Hays Eagles' Feline Meal Disturbing for Some Viewers," *Pittsburgh Post-Gazette*, April 28, 2016, B-1; PixCams, "Hays bald eagles bring cat to nest for eaglets," YouTube, posted April 28, 2016, https://www.youtube.com/watch?v=PWc6aF6aMQ8.

11. Menno Schilthuizen, *Darwin Comes to Town: How the Urban Jungle Drives Evolution* (New York: Picador, 2018), 2; Sharon M. Meagher, ed., *Philosophy and the City: Classic to Contemporary Writings* (Albany: State University of New York Press, 2008), 20–39.

12. Meagher, *Philosophy and the City*, 72–80.

13. Victor E. Shelford, introduction to *Naturalist's Guide to the Americas*, ed. Shelford (Baltimore: Williams and Wilkins, 1926), 3. See also Jianguo Wu, "Urban Ecology and Sustainability: The State-of-the-Science and Future Directions," *Landscape and Urban Planning* 125 (May 2014): 211; Jennifer R. Wolch, Kathleen West, and Thomas E. Gaines, "Transspecies Urban Theory," *Environment and Planning D: Society and Space* 13 (1995): 743.

14. Mark V. Barrow Jr., *Nature's Ghosts: Confronting Extinction from the Age of Jefferson to the Age of Ecology* (University of Chicago Press, 2010), 201–33

15. Frank Chapman, "Birds and Bonnets," *Forest and Stream* 26, no. 6 (1886): 84.

16. Peter G. Ayres, *Shaping Ecology: The Life of Arthur Tansley* (Chichester: John Wiley and Sons, 2012).

17. R. S. R. Fitter, *London's Natural History*, Collins New Naturalist Library, Book 3 (London: HarperCollins, 2011); Ulrike Weiland and Matthias Richter, "Lines of Tradition and Recent Approaches to Urban Ecology, Focussing on Germany and the USA," Gaia 18, no. 1 (2009): 49–57.

18. Aldo Leopold, *Game Management* (New York: Charles Scribner's Sons, 1933), 404; R. Bennitt, "Summarization of the Eleventh North American Wildlife Conference," *Transactions of the North American Wildlife Conference* 11 (1946): 517. For a much more recent assessment of field research locations, see Laura J. Martin, B. Blossey, and E. Ellis, "Mapping Where Ecologists Work: Biases in the Global Distribution of Terrestrial Ecological Observations," *Frontiers in Ecology and the Environment* 10 (2012): 195–201.

19. Raymond F. Dasmann, "Wildlife and the New Conservation," *Wildlife Society News* 105 (1966): 48–49.

20. C. S. Holling and Gordon Orians, "Toward an Urban Ecology," *Bulletin of*

the Ecological Society of America 52, no. 2 (1971): 2–6; Andrew Sih, Alison M. Bell, and Jacob L. Kerby, "Two Stressors Are Far Deadlier than One," *Trends in Ecology and Evolution* 19, no. 6 (2004): 274–76.

21. Lowell W. Adams, "Urban Wildlife Ecology and Conservation: A Brief History of the Discipline," *Urban Ecosystems* 8 (2005): 139–56.

22. Mark Weckel, interview with the author, New York City, April 27, 2017.

23. John Marzluff, interview with the author, Seattle, July 11, 2017.

24. Robert B. Blair, "Land Use and Avian Species Diversity along an Urban Gradient," *Ecological Applications* 6, no. 2 (1996): 506; S. T. A. Pickett et al., "Urban Ecological Systems: Linking Terrestrial Ecological, Physical, and Socioeconomic Components of Metropolitan Areas," *Annual Review of Ecology and Systematics* 32 (2001): 128.

25. Steward T. A. Pickett et al., "Evolution and Future of Urban Ecological Science: Ecology in, of, and for the City," *Ecosystem Health and Sustainability* 2, no. 7 (2016): e01229; Pickett et al., "Urban Ecological Systems."

26. Laurel Braitman, "Dirty Birds: What It's Like to Live with a National Symbol," *California Sunday Magazine*, March 30, 2017.

27. U.S. Fish and Wildlife Service, *Final Report: Bald Eagle Population Size—2020 Update* (Washington, DC: U.S. Fish and Wildlife Service, Division of Migratory Bird Management, 2020).

9 숨바꼭질

1. On P-22 and the L.A. Zoo, see Martha Groves and Angel Jennings, "P-22 Vacates Home, Heads Back to Griffith Park, Wildlife Officials Say," *Los Angeles Times*, April 13, 2015; Carla Hall, "Opinion: The Griffith Park Puma, P-22, May Be Guilty of Killing a Koala at the Zoo, but Let's Not Rush to Judge Him," *Los Angeles Times*, March 11, 2016.

2. Joseph Serna, "Mountain Lions Are Being Killed on Freeways and Weakened by Inbreeding. Researchers Have a Solution," *Los Angeles Times*, May 16, 2018.

3. Thomas Curwen, "A Week in the Life of P-22, the Big Cat Who Shares Griffith Park with Millions of People," *Los Angeles Times*, February 8, 2017.

4. Groves and Jennings, "P-22 Vacates Home."

5. Douglas Chadwick, "Ghost Cats," *National Geographic*, December 2013, 1–7.

6. Ian Lovett, "Prime Suspect in Koala's Murder: Los Angeles's Mountain Lion," *New York Times*, March 23, 2016; Joseph Serna and Hailey Branson-Potts, "Is

P-22 Mountain Lion Too Dangerous for Griffith Park?," *Los Angeles Times*, March 11, 2016.

7. Louis Sahagún, "L.A. Zoo Wants Mountain Lion to Remain a Neighbor despite Koala Death," *Los Angeles Times*, March 16, 2016.

8. K. L. Evans et al., "What Makes an Urban Bird?," *Global Change Biology* 17, no. 1 (January 2011): 32–44.

9. K. S. Delaney, S. P. D. Riley, and R. N. Fisher, "A Rapid, Strong, and Convergent Genetic Response to Urban Habitat Fragmentation in Four Divergent and Widespread Vertebrates," *PLoS One* 5, no. 9 (2010): e12767.

10. David Quammen, *The Song of the Dodo: Island Biogeography in an Age of Extinctions* (New York: Random House, 2012).

11. Richard T. T. Forman and Lauren E. Alexander, "Roads and Their Major Ecological Effects," *Annual Review of Ecology and Systematics* 29, no. 1 (1998): 207–31; U.S. Department of Transportation, *Wildlife-Vehicle Collision Reduction Study: Report to Congress* (August 2008).

12. Joel Berger, "Fear, Human Shields and the Redistribution of Prey and Predators in Protected Areas," *Biology Letters* 3, no. 6 (2007): 620–23.

13. Daniel Klem Jr., "Collisions between Birds and Windows: Mortality and Prevention," *Journal of Field Ornithology* 61, no. 1 (1990): 120–28; Becca Cudmore, "This Website Collects Obituaries for Birds—Here's Why You Should Use It," *Audubon*, Summer 2016, 1–9.

14. Seth P. D. Riley et al., "Wildlife Friendly Roads: The Impacts of Roads on Wildlife in Urban Areas and Potential Remedies," in *Urban Wildlife Conservation*, ed. Robert McCleery, Christopher E. Moorman, and M. Nils Peterson (New York: Springer, 2014), 323–60; Bill Workman, "Tunnel of Love for Stanford's Salamanders," *SFGate / San Francisco Chronicle*, August 30, 2001.

15. Avishay Artsy, "Here's What You Need to Know about the Liberty Canyon Wildlife Crossing," KCRW (website), February 20, 2018, https://www.kcrw.com/culture/shows/design-and-architecture/heres-what-you-needto-know-about-the-liberty-canyon-wildlife-crossing.

16. Darryl N. Jones and S. James Reynolds, "Feeding Birds in Our Towns and Cities: A Global Research Opportunity," *Journal of Avian Biology* 39, no. 3 (May 2008): 265–71; Jameson F. Chace and John J. Walsh, "Urban Effects on Native Avifauna: A Review," *Landscape and Urban Planning* 74, no. 1 (2006): 46–69.

17. David N. Clark, Darryl N. Jones and S. James Reynolds, "Exploring the Motivations for Garden Bird Feeding in South-east England," *Ecology and*

Society 24, no. 1 (2019): https://www.jstor.org/stable/26796915.

18. Richard A. Fuller, "Garden Bird Feeding Predicts the Structure of Urban Avian Assemblages," *Diversity and Distributions* 14, no. 1 (January 2008): 131–37.

19. Amanda D. Rodewald, Laura J. Kearns, and Daniel P. Shustack, "Anthropogenic Resource Subsidies Decouple Predator–Prey Relationships," *Ecological Applications* 21, no. 3 (2011): 936–43.

20. John Hadidan et al., "Raccoons (Procyon lotor)," in *Urban Carnivores: Ecology, Conflict, and Conservation*, ed. Stanley D. Gehrt, Seth P. D. Riley, and Brian L. Cypher (Baltimore: Johns Hopkins University Press, 2010), 35–46; Suzanne Prange, Stanley D. Gehrt, and Ernie P. Wiggers, "Demographic Factors Contributing to High Raccoon Densities in Urban Landscapes," *Journal of Wildlife Management* 67, no. 2 (2003): 324–33; William J. Graser et al., "Variation in Demographic Patterns and Population Structure of Raccoons across an Urban Landscape," *Journal of Wildlife Management* 76, no. 5 (July 2012): 976–86.

21. Chace and Walsh, "Urban Effects on Native Avifauna"; Michael L. McKinney, "Urbanization, Biodiversity, and Conservation," *BioScience* 52, no. 10 (2002): 883–90.

22. Natural Resources Defense Council, *Wasted: How America Is Losing up to 40 Percent of Its Food from Farm to Fork to Landfill*, 2nd ed. (August 2017). This is an update of the 2012 report.

23. Amy M. Ryan and Sarah R. Partan, "Urban Wildlife Behavior," in McCleery, Moorman, and Peterson, *Urban Wildlife Conservation*, 149–73.

24. S. A. Poessel, E. C. Mock, and S. W. Breck, "Coyote (Canis latrans) Diet in an Urban Environment: Variation Relative to Pet Conflicts, Housing Density, and Season," *Canadian Journal of Zoology* 95, no. 4 (April 2017): 287–97.

25. Jason D. Fischer et al., "Urbanization and the Predation Paradox: The Role of Trophic Dynamics in Structuring Vertebrate Communities," *BioScience* 62, no. 9 (September 2012): 809–18.

26. Michael E. Soulé et al., "Reconstructed Dynamics of Rapid Extinctions of Chaparral-Requiring Birds in Urban Habitat Islands," *Conservation Biology* 2, no. 1 (March 1988): 75–92.

27. Soulé et al., "Reconstructed Dynamics," 84; Kevin R. Crooks and Michael E. Soulé, "Mesopredator Release and Avifaunal Extinctions in a Fragmented System," *Nature* 400 (August 5, 1999): 563–66.

28. Kelly Hessedal, "San Diego Zoo Safari Park Sees Spike in Mountain Lion Sightings," CBS 8 San Diego (website), April 16, 2020, https://www.cbs8.com/article/life/animals/san-diego-zoo-safari-park-sees-spike-inmountain-lion-sightings/509-ce458ca5-c6f9–4776–8b10–30479a48fdad.

29. Louis Sahagún, "Southern California Mountain Lions Get Temporary Endangered Species Status," *Los Angeles Times*, April 16, 2020.

30. John F. Benson et al., "Interactions between Demography, Genetics, and Landscape Connectivity Increase Extinction Probability for a Small Population of Large Carnivores in a Major Metropolitan Area," *Proceedings of the Royal Society B* 283, no. 1837 (August 31, 2016): 1–10.

10 동물로 인한 불편

1. W. Gardner Selby, "Austin's I-Beam Bat Haven," *Austin American Journal*, October 13, 1984, A-3; James Coates, "2 Problems Vex LBJ's Town: Rapid Bats, Leprous Armadillos," *Chicago Tribune*, November 7, 1984; "Bats Plaguing City in Texas during Annual Migration," *Chicago Tribune*, October 4, 1984.

2. Stephen R. Kellert, "American Attitudes toward and Knowledge of Animals: An Update," *International Journal for the Study of Animal Problems* 1, no. 2 (1980): 87–119.

3. The figure of twenty-six mammal orders is commonly used in the scientific literature, but there is no universally agreed-upon classification for mammals at this level.

4. Cara E. Brook and Andrew P. Dobson, "Bats as 'Special' Reservoirs for Emerging Zoonotic Pathogens," *Trends in Microbiology* 23, no. 3 (March 2015): 172–80.

5. Brook and Dobson, "Bats as 'Special' Reservoirs."

6. N. Allocati et al., "Bat–Man Disease Transmission: Zoonotic Pathogens from Wildlife Reservoirs to Human Populations," *Cell Death Discovery* 2 (2016): 16048; Andrew P. Dobson, "What Links Bats to Emerging Infectious Diseases?," *Science* 310 (October 28, 2005): 628–29; Charles H. Calisher et al., "Bats: Important Reservoir Hosts of Emerging Viruses," *Clinical Microbiology Reviews* 19, no. 3 (July 2006): 531–45.

7. Louise H. Taylor, Sophia M. Latham, and Mark E. J. Woolhouse, "Risk Factors for Human Disease Emergence," *Philosophical Transactions of the Royal Society B* (2001): 356983–89; Barbara A. Han, Andrew M. Kramer, and John M. Drake, "Global Patterns of Zoonotic Disease in Mammals," *Trends in Parasitology* 32,

no. 7 (July 2016): 565–77.

8. Han, Kramer, and Drake, "Global Patterns of Zoonotic Disease."

9. For more on the status of bats and how to help them, visit the website of Bat Conservation International, https://www.batcon.org/.

10. For more information, visit the website of the White-Nose Syndrome Response Team, https://www.whitenosesyndrome.org/.

11. David Quammen, *Spillover: Animal Infections and the Next Human Pandemic* (New York: W. W. Norton, 2012); William B. Karesh et al., "Ecology of Zoonoses: Natural and Unnatural Histories," *Lancet* 380, no. 9857 (2012): 1936–45.

12. Quammen, *Spillover.*

13. Vanessa O. Ezenwa et al., "Avian Diversity and West Nile Virus: Testing Associations between Biodiversity and Infectious Disease Risk," *Proceedings of the Royal Society* 273, no. 1582 (January 7, 2006): 109–17; S. A. Hamer, E. Lehrer, and S. B. Magle, "Wild Birds as Sentinels for Multiple Zoonotic Pathogens along an Urban to Rural Gradient in Greater Chicago, Illinois," *Zoonoses and Public Health* 59, no. 5 (August 2012): 355–64.

14. David R. Foster et al., "Wildlife Dynamics in the Changing New England Landscape," *Journal of Biogeography* 29, nos. 10–11 (October 2002): 1337–57.

15. S. Haensch et al., "Distinct Clones of Yersinia pestis Caused the Black Death," *PLoS Pathogens* 6, no. 10 (2010): e1001134.

16. Catherine A. Bradley and Sonia Altizer, "Urbanization and the Ecology of Wildlife Diseases," *Trends in Ecology and Evolution* 22, no. 2 (2007): 95–102.

17. Stanley D. Gehrt, Seth P. D. Riley, and Brian L. Cypher, eds., *Urban Carnivores: Ecology, Conflict, and Conservation* (Baltimore: Johns Hopkins University Press, 2010).

18. Bill Sullivan, "Is the Brain Parasite *Toxoplasma* Manipulating Your Behavior, or Is Your Immune System to Blame?" *The Conversation*, May 4, 2019, https://theconversation.com/is-the-brain-parasite-toxoplasmamanipulating-your-behavior-or-is-your-immune-system-to-blame-116718.

19. Bryony A. Jones et al., "Zoonosis Emergence Linked to Agricultural Intensification and Environmental Change," *Proceedings of the National Academy of Sciences* 110, no. 21 (May 21, 2013): 8399–404; P. A. Conrad et al., "Transmission of Toxoplasma: Clues from the Study of Sea Otters as Sentinels of Toxoplasma gondii Flow into the Marine Environment," *International Journal for Parasitology* 35, nos. 11–12 (October 2005): 1155–68.

20. Seth P. D. Riley, Laurel E. K. Serieys, and Joanne G. Moriarty, "Infections Disease and Contaminants in Urban Wildlife: Unseen and Often Overlooked Threats," in *Urban Wildlife Conservation*, ed. Robert McCleery, Christopher E. Moorman, and M. Nils Peterson (New York: Springer, 2014), 175–215; Sepp Tuul et al., "Urban Environment and Cancer in Wildlife: Available Evidence and Future Research Avenues," *Proceedings of the Royal Society B* 286, no. 1894 (January 2, 2019): 20182434.

21. Thomas Nagel, "What Is It Like to Be a Bat?," *Philosophical Review* 83, no. 4 (October 1974): 438.

11 잡고 놓아주고

1. "Zoo Miami's Ron Magill Recounts Hurricane Andrew," NBC 6 South Florida, August 23, 2012, https://www.nbcmiami.com/multimedia/zoo-miamis-ron-magill-recounts-hurricane-andrew/1904328/.

2. Burkhard Bilger, "Swamp Things: Florida's Uninvited Predators," *New Yorker*, April 20, 2009.

3. "Zoo Miami's Ron Magill."

4. Steve Lohr, "After the Storms: Three Reports," *New York Times*, September 27, 1992.

5. John Donnelly, "The Rebuilt MetroZoo Ready to Roar Once More," *Miami Herald*, December 16, 1992.

6. Dan Fesperman, "In Andrew's Wake, a New Wild Kingdom: Monkeys, Cougars Still Running Loose Weeks after Storm," *Baltimore Sun*, September 22, 1992.

7. Abby Goodnough, "Forget the Gators: Exotic Pets Run Wild in Florida," *New York Times*, February 29, 2004; Fesperman, "In Andrew's Wake."

8. Scott Hardin, "Managing Non-native Wildlife in Florida: State Perspective, Policy, and Practice," *Managing Vertebrate Invasive Species* 14 (2007): 43–52.

9. Kenneth L. Krysko et al., "Verified Non-indigenous Amphibians and Reptiles in Florida from 1863 through 2010: Outlining the Invasion Process and Identifying Invasion Pathways and Stages," *Zootaxa* 3028 (2011): 1–64.

10. L. C. Corn et al., *Harmful Non-native Species: Issues for Congress*, Congressional Research Service Issue Brief, RL30123 (November 25, 2002); D. Pimentel, R. Zuniga, and D. Morrison, "Update on the Environmental and Economic Costs Associated with Alien-Invasive Species in the United States," *Ecological Economics* 52, no. 3 (February 15, 2005): 273–88.

11. Vernon N. Kisling, ed., *Zoo and Aquarium History: Ancient Animal Collections to Zoological Gardens* (Boca Raton, FL: CRC Press, 2001).

12. Christina M. Romagosa, "Contribution of the Live Animal Trade to Biological Invasions," in *Biological Invasions in Changing Ecosystems*, ed. João Canning-Clode (Warsaw: De Gruyter, 2015), 116–34; Tracy J. Revels, *Sunshine Paradise: A History of Florida Tourism* (Gainesville: University of Florida Press, 2011); Jack E. Davis, *The Gulf: The Making of an American Sea* (New York: Liveright, 2017).

13. Emma R. Bush, "Global Trade in Exotic Pets, 2006–2012," *Conservation Biology* 28, no. 3 (June 2014): 663–76.

14. Hazel Jackson, "Parakeets Are the New Pigeons—and They're on Course for Global Domination," *The Conversation*, August 1, 2016, https://theconversation.com/parakeets-are-the-new-pigeons-and-theyre-on-coursefor-global-domination-63244.

15. On zoo escapes and the ethics of zoos and zoo escapes, see Emma Marris, *Wild Souls: Freedom and Flourishing in the Non-human World* (New York: Bloomsbury, 2021).

16. For more information, see the Born Free USA website, https://www.bornfreeusa.org/.

17. Ron Magill, interview with the author, Miami, March 8, 2019; Adriana Brasileiro, "Activists Lose Last Legal Battle to Protect Rare Miami Forest from Walmart Development," *Miami Herald*, June 19, 2019.

18. Kisling, *Zoo and Aquarium History*.

19. E. Mullineaux, "Veterinary Treatment and Rehabilitation of Indigenous Wildlife," *Journal of Small Animal Practice* 55 (2014): 293–300.

20. Mullineaux, "Veterinary Treatment."

21. Peter Singer, *Animal Liberation* (New York: Random House, 2015), 8.

22. Peter Singer, interview with the author, February 11, 2019.

23. Jaclyn Cosgrove, "Firefighters' Fateful Choices: How the Woolsey Fire Became an Unstoppable Monster," *Los Angeles Times*, January 6, 2019.

24. Jenna Chandler, "Evacuation Orders Lifted as Tally of Buildings Destroyed by Woolsey Fire Swells to 1,500," *LA Curbed*, November 19, 2018, https://la.curbed.com/2018/11/9/18079170/california-fire-woolseyevacuations-los-angeles-ventura.

12 피해 대책

1. M. Nils Peterson et al., "Rearticulating the Myth of Human–Wildlife Conflict," *Conservation Letters* 3, no. 2 (April 2010): 74–82; Jacobellis v. Ohio, 378 U.S. 184 (1964), at 197 (Stewart, J., concurring).

2. Terry A. Messmer, "The Emergence of Human–Wildlife Conflict Management: Turning Challenges into Opportunities," *International Bio-deterioration and Biodegradation* 45, no. 3 (2000): 97–102.

3. See the Internet Center for Wildlife Damage Management's website, https://icwdm.org/.

4. Robert Snetsinger, *The Ratcatcher's Child: The History of the Pest Control Industry* (Cleveland: Franzak and Foster, 1983).

5. Snetsinger, *Ratcatcher's Child*, 20.

6. Robert Sullivan, *Rats: Observations on the History and Habitat of the City's Most Unwanted Inhabitants* (New York: Bloomsbury, 2005), 97.

7. Thomas G. Barnes, "State Agency Oversight of the Nuisance Wildlife Control Industry," *Wildlife Society Bulletin* 25, no. 1 (1997): 185–88.

8. Dawn Day Biehler, *Pests in the City: Flies, Bedbugs, Cockroaches, and Rats* (Seattle: University of Washington Press, 2013); Colby Itkowitz, "Trump Attacks Rep. Cummings's District, Calling It a 'Disgusting, Rat and Rodent Infested Mess,'" *Washington Post*, July 27, 2019.

9. Sullivan, *Rats*, 145.

10. David E. Davis, "The Scarcity of Rats and the Black Death: An Ecological History," *Journal of Interdisciplinary History* 16, no. 3 (Winter 1986): 455–70; John T. Emlen, Allen W. Stokes, and David E. Davis, "Methods for Estimating Populations of Brown Rats in Urban Habitats," *Ecology* 30, no. 4 (October 1949): 430–42; David E. Davis, "The Characteristics of Rat Populations," *Quarterly Review of Biology* 28, no. 4 (December 1953): 373–401.

11. Snetsinger, *Ratcatcher's Child*, 44–55.

12. 7 USC 8351, Predatory and Other Wild Animals; for information on USDA APHIS Wildlife Services programs, see the reports at https://www.aphis.usda.gov/aphis/ourfocus/wildlifedamage/sa_reports/sa_pdrs.

13. Seth P. Riley et al., "Anticoagulant Exposure and Notoedric Mange in Bobcats and Mountain Lions in Urban Southern California," *Journal of Wildlife Management* 71, no. 6 (August 2007): 1874–84.

14. Clark E. Adams and Kieran J. Lindsey, *Urban Wildlife Management*, 2nd ed.

(Boca Raton, FL: CRC Press, 2010), 98, 267.

15. For more information, visit the FAA Wildlife Strike Database, at https://wildlife.faa.gov/home, and the State Farm data-tracking webpage "How Likely Are You to Have an Animal Collision?," https://www.statefarm.com/simple-insights/auto-and-vehicles/how-likely-are-you-tohave-an-animal-collision.

16. Adams and Lindsey, *Urban Wildlife Management*, 37.

17. Carl D. Soulsbury et al., "Red Foxes (Vulpes vulpes)," in *Urban Carnivores: Ecology, Conflict, and Conservation*, ed. Stanley D. Gehrt, Seth P. D. Riley, and Brian L. Cypher (Baltimore: Johns Hopkins University Press, 2010), 74; Paul D. Curtis and John Hadidian, "Responding to Human-Carnivore Conflicts in Urban Areas," in ibid., 207.

18. Riley et al., "Anticoagulant Exposure," 1875–81; Courtney A. Albert et al., "Anticoagulant Rodenticides in Three Owl Species from Western Canada, 1988–2003," *Archives of Environmental Contamination and Toxicology* 58, no. 2 (2010): 451–59; Monica Bartos et al., "Use of Anticoagulant Rodenticides in Single-Family Neighborhoods along an Urban Wildland Interface in California," *Cities and the Environment* 4, no. 1 (2012): article 12.

19. David A. Jessup, "The Welfare of Feral Cats and Wildlife," *Journal of the American Veterinary Medical Association* 225, no. 9 (2004): 1377–83.

13 앞으로 빨리감기

1. J. D. Summers-Smith, "Decline of the House Sparrow: A Review," *British Birds* 96 (2003): 439–46; A. Dandapat, D. Banerjee, and D. Chakraborty, "The Case of the Disappearing House Sparrow (Passer domesticus indicus)," *Veterinary World* 3, no. 2 (2010): 97–100.

2. Ted R. Anderson, *Biology of the Ubiquitous House Sparrow: From Genes to Populations* (New York: Oxford University Press, 2006).

3. S. R. Palumbi, "Humans as the World's Greatest Evolutionary Force," *Science* 293, no. 5536 (September 7, 2001): 1786–90; A. P. Hendry, K. M. Gotanda, and E. I. Svensson, "Human Influences on Evolution, and the Ecological and Societal Consequences," *Philosophical Transactions of the Royal Society B* 372 (2017): article 20160028. For an example of evolutionary optimism, see Chris D. Thomas, *Inheritors of the Earth: How Nature Is Thriving in an Age of Extinction* (New York: Penguin, 2018).

4. Anderson, *Ubiquitous House Sparrow*, 9–12.

5. Anderson, *Ubiquitous House Sparrow*, 9–12.

6. M. P. Moulton et al., "The Earliest House Sparrow Introductions to North America," *Biological Invasions* 12, no. 9 (2010): 2955–58; C. S. Robbins, "Introduction, Spread and Present Abundance of the House Sparrow in North America," *Ornithological Monographs* 14, no. 14 (1973): 3–9; Anderson, Ubiquitous House Sparrow, 23.

7. Robin W. Doughty, "Sparrows for America: A Case of Mistaken Identity," *Journal of Popular Culture* 14, no. 2 (Fall 1980): 214–15; F. E. Spinner, "An Earnest Appeal to 'Young America,'" *Audubon Magazine* 1, no. 10 (November 1887): 232; Frank Chapman, editorial, *Bird-Lore* 10, no. 4 (July–August 1908): 178.

8. Anderson, Ubiquitous House Sparrow, 426–29; W. B. Barrows, *The English Sparrow* (Passer domesticus) *in North America, Especially in Its Relation to Agriculture*, U.S. Department of Agriculture, Division of Economic Ornithology and Mammalogy Bulletin 1 (Washington, DC: Government Printing Office, 1889).

9. Hermon C. Bumpus, "The Variations and Mutations of the Introduced Sparrow, Passer domesticus," in *Biological Lectures Delivered at the Marine Biological Laboratory of Wood's Holl, 1896–1897* (Boston: Ginn, 1898), 1–15.

10. Hermon C. Bumpus, "The Elimination of the Unfit as Illustrated by the Introduced Sparrow, Passer domesticus," in *Biological Lectures Delivered at the Marine Biological Laboratory of Wood's Holl*, 1899 (Boston: Ginn, 1900), 209–26.

11. Richard F. Johnston and Robert K. Selander, "House Sparrows: Rapid Evolution of Races in North America," *Science* 144, no. 3618 (May 1, 1964): 548.

12. Adam G. Hart et al., "Evidence for Contemporary Evolution during Darwin's Lifetime," *Current Biology* 20, no. 3 (2010): R95; James William Tutt, *British Moths* (London: Routledge, 1896), 307; Arjen E. van 't Hof et al., "The Industrial Melanism Mutation in British Peppered Moths Is a Transposable Element," *Nature* 534 (June 2, 2016): 102–5.

13. A. L. Melander, "Can Insects Become Resistant to Sprays?," *Journal of Economic Entomology* 7 (1914): 167–73; Nichola J. Hawkins et al., "The Evolutionary Origins of Pesticide Resistance," *Biological Reviews* 94 (2019): 135–55.

14. J. A. Endler, *Natural Selection in the Wild* (Princeton: Princeton University Press, 1986).

15. Menno Schilthuizen, *Darwin Comes to Town: How the Urban Jungle Drives Evolution* (New York: Picador, 2018).

16. Gail L. Patricelli and Jessica L. Blickley, "Avian Communication in Urban Noise; Causes and Consequences of Vocal Adjustment," *Auk* 123, no. 3 (2006): 639–49; Erwin Nemeth and Henrik Brumm, "Birds and Anthropogenic Noise: Are Urban Songs Adaptive?," *American Naturalist* 176, no. 4 (October 2010): 465–75; Jesse R. Barber, Kevin R. Crooks, and Kurt M. Fristrup, "The Costs of Chronic Noise Exposure for Terrestrial Organisms," *Trends in Ecology and Evolution* 25, no. 3 (2009): 180–89; Marina Alberti et al., "Global Urban Signatures of Phenotypic Change in Animal and Plant Populations," *Proceedings of the National Academy of Sciences* 114, no. 34 (August 22, 2017): 8951–56.

17. Niels J. Dingemanse et al., "Behavioural Reaction Norms: Animal Personality Meets Individual Plasticity," *Trends in Ecology and Evolution* 25, no. 2 (February 2010): 81–89; Ulla Tuomainen and Ulrika Candolin, "Behavioural Responses to Human-Induced Environmental Change," *Biological Reviews* 86, no. 3 (2011): 640–57.

18. Maggie M. Hantak et al., "Mammalian Body Size Is Determined by Interactions between Climate, Urbanization, and Ecological Traits," *Communications Biology* 4 (2021): 972.

19. Schilthuizen, *Darwin Comes to Town*, 9.

20. Arne Jernelöv, *The Long-Term Fate of Invasive Species: Aliens Forever or Integrated Immigrants with Time?* (Cham, Switzerland: Springer, 2017), 55–70.

14 도시 야생동물 받아들이기

1. J. L. Laake et al., "Population Growth and Status of California Sea Lions," *Journal of Wildlife Management* 82, no. 3 (April 2018): 583–95.

2. U.S. Army Corps of Engineers, *Passage to the Sea: History of the Lake Washington Ship Canal and the Hiram M. Chittenden Locks* (Seattle: Northwest Interpretive Association, 1993); Matthew Klingle, *Emerald City: An Environmental History of Seattle* (New Haven: Yale University Press, 2009).

3. Anders Halverson, *An Entirely Synthetic Fish: How Rainbow Trout Beguiled America and Overran the World* (New Haven: Yale University Press, 2010); Peter S. Alagona, "Species Complex: Classification and Conservation in American Environmental History," *Isis* 107, no. 4 (December 2016): 738–61. Most steelhead die at sea, and even of those that survive long enough, not all return to their natal streams: some wander, interbreeding with other stocks.

4. Tamara Jones, "Freeloading Sea Lions Wear Out Welcome, Face Eviction," *Los*

Angeles Times, January 29, 1990, A15; Associated Press, "The Steelhead Skunk Sea Lions and Take a Lead—Removal of 3 Big Eaters Cited," *Seattle Post-Intelligencer*, September 18, 1996, B1.

5. Carlton Smith, "Lethal Injection for Herschel? 'Jury' to Decide," *Seattle Post-Intelligencer*, September 30, 1994, A1; Katia Blackburn, "Protected Sea Lions Endangering Rare Fish in the Pacific Northwest," *Los Angeles Times*, November 13, 1988, p. 4.

6. Associated Press, "Bill Paves Way to Kill Sea Lions at the Locks," *Seattle Post-Intelligencer*, April 29, 1994, C2; Kim Murphy, "Officials Approve Killing of Problem Sea Lions," *Los Angeles Times*, March 14, 1996, 3.

7. Will Anderson and Toni Frohoff, "Humans, Not Sea Lions, the True Culprits in Steelhead Decline," *Seattle Post-Intelligencer*, March 29, 1996, A13.

8. "Trout Hapless Prey at Fish Ladder: Net to Protect Steelhead from Seals to Be Deployed," *Los Angeles Times*, January 18, 1988, 24; Jones, "Freeloading Sea Lions"; Scott Sunde, "Big Splash for Fake Willy—Decoy Put into Service against Sea Lions," *Seattle Post-Intelligencer*, October 17, 1996, B1; Gil Bailey, "Activist Chains Self to Sea-Lion Cage," *Seattle Post-Intelligencer*, February 2, 1995, B3; Don Carter, "Tribe May Harvest Sea Lions," *Seattle Post-Intelligencer*, December 6, 1994, A1; Tracy Wilson, "Proposal to Relocate Sea Lions Rejected," *Los Angeles Times*, February 18, 1994, 1.

9. "Hondo, Bully of Locks, Is Finally Captured," *Seattle Post-Intelligencer*, May 24, 1996, C2; Associated Press, "Trout-Devouring Sea Lion Trio Begin Life Sentence at Sea World," *Washington Post*, July 6, 1996, A15.

10. Jack Hopkins, "Refugee Sea Lion from Ballard Locks Dies in Florida," *Seattle Post-Intelligencer*, September 3, 1996, B1; ENN Staff, "Sea Lion Problem Solved in Seattle," *Environmental News Network*, April 8, 1998.

11. Jim Sterba, *Nature Wars: The Incredible Story of How Wildlife Comebacks Turned Backyards into Battlegrounds* (New York: Broadway, 2013); David Baron, *The Beast in the Garden: A Parable of Man and Nature* (New York: W. W. Norton, 2010); Nathanael Johnson, *Unseen City: The Majesty of Pigeons, the Discreet Charm of Snails and Other Wonders of the Urban Wilderness* (New York: Rodale Books, 2016); Lyanda Lynn Haupt, *The Urban Bestiary: Encountering the Everyday Wild* (New York: Little, Brown, 2013).

12. Timothy Beatley, *Biophilic Cities: Integrating Nature into Urban Design and Planning* (Washington, DC: Island Press, 2010).

13. Catherine E. Newman et al., "A New Species of Leopard Frog (Anura: Ranidae) from the Urban Northeastern US," *Molecular Phylogenetics and*

Evolution 63, no. 2 (2012): 445–55.

14. Frank Kummer, "Philly's Skyline to Get Dark at Midnight to Protect Migrating Birds," *Philadelphia Inquirer*, March 31, 2021.

15. Winifred Curran and Trina Hamilton, eds., *Just Green Enough: Urban Development and Environmental Gentrification* (London: Routledge, 2018).

16. Heather Swanson, City of Boulder ecological stewardship supervisor, interview with the author, Boulder, CO, September 22, 2017.

17. Karina Brown, "A Federal Bird Kill in the Columbia River Did Nothing to Save Salmon," *Willamette Week*, February 6, 2019; Lynda V. Mapes, "Hundreds of Sea Lions to Be Killed on Columbia River in Effort to Save Endangered Fish," *Seattle Times*, August 13, 2020; Ben Goldfarb, "For Sea Lions, a Feast of Salmon on the Columbia," *High Country News*, July 6, 2015, https://www.hcn.org/articles/on-the-columbia-river-what-do-you-dowith-a-hungry-sea-lion.

18. Karl Marx, *The Eighteenth Brumaire of Louis Bonaparte*, trans. Daniel De Leon (Chicago: C. H. Kerr, 1913), 9. Quoting J. R. McNeill, Elizabeth Kolbert also referred to Marx's quote along these lines in her book *Under a White Sky: The Nature of the Future* (New York: Crown, 2021), 88, 148.

나가는 말: 분실물 보관소

1. For an example from Africa, see Tess Vengadajellum, "Life in the Time of Lockdown: How Wildlife Is Reclaiming Its Territory," *South African*, April 23, 2020, https://www.thesouthafrican.com/lifestyle/environment/life-in-the-time-of-lockdown-how-wildlife-is-reclaiming-its-territory/; from Asia, Melina Moey, "Animal Crossing: Wildlife in Asia Come Out to Play during Lockdown," *AsiaOne*, April 29, 2020, https://www.asiaone .com/asia/animal-crossing-wildlife-asia-come-out-play-during-lockdown; from Europe, Becky Thomas, "Coronavirus: What the Lockdown Could Mean for Urban Wildlife," *The Conversation*, April 3, 2020, https://theconversation.com/coronavirus-what-the-lockdown-could-mean-for-urbanwildlife-134918; from North America, Louis Sahagún, "Coyotes, Falcons, Deer and Other Wildlife Are Reclaiming L.A. Territory as Humans Stay at Home," *Los Angeles Times*, April 21, 2020; from Oceania, Sarah Bekessy, Alex Kusmanoff, Brendan Wintle, Casey Visintin, Freya Thomas, Georgia Garrard, Katherine Berthon, Lee Harrison, Matthew Selinske, and Thami Croeser, "Photos Showing Animals in Cities Prove That Nature *Always* Wins," *Inverse*, April 18, 2020, https://www.inverse.com/culture/animalsin-cities-photos-covid-19; from South America, "Wild Puma Captured in Deserted Chile Capitol," *Yahoo! News*, March 24, 2020, https://news.yahoo.

com/wild-puma-captured-deserted-chile-capital-155944794.html.

2. Since 2000, some films—including *Wall-E* (2008), *Interstellar* (2014), and *Mad Max: Fury Road* (2015)—have suggested that nature would take longer to recover in a postapocalyptic world.

참고자료

Adams, Clark E., and Kieran J. Lindsey. *Urban Wildlife Management*. 2nd ed. Boca Raton, FL: CRC Press, 2010.

Adams, Lowell W. "Urban Wildlife Ecology and Conservation: A Brief History of the Discipline." *Urban Ecosystems* 8 (2005): 139–56.

Alberti, Marina, et al. "Global Urban Signatures of Phenotypic Change in Animal and Plant Populations." *Proceedings of the National Academy of Sciences* 114, no. 34 (August 22, 2017): 8951–56.

Anderson, Ted R. *Biology of the Ubiquitous House Sparrow: From Genes to Populations*. New York: Oxford University Press, 2006.

Atkins, Peter J. *Animal Cities: Beastly Urban Histories*. Farnham, Surrey: Ashgate, 2012.

Barber, Jesse R., Kevin R. Crooks, and Kurt M. Fristrup. "The Costs of Chronic Noise Exposure for Terrestrial Organisms." *Trends in Ecology and Evolution* 25, no. 3 (2009): 180–89.

Baron, David. *The Beast in the Garden: A Parable of Man and Nature*. New York: W. W. Norton, 2010.

Barrow, Mark V., Jr. *Nature's Ghosts: Confronting Extinction from the Age of Jefferson to the Age of Ecology*. Chicago: University of Chicago Press, 2010.

Beatley, Timothy. *Biophilic Cities: Integrating Nature into Urban Design and Planning*. Washington, DC: Island Press, 2010.

Benson, Etienne. "The Urbanization of the Eastern Gray Squirrel in the United States." *Journal of American History* 100, no. 3 (2013): 691–710.

Biehler, Dawn Day. *Pests in the City: Flies, Bedbugs, Cockroaches, and Rats*. Seattle: University of Washington Press, 2013.

Bilger, Burkhard. "Swamp Things: Florida's Uninvited Predators." *New Yorker*, April 20, 2009.

Blair, Robert B. "Land Use and Avian Species Diversity along an Urban Gradient."

Ecological Applications 6, no. 2 (1996): 506–19.

Bolster, W. Jeffrey. *The Mortal Sea*. Cambridge, MA: Harvard University Press, 2012.

Booker, Matthew. *Down by the Bay: San Francisco's History between the Tides*. Oakland: University of California Press, 2020.

Bradley, Catherine A., and Sonia Altizer. "Urbanization and the Ecology of Wildlife Diseases." *Trends in Ecology and Evolution* 22, no. 2 (2007): 95–102.

Brown, Frederick L. *The City Is More Than Human: An Animal History of Seattle*. Seattle: University of Washington Press, 2016.

Bumpus, Hermon C. "The Elimination of the Unfit as Illustrated by the Introduced Sparrow, *Passer domesticus*." In *Biological Lectures Delivered at the Marine Biological Laboratory of Wood's Holl*, 1899, 209–26. Boston: Ginn, 1900.

Bush, Emma R. "Global Trade in Exotic Pets, 2006–2012." *Conservation Biology* 28, no. 3 (June 2014): 663–76.

Coates, Peter. *American Perceptions of Immigrant and Invasive Species: Strangers on the Land*. Berkeley: University of California Press, 2007.

Côté, Steeve D., et al. "Ecological Impacts of Deer Overabundance." *Annual Review of Ecology, Evolution, and Systematics* 35, no. 1 (2004): 113–47.

Cranz, Galen. *The Politics of Park Design: A History of Urban Parks in America*. Cambridge, MA: MIT Press, 1982.

Cronon, William. *Nature's Metropolis: Chicago and the Great West*. New York: W. W. Norton, 2009.

Crooks, Kevin R., and Michael E. Soulé. "Mesopredator Release and Avifaunal Extinctions in a Fragmented System." *Nature* 400 (August 5, 1999): 563–66.

Curran, Winifred, and Trina Hamilton, eds. *Just Green Enough: Urban Development and Environmental Gentrification*. London: Routledge, 2018.

Davis, David E. "The Characteristics of Rat Populations." *Quarterly Review of Biology* 28, no. 4 (December 1953): 373–401.

Decker, Ethan H., et al. "Energy and Material Flow through the Urban Ecosystem." *Annual Review of Energy and the Environment* 25 (2000): 685–740.

DeStefano, Stephen. *Coyote at the Kitchen Door: Living with Wildlife in Suburbia*. Cambridge, MA: Harvard University Press, 2010.

DeStefano, Stephen, and Richard M. DeGraaf. "Exploring the Ecology of Suburban Wildlife." *Frontiers in Ecology and the Environment* 1, no. 2 (March

2003): 95–101.

Dingemanse, Niels J., et al. "Behavioural Reaction Norms: Animal Personality Meets Individual Plasticity." *Trends in Ecology and Evolution* 25, no. 2 (February 2010): 81–89.

Douglas, Mary. *Purity and Danger: An Analysis of the Concepts of Pollution and Taboo.* London: Ark Paperbacks, 1984.

Endler, J. A. *Natural Selection in the Wild.* Princeton: Princeton University Press, 1986.

Evans, K. L., et al. "What Makes an Urban Bird?" *Global Change Biology* 17, no. 1 (January 2011): 32–44.

Fitter, R. S. R. *London's Natural History.* Collins New Naturalist Library, Book 3. London: HarperCollins, 2011.

Flores, Dan. *Coyote America: A Natural and Supernatural History.* New York: Basic Books, 2016.

Forman, Richard T. T., and Lauren E. Alexander. "Roads and Their Major Ecological Effects." *Annual Review of Ecology and Systematics* 29, no. 1 (1998): 207–31.

Foster, David R., et al. "Wildlife Dynamics in the Changing New England Landscape." *Journal of Biogeography* 29, nos. 10–11 (October 2002): 1337–57.

Gehrt, Stanley D., et al. *Urban Carnivores: Ecology, Conflict, and Conservation.* Baltimore: Johns Hopkins University Press, 2010.

Gilfoyle, Timothy J. "White Cities, Linguistic Turns, and Disneylands: The New Paradigms of Urban History." *Reviews in American History* 26, no. 1 (1998): 175–204.

Grier, Katherine C. *Pets in America: A History.* Chapel Hill: University of North Carolina Press, 2010.

Grooten, M., and R. E. A. Almond, eds. *Living Planet Report—2018: Aiming Higher.* Gland, Switzerland: World Wildlife Fund, 2018.

Haensch, S., et al. "Distinct Clones of Yersinia pestis Caused the Black Death." *PLOS Pathogens* 6, no. 10 (2010): e1001134.

Hall, Peter. *Cities of Tomorrow: An Intellectual History of Urban Planning and Design in the Twentieth Century.* 3rd ed. Oxford: Blackwell, 2002.

Halverson, Anders. *An Entirely Synthetic Fish: How Rainbow Trout Beguiled America and Overran the World.* New Haven: Yale University Press, 2010.

Hardin, Scott. "Managing Non-native Wildlife in Florida: State Perspective,

Policy, and Practice." *Managing Vertebrate Invasive Species* 14 (2007): 43–52.

Haupt, Lyanda Lynn. *The Urban Bestiary: Encountering the Everyday Wild.* New York: Little, Brown, 2013.

Hawkins, Nichola J., et al. "The Evolutionary Origins of Pesticide Resistance." *Biological Reviews* 94 (2019): 135–55.

Herzog, Hal. *Some We Love, Some We Hate, Some We Eat: Why It's So Hard to Think Straight about Animals.* New York: HarperCollins, 2010.

Jackson, Kenneth T. *Crabgrass Frontier: The Suburbanization of the United States.* Oxford: Oxford University Press, 1987.

Jernelöv, Arne. *The Long-Term Fate of Invasive Species: Aliens Forever or Integrated Immigrants with Time?* Cham, Switzerland: Springer, 2017.

Johnson, Benjamin Heber. *Escaping the Dark, Gray City: Fear and Hope in Progressive-Era Conservation.* New Haven: Yale University Press, 2017.

Johnson, Nathanael. *Unseen City: The Majesty of Pigeons, the Discreet Charm of Snails and Other Wonders of the Urban Wilderness.* New York: Rodale Books, 2016.

Johnston, Richard F., and Robert K. Selander. "House Sparrows: Rapid Evolution of Races in North America." *Science* 144, no. 3618 (May 1, 1964): 548–50.

Jones, Bryony A., et al. "Zoonosis Emergence Linked to Agricultural Intensification and Environmental Change." *Proceedings of the National Academy of Sciences* 110, no. 21 (May 21, 2013): 8399–404.

Karesh, William B., et al. "Ecology of Zoonoses: Natural and Unnatural Histories." *Lancet* 380, no. 9857 (2012): 1936–45.

Kellert, Stephen R. "American Attitudes toward and Knowledge of Animals: An Update." *International Journal for the Study of Animal Problems* 1, no. 2 (1980): 87–119.

Kiechle, Melanie A. *Smell Detectives: An Olfactory History of Nineteenth-Century Urban America.* Seattle: University of Washington Press, 2017.

Kisling, Vernon N., ed. *Zoo and Aquarium History: Ancient Animal Collections to Zoological Gardens.* Boca Raton, FL: CRC Press, 2001.

Klingle, Matthew. *Emerald City: An Environmental History of Seattle.* New Haven: Yale University Press, 2009.

Koeppel, Gerard T. *Water for Gotham: A History.* Princeton: Princeton University Press, 2001.

Kolbert, Elizabeth. *Under a White Sky: The Nature of the Future.* New York:

Crown, 2021.

Krysko, Kenneth L., et al. "Verified Non-indigenous Amphibians and Reptiles in Florida from 1863 through 2010: Outlining the Invasion Process and Identifying Invasion Pathways and Stages." *Zootaxa* 3028 (2011): 1–64.

Laake, J. L., et al. "Population Growth and Status of California Sea Lions." *Journal of Wildlife Management* 82, no. 3 (April 2018): 583–95.

Lawrence, Henry W. *City Trees: A Historical Geography from the Renaissance through the Nineteenth Century.* Charlottesville: University of Virginia Press, 2008.

Leopold, Aldo. *Game Management.* New York: Charles Scribner's Sons, 1933.

Longcore, Travis. *Ecological Consequences of Artificial Night Lighting.* Washington, DC: Island Press, 2005.

Lutts, Ralph H. "The Trouble with Bambi: Walt Disney's Bambi and the American Vision of Nature." *Forest and Conservation History* 36, no. 4 (October 1992): 160–71.

Marra, Peter, and Chris Santella. *Cat Wars: The Devastating Consequences of a Cuddly Killer.* Princeton: Princeton University Press, 2016.

Marris, Emma. *Rambunctious Garden: Saving Nature in a Post-wild World.* New York: Bloomsbury, 2011.

————. *Wild Souls: Freedom and Flourishing in the Non-human World.* New York: Bloomsbury, 2021.

Martin, Justin. *Genius of Place: The Life of Frederick Law Olmsted.* New York: Hachette Books, 2011.

Mazur, Rachel. *Speaking of Bears: The Bear Crisis and a Tale of Rewilding from Yosemite, Sequoia, and Other National Parks.* Guilford, CT: Rowman and Littlefield, 2015.

McCleery, Robert A., Christopher E. Moorman, and M. Nils Peterson, eds. *Urban Wildlife Conservation.* New York: Springer, 2014.

McHarg, Ian L. *Design with Nature.* New York: J. Wiley, 1992.

McKinney, Michael L. "Urbanization, Biodiversity, and Conservation." *BioScience* 52, no. 10 (2002): 883–90.

————. "Urbanization as a Major Cause of Biological Homogenization." *Biological Conservation* 127 (2006): 247–60.

McNeur, Catherine. *Taming Manhattan: Environmental Battles in the Antebellum City.* Cambridge, MA: Harvard University Press, 2014.

McShane, Clay, and Joel A. Tarr. *The Horse in the City: Living Machines in the Nineteenth Century.* Baltimore: Johns Hopkins University Press, 2007.

Meagher, Sharon M., ed. *Philosophy and the City: Classic to Contemporary Writing*s. Albany: State University of New York Press, 2008.

Messmer, Terry A. "The Emergence of Human–Wildlife Conflict Management: Turning Challenges into Opportunities." *International Biodeterioration and Biodegradation* 45, no. 3 (2000): 97–102.

Mooallem, Jon. *Wild Ones: A Sometimes Dismaying, Weirdly Reassuring Story about Looking at People Looking at Animals in America.* New York: Penguin, 2014.

Mullineaux, E. "Veterinary Treatment and Rehabilitation of Indigenous Wildlife." *Journal of Small Animal Practice* 55 (2014): 293–300.

Nagel, Thomas. "What Is It Like to Be a Bat?" *Philosophical Review* 83, no. 4 (October 1974): 435–50.

Newman, Catherine E., et al. "A New Species of Leopard Frog (Anura: Ranidae) from the Urban Northeastern US." *Molecular Phylogenetics and Evolution* 63, no. 2 (2012): 445–55.

Ostfeld, Richard. *Lyme Disease: The Ecology of a Complex System.* Oxford: Oxford University Press, 2011.

Palumbi, S. R. "Humans as the World's Greatest Evolutionary Force." *Science* 293, no. 5536 (September 7, 2001): 1786–90.

Parker, Simon. *Urban Theory and the Urban Experience: Encountering the City.* New York: Routledge, 2015.

Pergams, Oliver R. W., and Patricia A. Zaradic. "Evidence for a Fundamental and Pervasive Shift Away from Nature-Based Recreation." *Proceedings of the National Academy of Sciences* 105, no. 7 (2008): 2295–300.

Peterson, M. Nils, et al. "Rearticulating the Myth of Human–Wildlife Conflict." *Conservation Letters* 3, no. 2 (April 2010): 74–82.

Pickett, Steward T. A., et al. "Evolution and Future of Urban Ecological Science: Ecology in, of, and for the City." *Ecosystem Health and Sustainability* 2, no. 7 (2016): e01229.

Pickett, S. T. A., et al. "Urban Ecological Systems: Linking Terrestrial Ecological, Physical, and Socioeconomic Components of Metropolitan Areas." *Annual Review of Ecology and Systematic*s 32 (2001): 127–57.

Pimentel, D., R. Zuniga, and D. Morrison. "Update on the Environmental and Economic Costs Associated with Alien-Invasive Species in the United States."

Ecological Economics 52, no. 3 (February 15, 2005): 273–88.

Pollak, Daniel. *Natural Community Conservation Planning (NCCP): The Origins of an Ambitious Experiment to Protect Ecosystems.* Sacramento: California Research Bureau, March 2001.

Quammen, David. *The Song of the Dodo: Island Biogeography in an Age of Extinctions.* New York: Random House, 2012.

————. *Spillover: Animal Infections and the Next Human Pandemic.* New York: W. W. Norton, 2012.

Revels, Tracy J. *Sunshine Paradise: A History of Florida Tourism.* Gainesville: University of Florida Press, 2011.

Robichaud, Andrew A. *Animal City: The Domestication of America.* Cambridge, MA: Harvard University Press, 2019.

Rome, Adam. *The Bulldozer in the Countryside: Suburban Sprawl and the Rise of American Environmentalism.* Cambridge: Cambridge University Press, 2001.

Rosenberg, Kenneth V., et al. "Decline of the North American Avifauna." *Science* 366, no. 6461 (October 4, 2019): 120–24.

Rosenzweig, Roy, and Elizabeth Blackmar. *The Park and the People: A History of Central Park.* Ithaca, NY: Cornell University Press, 1992.

Sanderson, Eric W. *Mannahatta: A Natural History of New York City.* New York: Abrams, 2009.

Schilthuizen, Menno. *Darwin Comes to Town: How the Urban Jungle Drives Evolution.* New York: Picador, 2018.

Sellars, Richard West. *Preserving Nature in the National Parks: A History.* New Haven: Yale University Press, 1999.

Shelford, Victor E., ed. *Naturalist's Guide to the Americas.* Baltimore: Williams and Wilkins, 1926.

Singer, Peter. *Animal Liberation.* New York: Random House, 2015.

————. *The Most Good You Can Do: How Effective Altruism Is Changing Ideas about Living.* New Haven: Yale University Press, 2015.

Snetsinger, Robert. *The Ratcatcher's Child: The History of the Pest Control Industry.* Cleveland: Franzak and Foster, 1983.

Spotswood, Erica N., et al. "The Biological Deserts Fallacy: Cities in Their Landscapes Contribute More Than We Think to Regional Biodiversity." *BioScience* 71, no. 2 (February 2021): 148–60.

Sterba, Jim. *Nature Wars: The Incredible Story of How Wildlife Comebacks Turned*

Backyards into Battlegrounds. New York: Broadway, 2013.

Sullivan, Robert. *Rats: Observations on the History and Habitat of the City's Most Unwanted Inhabitants*. New York: Bloomsbury, 2005.

Surls, Rachel, and Judith B. Gerber. *From Cows to Concrete: The Rise and Fall of Farming in Los Angeles*. Los Angeles: Angel City Press, 2016.

Thomas, Chris D. *Inheritors of the Earth: How Nature Is Thriving in an Age of Extinction*. New York: Penguin, 2018.

Tuomainen, Ulla, and Ulrika Candolin. "Behavioural Responses to Human-Induced Environmental Change." *Biological Reviews* 86, no. 3 (2011): 640–57.

Tutt, James William. *British Moths*. London: Routledge, 1896.

Walker, Richard A. *The Country in the City: The Greening of the San Francisco Bay Area*. Seattle: University of Washington Press, 2013.

Warren, Louis S. *The Hunter's Game: Poachers and Conservationists in Twentieth-Century America*. New Haven: Yale University Press, 1999.

Zallen, Jeremy. *American Lucifers: The Dark History of Artificial Light*. Chapel Hill: University of North Carolina Press, 2019.

찾아보기

408

어쩌다 숲

초판 1쇄 2022년 10월 7일

지은이 피터 S. 알레고나
옮긴이 김지원

펴낸이 정미화
기획편집 정미화 정일웅　　**디자인** 오연주디자인

펴낸곳 이케이북(주)
출판등록 제2013-000020호
주소 서울시 관악구 신원로 35, 913호
전화 02-2038-3419　　**팩스** 0505-320-1010
홈페이지 ekbook.co.kr　**전자우편** ekbooks@naver.com

ISBN 979-11-86222-47-8　03470